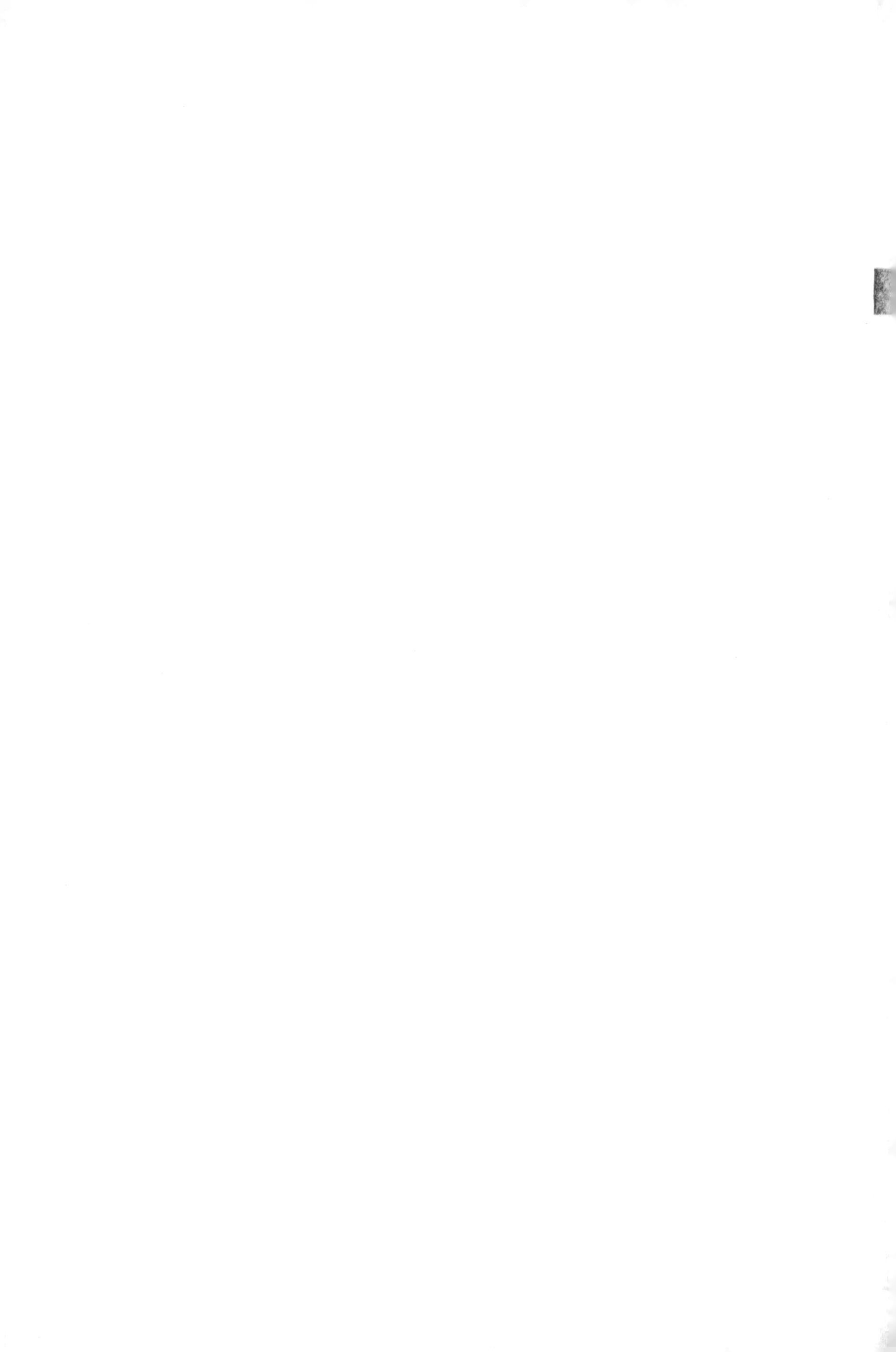

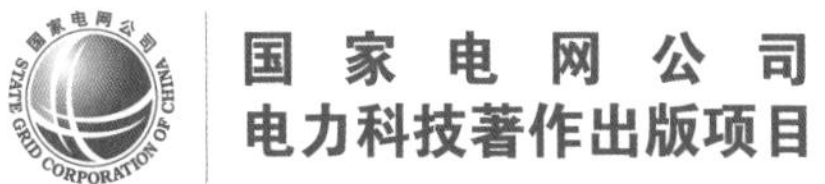

国家电网公司
电力科技著作出版项目

柔性直流电网技术丛书

电网控制与保护

蔡 旭 主编

内 容 提 要

随着能源系统不断向低碳化转型，风电、光伏等清洁能源发电占比的不断增大，电网的灵活性和可控性需要提升，结构形态也需要随之变化。采用柔性直流输电技术构建而成的直流输电网络，可实现大规模可再生能源的广域互补送出，提高新能源并网能力，是柔性直流输电未来的重要发展趋势。《柔性直流电网技术丛书》共5个分册，从电网控制与保护、换流技术与设备、实时仿真与测试、过电压及电磁环境、高压直流断路器等方面，全面翔实地介绍了柔性直流电网的基础理论、关键技术和核心装备。

本分册为《电网控制与保护》，共7章，分别为柔性直流电网概述、模块化多电平柔性直流换流器、MMC子模块电容参数的优化、换流站扩容与柔性直流电网组网、柔性直流电网的稳态控制、柔性直流电网的暂态分析与短路电流抑制、柔性直流电网的故障保护。

本丛书可供从事高压直流输电、大功率电力电子技术等相关专业的科研、设计、运行人员与输变电工程技术人员在工作中参考使用，也可作为高等院校相关专业师生的参考书。

图书在版编目（CIP）数据

电网控制与保护 / 蔡旭主编. —北京：中国电力出版社，2021.12
（柔性直流电网技术丛书）
ISBN 978-7-5198-6337-1

Ⅰ. ①电… Ⅱ. ①蔡… Ⅲ. ①电网–稳定控制②电网–继电保护 Ⅳ. ①TM7

中国版本图书馆 CIP 数据核字（2021）第 272560 号

出版发行：中国电力出版社
地　　址：北京市东城区北京站西街 19 号（邮政编码 100005）
网　　址：http://www.cepp.sgcc.com.cn
策划编辑：王春娟　赵　杨
责任编辑：岳　璐（010-63412339）
责任校对：王小鹏
装帧设计：张俊霞
责任印制：石　雷

印　　刷：北京博海升彩色印刷有限公司
版　　次：2021 年 12 月第一版
印　　次：2021 年 12 月北京第一次印刷
开　　本：710 毫米×1000 毫米　16 开本
印　　张：15.75
字　　数：273 千字
印　　数：0001—1000 册
定　　价：108.00 元

《电网控制与保护》
编　写　组

主　编　蔡　旭

参　编　薛士敏　李保宏　施　刚　张英敏　杨　杰

杨仁炘　刘庆时

Preface 序言

进入 21 世纪，能源的清洁低碳转型已经成为全球的共识。党的十九大指出：要加强电网等基础设施网络建设，推进能源生产和消费革命，构建清洁低碳、安全高效的能源体系。2020 年 9 月 22 日，习近平总书记在第七十五届联合国大会上提出了我国“2030 碳达峰、2060 碳中和”的目标。其中，电网在清洁能源低碳转型中发挥着关键和引领作用。但新能源发电占比的快速提升，给电网的安全可靠运行带来了巨大挑战，因此电力系统的发展方式和结构形态需要相应转变。

一方面，大规模可再生能源的接入需要更加灵活的并网方式；另一方面，高比例可再生能源的广域互补和送出也需要电网具备更强的调节能力。柔性直流输电作为 20 世纪末出现的一种新型输电方式，以其高度的可控性和灵活性，在大规模风电并网、大电网柔性互联、大型城市和孤岛供电等领域得到了广泛应用，成为近 20 年来发展速度最快的输电技术。而采用柔性直流输电技术构成直流输电网络，可以将直流输电技术扩展应用到更多的领域，也为未来电网结构形态的变革提供了重要手段。

针对直流电网这一全新的技术领域，2016 年度国家重点研发计划项目“高压大容量柔性直流电网关键技术研究与示范”在世界上首次系统性开展了直流电网关键技术研究和核心装备开发，提出了直流电网构建的技术路线，探索了直流电网的工程应用模式，支撑了张北可再生能源柔性直流电网示范工程（简称张北柔性直流电网工程）建设，为高比例可再生能源并网和输送等问题提供了全新的解决方案。

张北地区有着大量的风电、光伏等可再生能源，但本地消纳能力有限，需实现大规模可再生能源的高效并网和外送。与此同时，北京地区也迫切需要更加清洁绿色的能源供应。为此，国家规划建设了张北柔性直流电网工程。该工程汇集张北地区风电和光伏等可再生能源，同时接入抽水蓄能电站进行功率调节，将所接收的可再生能源 100%送往 2022 年北京冬奥会所有场馆和北京负荷中心。2020 年 6 月 29 日，工程成功投入运行，成为世界上首个并网运行的柔性直流电网工程。这是国际电力领域发展的一个重要里程碑。

为总结和传播“高压大容量柔性直流电网关键技术研究与示范”项目的技术研发及其在张北柔性直流电网工程应用的成果，我们组织编写了《柔性直流电网技术丛书》。丛书共分 5 册，从电网控制与保护、换流技术与设备、实时仿真与测试、过电压及电磁环境、高压直流断路器等方面，全面翔实地介绍了柔性直流电网的相关理论、设备与工程技术。丛书的编写体现科学性，同时注重实用性，希望能够对直流电网领域的研究、设计和工程实践提供借鉴。

在“高压大容量柔性直流电网关键技术研究与示范”项目研究及丛书形成的过程中，国内电力领域的科研单位、高等院校、工程应用单位和出版单位给予了大力的帮助和支持，在此深表感谢。

未来，全球范围内能源领域仍将继续朝着清洁低碳的方向发展，特别是随着我国“碳达峰、碳中和”战略的实施，柔性直流电网技术的应用前景广阔，潜力巨大。相信本丛书将为科研人员、高校师生和工程技术人员的学习提供有益的帮助。但是作为一种全新的电网形态，柔性直流电网在理论、技术、装备、工程等方面仍然处于起步阶段，未来的发展仍然需要继续开展更加深入的研究和探索。

中国工程院院士

全球能源互联网研究院院长

2021 年 12 月

Foreword》 前言

经过 100 多年的发展，电力系统已成为世界上规模最大、结构最复杂的人造系统。但是随着能源系统不断向低碳化转型，风电、光伏等清洁能源发电占比不断增大，电网的灵活性和可控性需要提升，结构形态也需要随之变化。

20 世纪末，随着高压大功率电力电子技术与电网技术的加速融合，出现了电力系统电力电子技术新兴领域，可实现对电力系统电能的灵活变换和控制，推动电网高效传输和柔性化运行，也为电网灵活可控、远距离大容量输电、高效接纳可再生能源提供了新的手段。而柔性直流输电技术的出现，将电力系统电力电子技术的发展和应用推向了更广泛的领域。尤其是采用柔性直流输电技术可以很方便地构建直流电网，使得直流的网络化传输成为可能，从而出现新的电网结构形态。

我国张北地区风电、光伏等可再生能源丰富，但本地消纳能力有限，张北地区需实现多种可再生能源的高效利用，相邻的北京地区也迫切需要清洁能源的供应。为此，国家规划建设了世界上首个柔性直流电网工程——张北可再生能源柔性直流电网示范工程（简称张北柔性直流电网工程），标志着柔性直流电网开始从概念走向实际应用。依托 2016 年度国家重点研发计划项目“高压大容量柔性直流电网关键技术研究与示范”，国内多家科研院所、高等院校和产业单位，针对柔性直流电网的系统构建、核心设备、运行控制、试验测试、工程实施等关键问题开展了大量深入的研究，有力支撑了张北柔性直流电网工程的建设。2020 年 6 月 29 日，工程成功投运，实现了将所接收的新能源 100%外送，并将为 2022 年北京冬奥会提供绿色电能。该工程创造了世界上首个具有网络特性的直流电网工程，世界上首个实现风、光、储多能互补的柔性直流工程，世界上新能源孤岛并网容量最大的柔性直流工程等 12 项世界第一，是实现清洁能源大规模并网、推动能源革命、践行绿色冬奥理念的标志性工程。

依托项目成果和工程实施，项目团队组织编写了《柔性直流电网技术丛书》，详细介绍了在高压大容量柔性直流电网工程技术方面的系列研究成果。丛书共 5

册，包括《电网控制与保护》《换流技术与设备》《实时仿真与测试》《过电压及电磁环境》《高压直流断路器》，涵盖了柔性直流电网的基础理论、关键技术和核心装备等内容。

本分册是《电网控制与保护》，共7章。分别为柔性直流电网概述、模块化多电平柔性直流换流器、MMC子模块电容参数的优化、换流站扩容与柔性直流电网组网、柔性直流电网的稳态控制、柔性直流电网的暂态分析与短路电流控制、柔性直流电网的故障保护。

本分册内容是作者所在团队多年的科研成果，写作的初衷旨在为从事柔性直流电网设计的工程师、高等院校从事直流输电研究的教师和研究生提供参考，为推动直流电网技术的发展贡献力量。研究成果得到了国家重点研发计划课题“换流阀及其系统拓扑与控制保护技术（2016YFB0900901）”、上海市科技发展基金“用于海上风电场电力传输的轻型直流输电VSC-HVDC关键技术（13dz1200200）”的资助，在编写过程中，得到了国家重点研发计划项目“高压大容量柔性直流电网关键技术研究与示范（2016YFB0900900）”项目组成员、各校师生、全球能源互联网研究院的鼓励与支持，也参阅了国内外著名专家们的研究成果和著作，在此一并表示衷心的感谢。

在本分册的撰写过程中，得到了编写组和课题组研究人员的全力支持。本分册由蔡旭统筹写作并进行了统稿、审阅与修改。其中，第1、2、3、6章由蔡旭编写，全球能源互联网研究院为此提供了必要的案例参考资料；第4章由施刚、杨仁炘编写；第5章由李保宏、张英敏、刘庆时编写；第7章由薛士敏、杨杰编写。杨杰、韩丛达、刘天琪、李博通，博士生董鹏、张宇、陆俊弛，硕士生孙亚冰、崔汉青、顾诚、陈浩等人也承担了大量的资料查找、校对等工作，在此一并表示感谢。

本丛书可供从事高压直流输电、大功率电力电子技术等相关专业的科研、设计、运行人员与输变电工程技术人员在工作中参考使用，也可作为高等院校相关专业师生的参考书。由于作者水平有限，书中难免存在疏漏之处，欢迎各位专家和读者给予批评指正。

编　者

2021年12月

Contents » 目录

序言

前言

1 柔性直流电网概述……1

1.1 换流技术进步与直流输电发展历程……2
1.2 柔性直流电网简介……9
1.3 柔性直流电网控制保护技术的挑战及本书内容……14

2 模块化多电平柔性直流换流器……17

2.1 MMC的工作原理……18
2.2 MMC的数学模型……20
2.3 MMC的调制方式……33
2.4 MMC的控制策略……34
2.5 主电路参数设计方法……45
2.6 案例与仿真分析……47

3 MMC 子模块电容参数的优化……54

3.1 限制因素与优化方法……54
3.2 MMC子模块电容电压纹波建模与分析……56
3.3 MMC子模块电容容值优化设计……62
3.4 采用最小容值的MMC优化控制……70

3.5 设计案例与仿真分析 …… 73

4 换流站扩容与柔性直流电网组网 …… 78

4.1 MMC组合方式 …… 79
4.2 直流电网组网方式与拓扑结构 …… 83
4.3 多端柔性直流电网组网案例分析 …… 92

5 柔性直流电网的稳态控制 …… 100

5.1 换流器潮流快速控制及多换流器间的协调 …… 101
5.2 交直流系统功率交换及潮流优化控制 …… 112
5.3 换流站控制与交流电网的协调配合技术 …… 120
5.4 典型四端柔性直流电网稳态控制案例分析 …… 128

6 柔性直流电网的暂态分析与短路电流抑制 …… 144

6.1 直流故障电流分析 …… 145
6.2 不含直流断路器的直流故障处理方法 …… 153
6.3 含直流断路器的多端直流电网短路电流抑制 …… 163
6.4 典型案例分析 …… 168

7 柔性直流电网的故障保护 …… 175

7.1 直流电网保护时空区域 …… 175
7.2 含直流断路器的直流电网直流保护 …… 185
7.3 柔性直流换流器交流侧保护 …… 201
7.4 直流电网重合闸研究 …… 211
7.5 案例分析 …… 221

参考文献 …………………………………………………………… 231

索引 …………………………………………………………………… 237

1 柔性直流电网概述

柔性直流输电是继交流输电、常规直流输电之后的新一代输电技术。柔性直流输电技术于 1990 年首先由加拿大麦吉尔大学的 Boon-Teck Ooi 等人提出。在此基础上，ABB 公司提出了轻型高压直流输电（HVDC Light）的概念，并于 1997 年 3 月在瑞典进行了首次工业性试验。国际权威学术组织——国际大电网会议（CIGRE）和美国电气与电子工程师学会（IEEE）将其定义为电压源换流器型高压直流输电（Voltage Source Converter based High Voltage DC Transmission，VSC-HVDC），西门子公司称之为新型直流输电（HVDC plus），中国称之为柔性直流输电（HVDC flexible）。

近年来，柔性直流输电技术在国内外发展迅速，1999 年世界首条商业化运行的柔性直流输电工程——瑞典格特兰岛（Gotland）直流工程投入运行，该工程采用两电平换流器技术用于风电并网，输送容量 50MW，直流电压±80kV。瑞典于 2016 年在其南部建立的 SouthWest Link（SWL）工程，全长约 250km，其中 90km 采用直流架空线，160km 采用地下直流电缆，采用双极对称结构，总容量达到 1440MW，换流站采用 MMC。2018 年，德国 DolWin3（DW3）海上柔性直流传输系统建成，其额定容量为 900MW，电压等级达到±320kV，用于连接德国北海风电场与岸上交流电网。截至 2019 年已投运的容量最大的柔性直流输电工程为 INELFE 工程，用于法国—西班牙的电网互联和电力交易，直流电压±320kV，容量 2000MW。国家电网有限公司通过自主研发，于 2011 年 7 月投运了我国首个柔性直流输电工程，即上海南汇风电场并网柔性直流输电示范工程，工程容量 20MW，电压等级±30kV，标志着我国在柔性直流输电技术领域实现了从无到有的突破。2013 年 12 月中国南方电网公司完成南澳三端柔性直流示范工程，最大单站容量 100MW，分别经青澳换流站和金牛换流站将青澳 45MW 双馈风电场和牛头岭 54MW 定速风电场接入塑城换流站，并入交流主网的 220kV

塑城变电站，这是世界上第一个多端柔性直流工程。2014 年 6 月，国家电网有限公司完成舟山五端柔性直流输电工程的建设并投入运行，最大单站容量 400MW，电压等级±200kV，标志着我国已经掌握了柔性直流输电成套设计、试验、调试和运行的核心技术。2014 年 7 月，厦门柔性直流输电工程开始建设，工程容量达到 1000MW，电压等级达到±320kV，2015 年 3 月开始建设的鲁西背靠背换流站工程，应用了电压±350kV、单元容量 1000MW 的柔直技术，是目前世界上首次采用大容量柔直技术与常规直流组合模式的背靠背直流工程。同时，渝鄂直流背靠背联网工程应用了电压±420kV、单体换流单元容量 1250MW 的柔直技术，标志着我国柔性直流输电技术逐步接近世界领先水平。2018 年 2 月 28 日，张北柔性直流电网工程正式开建，该工程连接河北北部与北京，是世界上首个±500kV 直流电网。该直流电网包含四个换流站（远期规划六个），各换流站均采用 MMC 结构，并通过环形架空线路互联。其中北京换流站（受端）最大负荷 3000MW，丰宁换流站（抽水蓄能站）最大有功功率 1500MW。多种可再生能源通过该直流电网并入华北电网，为京津冀地区提供稳定可靠的清洁电力。2018 年 5 月开建的昆柳龙直流输电工程，采用±800kV 电压等级，是世界上容量最大的特高压多端直流输电工程，也是世界上首个送端采用常规直流、受端采用柔性直流的特高压混合直流输电工程，使我国柔性直流技术电压等级提高到±800kV，送电容量提升至 5000MW。

相比常规高压直流输电（Line Commuted Converter based High Voltage DC Transmission，LCC-HVDC），VSC-HVDC 技术不存在换相失败问题，无需配置滤波及无功补偿设备，易于构建多端直流电网，具备黑启动能力，可以改善可再生能源接入性能，提高电网故障穿越能力和系统运行的稳定性。随着新能源的规模化开发和洲际、跨国互联，柔性直流输电技术，尤其是柔性直流电网的构建，可以实现区域间能源资源的优化配置、大规模新能源的可靠接入以及现有电力系统运行稳定性的提升。中国西北地区蕴藏着大量的风电、光伏等可再生能源，风电、光伏、水电等多种可再生能源广域互补互联是柔性直流电网的典型应用场景，为柔性直流电网的应用提供了广阔的空间。多种可再生能源的大规模互联，促使柔性直流电网向更大容量、更多端数、更高电压及多电压等级互联方向发展。

1.1 换流技术进步与直流输电发展历程

早期的直流电力存在电压变换困难、功率难以提升以及发电机不易换向、

可用率低等缺点，因此直流电曾一度淡出人们的视野，逐步被交流电力所取代。随着电力电子器件、高压换流技术的发展，高压直流输电技术（High Voltage Direct Current Transmission，HVDC）逐渐回到了历史的舞台。HVDC 技术的发展主要经历了三个重要阶段。

1928 年，具有栅极控制能力的汞弧阀研制成功，1954 年世界上第一个采用汞弧阀直流输电工程在瑞典投入运行。但由于汞弧阀制造技术复杂、价格昂贵、故障率高、可靠性低、维护不便，因此逐渐被晶闸管换流技术所取代。

1956 年美国贝尔实验室发明晶闸管，次年美国通用开发出第一只晶闸管，并于 1958 年实现商业化。1972 年，世界首个采用晶闸管阀的直流输电工程加拿大伊尔河背靠背直流输电系统建成，并开始蓬勃发展，随着电压和容量等级的不断提高，这种输电技术在长距离大容量输电方面发挥越来越重要的作用。2006 年 12 月开工的西电东送云南—广东±800kV 特高压直流输电示范工程和 2012 年 12 月 12 日建成投运的锦屏—苏南±800kV 特高压直流工程是目前世界上输送容量最大、送电距离最远、电压等级最高的常规直流输电工程，代表了当前世界常规直流输电技术的最高水平。这种高压直流输电主要采用基于半控器件（晶闸管）的线换向换流器（Line Commutation Converter，LCC），其结构见图 1－1，LCC 换流器通过调节晶闸管的触发开通角来实现对功率和电压的控制。这种直流输电技术的主要缺点在于其有功和无功控制无法解耦，交流侧需要配置无功补偿，无法接入无源网络，不利于新能源的接入。同时其潮流反转时需要翻转极性，不仅电缆的充放电问题不可忽视，直流传输系统的多端化也难以实现。

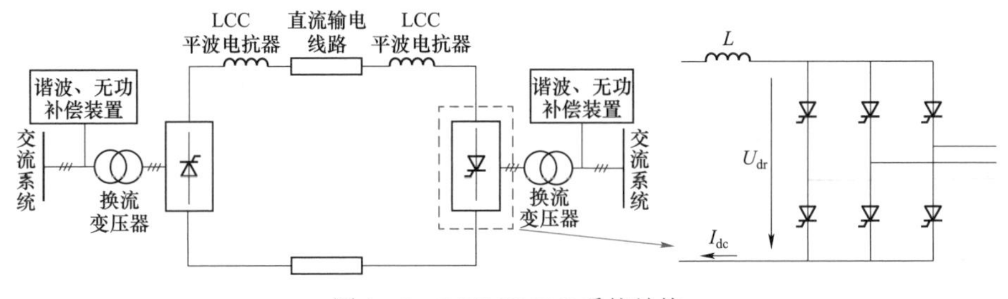

图 1－1　LCC-HVDC 系统结构

McGill 大学 Boon-Teck Ooi 教授团队在 1990 年首次提出了基于电压运行换流器（Voltage Source Converter，VSC）的高压直流输电技术，即 VSC-HVDC。柔性直流技术采用了基于全控器件绝缘双极型晶体管（Insulated Gate Bipolar Transistor，IGBT）的换流器拓扑以及高频调制技术，其系统结构如图 1－2 所示。

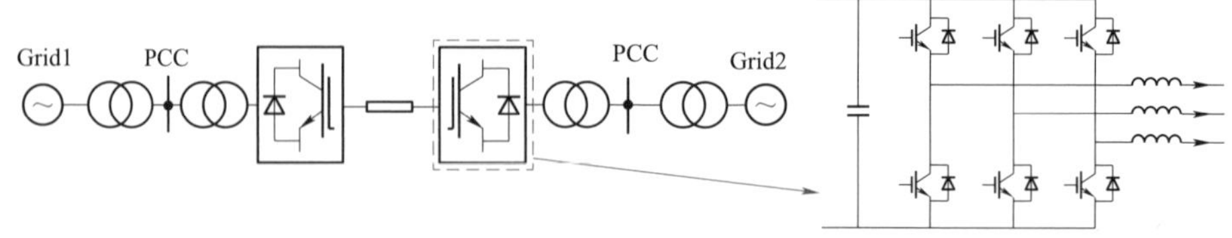

图 1－2 VSC-HVDC 系统结构

柔性直流输电具有常规直流的大多数优点，如不存在交流输电的稳定性问题，可以实现非同步系统互联等。此外，相比传统 LCC 直流输电，柔性直流输电技术还具有以下几个方面的优势。

（1）无需交流侧提供换相电流，没有无功补偿和换相失败问题，送受端换流站均可与弱电网或无源电网联系。

（2）能够快速独立控制有功及无功功率，实现功率连续动态调节。

（3）输出谐波电压小，无需加装滤波器和无功补偿装置，占地小。

（4）可以向电网提供必要的电压和频率支持，实现系统黑启动。

（5）潮流反转方便快捷，运行方式变换灵活，易拓展到多端直流系统。

早期柔性直流输电系统的换流器，一般采用两电平、三电平变换器结构，如图 1－3 所示。随着换流器电压与功率等级的提高，受全控功率器件耐压和容量的限制，单个功率器件无法承受。虽然 IGBT 的阀式串联技术概念清晰，但其内部串联均压技术十分复杂，目前只有 ABB 公司的阀式串联技术较为成熟，并取得商业应用。

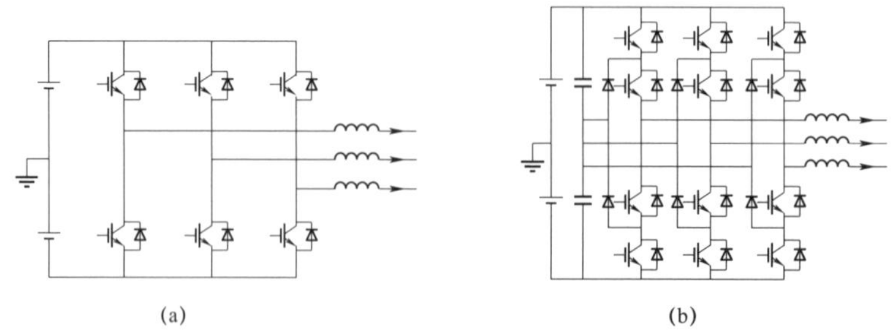

图 1－3 常见 VSC-HVDC 换流器拓扑结构

（a）两电平换流器；（b）三电平换流器

20 世纪 90 年代，美国 Robicon 公司推出了级联 H 桥型变换器（Cascaded H-bridge，CHB），如图 1－4 所示，获得了商业上的成功。该拓扑采用全桥子模块级联的方式来提高输出电压等级，不需要通过钳位元件对电压进行钳位，级联模块数量可根据电压和功率等级进行调整。级联 H 桥型变换器可使用低压功

率器件，输出的电压为多电平波形，du/dt 较小，具有低开关频率、简单的冗余机制以及安装维护方便等诸多优点，成为了当今高压电机驱动领域中的主流拓扑结构。然而，CHB 需要移相变压器为每个子模块提供隔离独立的直流电源，导致设备体积笨重，成本高昂，制作工艺复杂。除此之外，CHB 不具备公共直流母线，能量无法双向流动，这些因素均限制了其在高压大容量场合（如直流电网）中的应用。

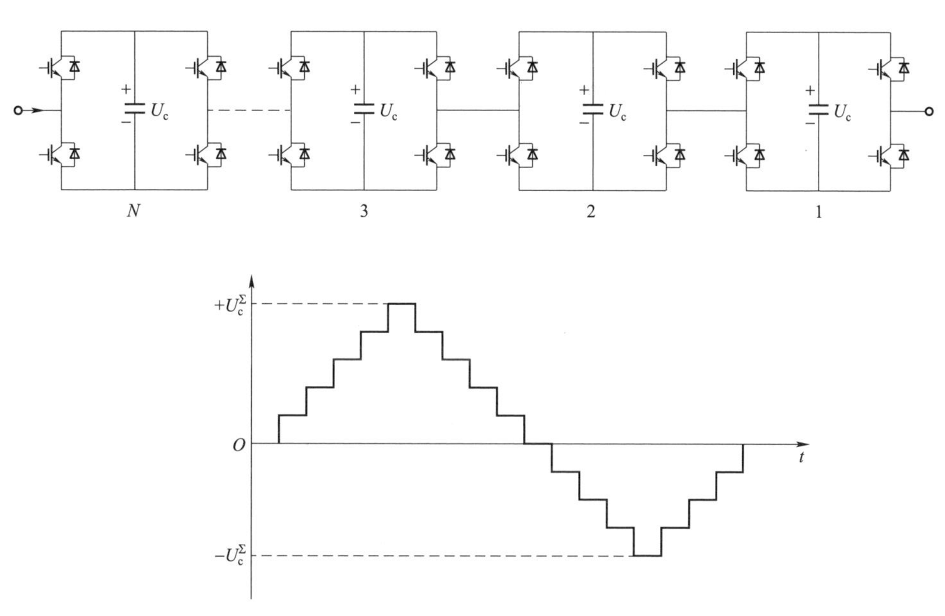

图 1－4　级联 H 桥型变换器拓扑结构及调制电压波形示意图

2001 年，德国慕尼黑联邦国防军大学 Marquardt 教授提出了一种新型电压源型换流器拓扑—模块化多电平换流器，其拓扑结构如图 1－5 所示。相比传统的两电平、三电平换流器，MMC 采用子模块级联的方式取代了 IGBT 器件的直接串联，不存在 IGBT 的动态均压问题；采用子模块中的低压电容器替代了直流母线上的高压电容组；每个子模块可工作在低开关频率，损耗低；具有很小的 di/dt 和 du/dt；输出电压谐波含量非常低，无需在交流侧安装滤波器；模块化结构，易扩展和维护。相比 CHB，MMC 省去了移相变压器，使子模块数目与承载功率不再受限制，通过增加子模块数目可灵活地扩展其电压和功率等级。基于以上特点，MMC 适用于高压大功率电能变换的场合，极大地推动了柔性直流输电技术的发展。

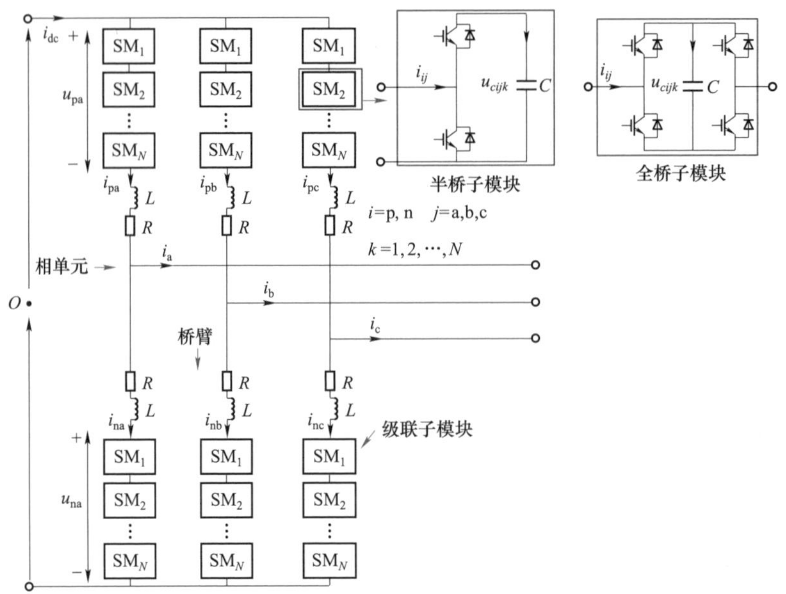

图 1-5 MMC 拓扑结构

MMC 的拓扑结构如图 1-5 所示，三相 MMC 包含三个相单元，每个相单元包含上下两个桥臂，每个桥臂由 N 个级联的子模块（Submodule，SM）和一个桥臂电感 L 串联而成。桥臂电感用来限制换流器内部的寄生电流和故障电流。每个子模块是一个两端口的开关变换器，内部包含直流缓冲电容器，常用的子模块为半桥子模块（Half-bridge Submodule，HBSM）和全桥子模块（Full-bridge Submodule，FBSM）。

从抽象视图的角度看，MMC 的电路结构可以分为三层：上层为主电路；中间层为子模块；底层为半导体开关器件。与传统两电平或三电平电压源型换流器相比，MMC 电路结构多了中间层，从而实现了主电路应用需求与半导体器件需求的解耦，也即可以采用工业界成熟的半导体器件，通过改变级联子模块的数量来适应主电路不同电压等级和功率等级的需求。子模块的接口仅包含两个电气接口和一个双向光纤通信接口，易于扩展和维护。

与传统电压源型换流器相比，MMC 拓扑还存在如下一些特点：

（1）MMC 的桥臂电流不会被开关器件切断，而是连续流动的。

（2）桥臂杂散电感对系统运行影响较小，并且可以用来抑制高频环流。

（3）MMC 直流侧不需要集中布置高压直流母线电容器。

（4）MMC 交流侧无需滤波器。

早期的风电场—柔性直流并网工程往往为点对点结构，如德国的 BorWin1

工程。但随着柔性直流输电技术的发展和实际工程的需求，对柔性直流输电系统的要求也从以往的单电源—单落点演变为多电源供电和多落点受电。此时，若采用传统的点对点直流传输，需要架设多条直流线路，成本和运行费用相对较高。因此，多端柔性直流输电技术（VSC based Multi-terminal Direct Current，VSC-MTDC）成为远距离、分布式、跨区域风电并网的发展方向。采用多端柔性直流输电构建直流输电网，可有效避免常规交流电网所带来的有功、无功、电压控制困难和远距离输电功率损耗高等缺点。VSC-MTDC 是直流电网发展的初级阶段，是由两个以上换流站通过串联、并联或混联方式连接起来的输电系统，实现多电源和多落点受电。图 1－6 为南澳三端柔性直流输电系统示意图，是一个典型的三端柔性直流输电系统，青澳风电场输出的风电经过直流传输到金牛换流站，与牛头岭风电场、云澳风电场输出的风电功率汇集后通过直流线路传输到塑城换流站并入交流电网。这种拓扑成本最低，但运行控制的灵活性较差，中心节点故障会导致整个系统输送功率中断。

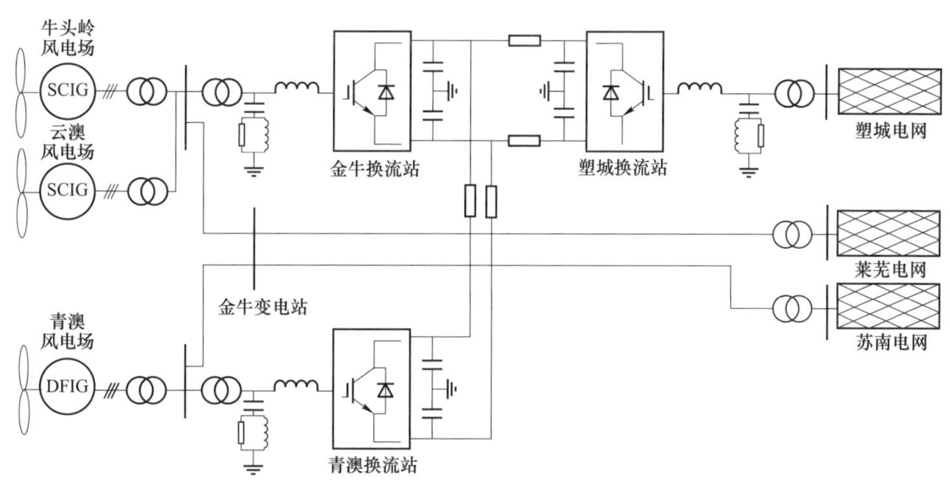

图 1－6　南澳三端柔性直流输电系统

直流电网可认为是 MTDC 的高级形式，其定义为：对于一个含有 M（$M>2$）个互联换流站的输电系统，若互联线路（不含站间并联支路）大于 $M-1$，则为直流电网，否则为 MTDC 系统。直流电网和多端直流输电最小系统拓扑结构分别如图 1－7（a）和图 1－7（b）所示。与 MTDC 相比，直流电网具有更高的运行可靠性和灵活性，能够以最小的损耗和最大的效率在数千千米的范围内对电能进行传输和分配。直流电网中各换流站之间存在多条输电线路，当发生线路故障时，仍然可以通过替代传输线将电力传输到所需的交流系统。风光等可再生能源的发电量是波动的，无法追踪负荷的需求。含多种可控电源的直流电网可以补偿可再生能源的波动，以便向所连接的负载中心保持持续稳定的电力输送。

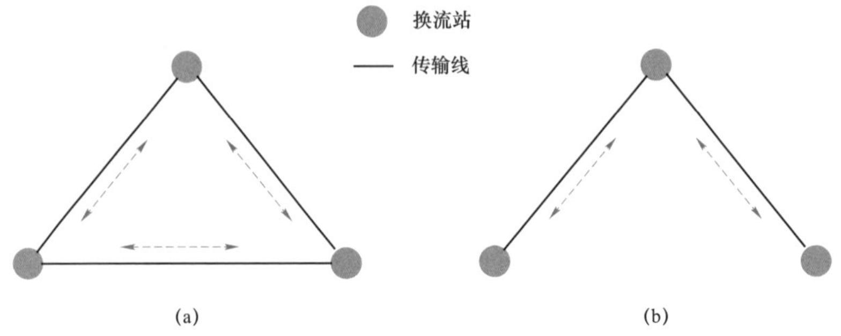

图 1－7　直流电网与多端直流输电最小系统拓扑结构

（a）多端直流电网；（b）多端直流输电系统

图 1－8 为张北四端柔性直流输电系统拓扑，其中两个风光电基地、抽水蓄能电站、交流大电网均有直流线路连接。直流断路器是构建复杂直流电网必须的设备，直流断路器的成熟度、制造成本及体积大小直接影响了直流电网的发展进程。采用具有直流故障抑制与自阻断能力 MMC 换流器可以构建简单的多端直流输电系统，输电效率是这类应用需要考虑的主要制约因素。

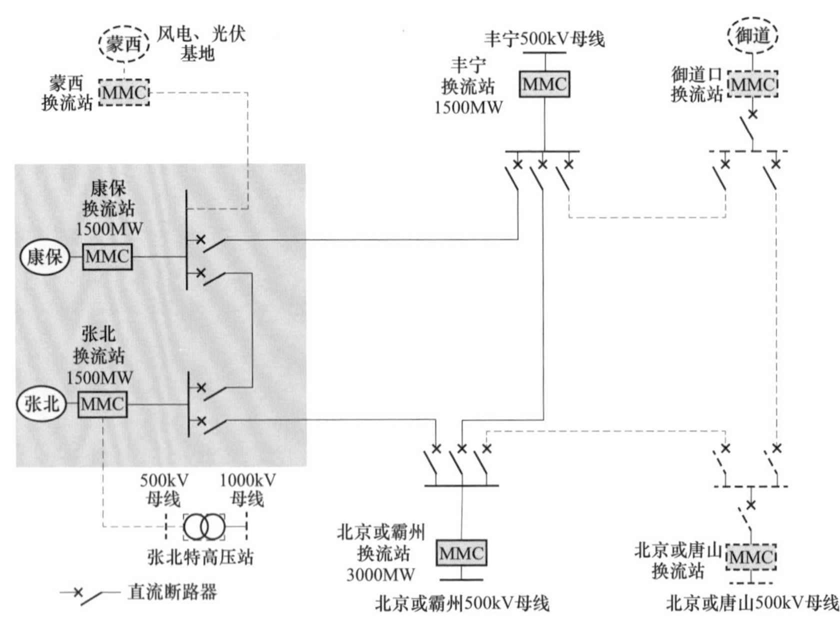

图 1－8　张北四端柔性直流输电系统拓扑

直流电网是在柔性直流输电系统基础上发展起来的复杂电力电子网络，其

对换流器有着更高的技术和性能需求，包括换流器的稳态特性优化、轻量化设计、暂态控制和直流故障处理能力等。

未来直流电网将广泛用于海上发电资源（风力发电、洋流发电、波浪发电和太阳能发电）的互联、送出与并网，远程能源输送到负荷中心，大规模电能在跨国、跨洲的大范围内优化配置，给海上采油平台等孤岛负荷供给电力，弱交流输电系统进行强化（如非洲的系统），作为分布式能源利用的用户端配用电网。

1.2 柔性直流电网简介

1.2.1 系统结构

以图 1–9 所示张北四端柔性直流输电系统详细结构为例，该系统主要由变压器、MMC 换流器、直流断路器、限流电抗器和直流线路构成。其中两个风电场 WF1 及 WF2 分别通过交流汇集到康保站及张北站，转换为高压直流，输送至丰宁站及北京站。各换流站通过对换流器的桥臂子模块的投入/切出，从而改变交流侧电压的输出和功率的交换。

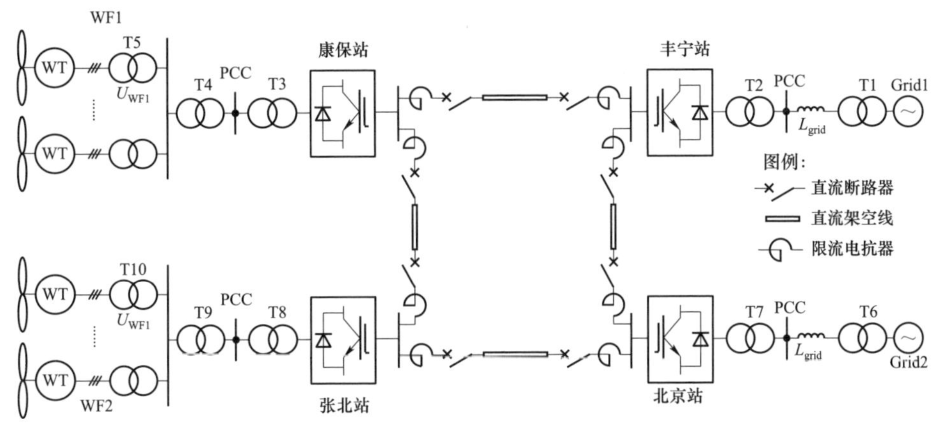

图 1–9 张北四端柔性直流输电系统详细结构

1.2.2 关键设备

柔性直流输电系统主要设备包括电压源换流器、联接变压器、桥臂电抗器、交流开关设备、直流电容（可能包含在换流器阀子模块中）、直流开关设备、测量系统、控制与保护装置等。根据不同的工程需要，可能还会包括输电线路、交/直流滤波器、平波电抗器、共模抑制电抗器等设备。以下将详细介绍柔性直流输电系统几种主要设备的运行原理、特点。

1. 电压源换流器

柔性直流输电系统中可采用多种电压源换流器拓扑，如两电平拓扑、三电平拓扑、模块化多电平拓扑等。

2. 桥臂电抗器

桥臂电抗器串联在换流阀每个桥臂的交流侧上，也称为阀电抗器。桥臂电抗器是柔性直流换流站与交流系统之间传输功率的纽带，它决定了换流器的功率输送能力、有功功率与无功功率的控制，同时还具有如下功能：

（1）相电抗器能抑制换流器输出的电流和电压中的开关频率谐波量，以获得期望的基波电流和基波电压。

（2）当系统发生扰动或短路时，可以抑制电流上升率和限制短路电流的峰值。

为减少传送到系统侧的谐波，桥臂电抗器采用杂散电容小的电抗器。

3. 限流电抗器

限流电抗器安装在直流场的正负极，当输电距离比较长时，用来削减直流线路上的谐波电流，消除直流线路上的谐振。当发生直流接地故障时，可以有效抑制短路电流的上升速率，为继电保护争取宝贵的时间。限流电抗器的使用也会带来负面影响，会阻碍直流电流的响应速度，影响直流输电功率的动态特性。

4. 联接变压器

柔性直流输电系统的联接变压器是换流站与交流系统之间能量交换的纽带，是柔性直流输电系统能够正常工作的核心部件。在柔性直流输电系统中，联接变压器主要实现以下的功能：① 在交流系统和换流站间提供换流电抗的作用；② 将交流系统的电压进行变换，使电压源换流器工作在最佳的电压范围；③ 将不同电压等级的换流器进行连接；④ 阻止零序电流在交流系统和换流站之间流动。

柔性直流输电系统中使用的联接变压器和普通的电力变压器结构基本相同，但是由于两者的运行条件存在一定差异，所以在联接变压器的设计、制造和运行中也不尽相同。

5. 开关设备

为了故障的保护切除、运行方式的转换以及检修隔离等目的，在换流站的站内需要装设各种开关设备，主要包括断路器、隔离开关和接地支路开关等。

其中隔离开关和接地支路开关主要是用来作为系统检修时切断电气连接和进行可靠接地的开关设备。根据要求，接地支路开关要放在检修人员可以直接看到的范围内。交流侧断路器及开关设备是从交流系统进入柔性直流输电系统的入口，其主要功能是连接或断开柔性直流输电系统和交流系统之间的联系。直流短路器是复杂直流电网组网的关键设备，用于切除直流短路电流。

1.2.3 稳态控制

控制系统通常采用多重化设计，正常运行时，一套控制系统处于工作状态，另一套系统处于热备用状态，两套系统同时对数据进行处理，但只有工作系统可对一次设备发出指令。为了提高运行的可靠性，限制任一控制环节故障造成的影响，可以将柔性直流输电控制系统大致分成 3 个层次，从高层次到低层次等级分别为系统级控制、换流器级控制、阀级控制。

1. 系统级控制

系统级控制为直流电网的最高控制层次，主要功能可包含下面一项或者多项：与电力调度中心通信联系，接受调度中心的控制指令，并向通信中心传送有关的运行信息；根据调度中心的指令，改变运行模式及整定值等；当一个换流站有多个变流器并联运行时，应能根据调度中心给定的运行模式、输电功率指令等分配各变流器输电回路的输电功率；当某一回变流器或者直流线路故障时，应重新分配其他回路的功率以降低对系统的影响；快速功率变化控制，快速功率变化包括功率的提升和功率的回降，主要用于对直流所连两端交流系统或并列输电交流线路的紧急功率支援；潮流反转的实现。

2. 换流器级控制

换流器级控制主要的功能包括有功功率控制、直流电压控制、交流电压控制、频率控制等。为了抑制交流系统故障时产生的过电流和过电压，控制器还应该包括交流电流控制、电流指令计算及限值控制等功能，这也是柔性直流输电系统采用双环矢量控制器时内在的功能。控制器设计中还应该包括过电流控制、负序电流控制、直流过电压控制和欠电压控制等环节，这对防止因系统故障而损坏设备有重要意义。

一般情况下换流站可以分为两大类，并网型换流站或组网型换流站。

并网型换流站有两种主要的工作模式，恒直流电压控制和恒功率控制。典型的并网型换流站恒直流电压控制框图如图 1-10 所示。其内环是电流控制，外环是直流电压控制，直流电压外环的输出作为 d 轴电流的参考值，电流内环的输出与前馈解耦项相加得到 d、q 轴调制参考电压，然后通过旋转坐标变换得到 a、b、c 坐标系下的调制参考电压。采用 PLL 跟踪电网电压角度，PLL 的输出作为旋转坐标变换所用的同步旋转角度 θ。

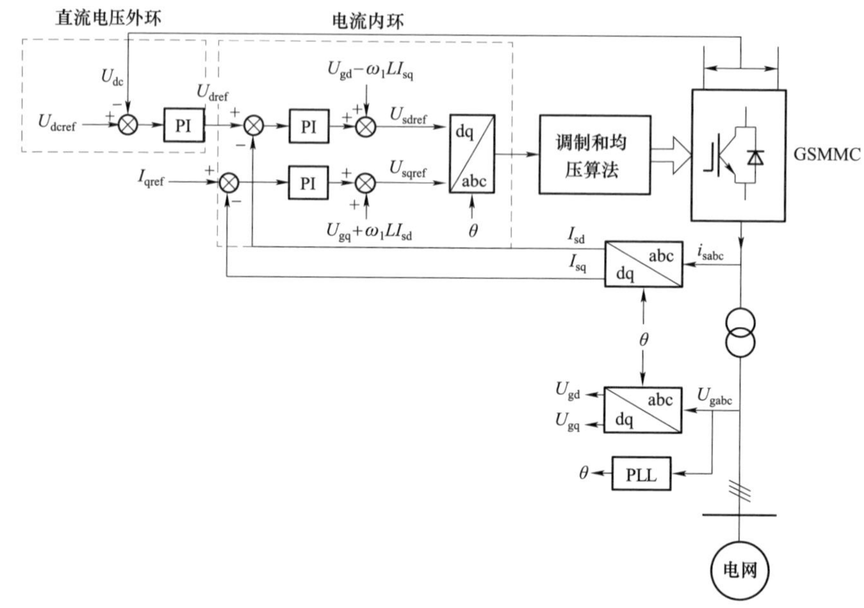

图 1-10　恒直流电压控制时并网型换流站的控制框图

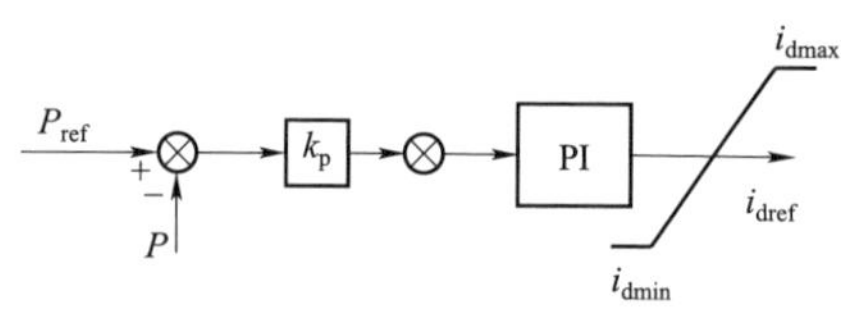

图 1-11　定功率控制时并网型换流站的控制外环

当并网型换流站工作在恒功率控制模式下时，其电流内环控制与图 1-10 基本相同，仅在控制外环上有所变化，恒功率控制下 d 轴电流给定为功率外环的输出，如图 1-11 所示。

由一个并网型换流站控制直流电压，其他并网型换流站控制并网功率，这种直流电网协调控制方式称为主从控制，其中控制直流电压的叫主站，其他称为从站。当主站发生故障退出运行时，需要从站切换到定直流电压控制模式，这就需要各电网侧换流站间的可靠通信，如果出现通信故障，可能会引起严重后果。为解决主从控制的通信可靠性问题，可以让多个并网型换流站共同控制直流电压，采用直流侧下垂控制策略。这种控制下每个并网型换流站控制方式相同，其 d 轴电流给定由换流站功率及直流电压共同决定，如图 1-12 所示。

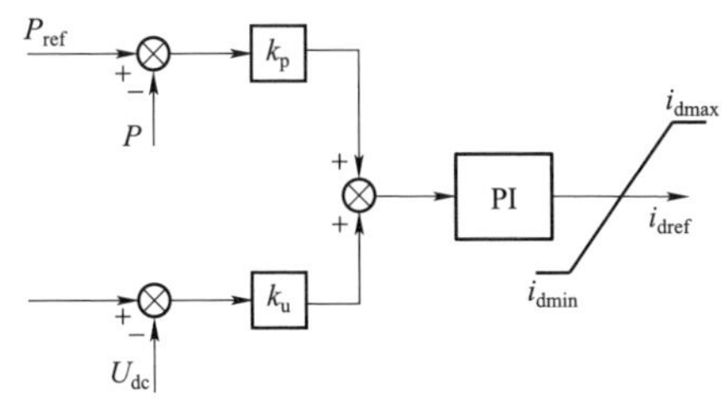

图 1－12　并网型换流站的直流侧下垂控制外环

当换流站连接至孤岛电网，如风电场等时，需要工作在组网型控制模式下，为风电场提供稳定的并网交流电压幅值及频率，如图 1－13 所示，通过检测风电场 PCC 点的三相交流电压构成负反馈控制系统，采用比例谐振（Proportional-Resonant，PR）调节器对正弦偏差信号进行无差调节，电压前馈控制用于改善系统动态响应性能。

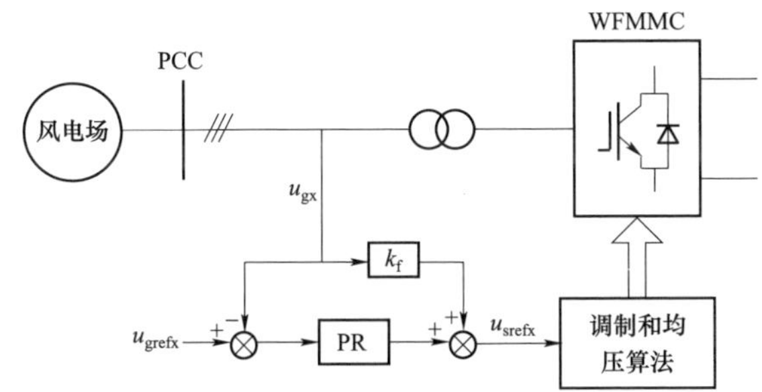

图 1－13　组网型换流站控制框图

3. 阀级控制

阀级控制主要包括同步锁相技术、直流侧电容器电压平衡控制、减少谐波和减少损耗的控制方法、串并联 IGBT 器件的控制等。它接收换流控制器的信号，完成最终的触发任务。这部分控制与换流器的拓扑紧密相关，基于 MMC 的阀控设计与优化也是目前柔性直流输电技术的研究热点，这部分内容将在本书第 2 章、第 3 章详细介绍。

1.2.4　故障的控制与保护

一般将柔性直流换流站划分为变压器保护区、站内交流保护区、换流阀保护区、直流侧保护区四个保护区域。由于换流器功率器件的故障耐受能力差，为最大限度地保证直流电网的持续可靠运行，要求换流器具有一定时间的电网故障穿越能力，采用的措施之一是在电网中安装卸荷装置，这类装置可以安装在交流侧，也可以安装在直流侧。另一类方法是采用具有直流故障阻断或抑制能力的新型换流器，如半桥全桥混合换流器，性能的提高也带来换流器损耗增加的问题，这部分内容将在第 5 章介绍。

1. 换流变压器保护区

换流变压器保护区负责对换流变压器的保护，具体保护措施包括变压器差动保护、变压器和交流母线过流保护、变压器保护继电器和断路器失效保护等。

2. 交流保护区

交流保护区针对交流系统故障，负责换流阀在无通信的情况下合理配合系统故障保护动作，具体保护措施包括换流器母线差动保护、交流母线不正常电压保护、交流电阻电感过负荷保护等。

3. 换流阀保护区

换流阀保护区负责变压器二次侧至换流阀直流出口之间的保护，具体保护措施包括换流器过流保护、交流母线短路保护、阀短路保护、阀电流微分保护、IGBT 监测、阀冷却保护等。

4. 直流侧保护区

直流侧保护区负责直流侧的直流设备及直流线路的保护，具体保护措施包括直流不正常电压保护和直流线路故障指示、限流电抗器保护、直流断路器失效保护、直流线路故障保护、直流线路故障重合闸等。保护区域的划分确保了对所有相关直流设备进行保护，相邻保护区域之间重叠，不存在死区。

1.3 柔性直流电网控制保护技术的挑战及本书内容

随着相关工程的不断投运，柔性直流电网的控制与保护技术已成为当下的研究焦点。电压、功率等级的提高，组网拓扑的复杂化，架空线路的使用，可再生能源的大规模接入和风光电评价上网对并网系统成本降低的迫切需求，为柔性直流电网的控制保护技术提出了新的挑战，主要集中在以下几个方面。

1. MMC 的轻量化、紧凑化

MMC 的子模块电容是影响 MMC 体积和重量的主要因素，而电容值的大小与控制的稳定性、电能质量、电网故障穿越能力等密切相关。MMC 的拓扑结构、基本的调制和控制策略决定了子模块电容存在较大的基频和二倍频的脉动分量，为了保证子模块直流电容电压稳定，需要设计很大的直流电容值。MMC 换流器的子模块电容，体积超过子模块体积的一半，重量占 80%左右。从某种意义上讲，MMC 的轻量化、紧凑化程度代表了其核心技术程度，通过控制手段，减小子模块功率波动，进而减小直流电容值，对于减小系统损耗、成本和体积

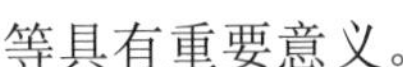

等具有重要意义。

本书第 3 章重点探讨子模块电容值的优化问题，给出了使子模块电容最小化的优化控制方法，以降低换流器的成本，减小换流器的体积和重量。

2. 多端直流电网组网方式

随着直流电网落点的增加，其组网方式日渐复杂，从最初的点对点，到多端直流输电系统，再到直流电网，出现了多种可能的组网拓扑，如环形拓扑、星形拓扑、中心环形拓扑、风电场环形拓扑和电网环形拓扑等。直流断路器是构建复杂直流电网的必备装备，而具有直流故障阻断或抑制能力的新型 MMC 也有一定的组网能力，如何从经济性、可靠性和灵活性等多方面对各种组网拓扑进行评估，并针对不同场景给出最佳的组网方案，是目前亟待解决的问题。

本书第 4 章首先分析了单换流站扩容的组合方式，对并联扩容和串联扩容两种方式进行介绍。随后探讨不同组网方式的评估方法与指标，并据此对不同组网方式进行综合对比评价，讨论不同场合下直流电网组网拓扑的优化方案。

3. 直流电网的优化运行

直流电网的运行和控制必须考虑由于风、光等新能源和抽水蓄能电站的接入对电网的影响，如何在充分接收并网可再生能源的基础上利用不同能源特性为电网服务，将其弊端尽量减小甚至转换为优点成为一项有意义且充满挑战的工作。亟需研究直流电网与风光波动电源、抽水蓄能电站及交流主网的界面功率交换规律，研究如何充分利用柔性直流输电功率的快速控制特性，实现直流电网潮流的快速控制，综合考虑继电保护、调度等影响因素，探讨换流站控制与电网调度的协调配合和直流电网分层协调控制的体系等问题。

本书第 5 章分析直流电网的运行特性，讨论换流器潮流快速控制及多换流器间协调控制方法，分析直流电网与新能源、抽水蓄能电站及交流主网的界面功率交换规律。分别以减小直流网损和提升潮流变化响应能力为目标，探讨直流电网的潮流优化和紧急情况下潮流分布的快速控制问题。通过对直流电网各换流器的控制功能进行分区与控制定位，研究直流电网换流站间的协调控制和换流站控制与电网调度的协调问题。

4. 直流电网的暂态分析与短路电流抑制

随着柔性直流电网的发展，对系统故障后“$N-1$”运行的需求逐步提高。柔性直流电网主要采用高压直流断路器进行故障隔离，随着换流站的数量的增多、拓扑结构的复杂化，需要投入的直流断路器数目也逐渐增多，成本上升较大。因此在降低直流断路器成本的同时，也需要重视换流站的故障自清除能力，在可再生能源大量接入的背景下，亟需研究电网发生故障后源–网协调故障穿越问题。

本书第 6 章将分别分析具备故障自清除和不具备故障自清除能力的换流器的直流故障电流特性，针对具备故障自清除能力 MMC 换流器组成的直流电网，以半桥—全桥混合子模块型 MMC 为例，研究直流故障电流抑制和故障穿越控制问题。针对不具备故障自清除能力 MMC 组成的直流电网，以半桥型 MMC 为例，探讨配合直流断路器的限流电抗选取原则和优化配置方法。

5. 直流电网的故障保护

由于采用了大量的电力变换器，电力电子功率器件的电压、电流耐受能力很差，造成直流电网对于保护系统的响应时间要求很高，过电流保护、距离保护和差动保护等传统的交流系统保护均不适宜直接用于直流电网。例如，过电流保护是当电流超过一定的临界值时执行相应保护动作（如令断路器跳闸）的一种保护措施，它简单而没有选择性。与交流系统相比，直流电网中复杂的阻抗测量具有根本不同的特性，尤其是故障电阻的影响，因此传统的距离保护不再适合作直流电网的故障保护。对于差动保护，如果直流母线附近发生故障，那么该线路另一侧的故障在一定的延迟之后才会被测量到（在更长的线路上可能需要几毫秒），远远无法满足直流电网快速保护的需求。需要根据直流电网运行特性，研究新型的适用于直流电网的保护原理和保护方法。

本书第 7 章特别针对架空线传输，含直流断路器的柔性直流电网，探讨直流侧及交流侧的保护方法和保护协调配合原则，并给出了柔性直流电网直流线路故障的重合闸方案。

2

模块化多电平柔性直流换流器

2001 年，德国慕尼黑联邦国防军大学 Marquardt 教授提出了一种新型电压源型换流器拓扑——模块化多电平换流器，这种新型换流器拓扑的出现使得电压源型换流器广泛应用于高压大功率输电成为可能。相比传统的两电平、三电平换流器，MMC 采用子模块级联的方式取代了 IGBT 器件的直接串联，不存在 IGBT 的动态均压问题；采用子模块中的低压电容器替代了直流母线上的高压电容组；每个子模块可工作在较低开关频率，开关损耗很低；具有很小的 di/dt 和 du/dt；输出电压谐波含量非常低，无需在交流侧安装滤波器；模块化结构，易扩展和维护；通过增加子模块数目可灵活地扩展其电压和功率等级。基于以上特点，MMC 成为柔性直流输电系统用换流器的首选方案。

本章系统地阐述 MMC 的工作原理、控制和设计的基本方法。首先利用平均值模型将桥臂上的子模块链简化为一对受控电源，且内部由一个等效电容代表整个桥臂的所有子模块电容，在此基础上进行数学模型的推导，利用等效交流电路模型和等效直流电路模型表示 MMC 的外部特性，利用电容特性方程和能量方程描述 MMC 的内部特性，通过调制函数将内部特性和外部特性联系在一起，同时分析直接调制下桥臂环流的成分和环流谐振现象的原因。其次，介绍了两种常用的调制方式，即载波移相调制和最近电平调制。然后，介绍基本控制策略，除了电压源型换流器的基本控制方法，重点介绍 MMC 特有的环流抑制、电压均衡控制和能量控制。最后，介绍 MMC 的主电路参数设计方法。关于短路电流的抑制本章未曾涉及。通过一个点对点的柔性直流输电案例，分析 MMC 换流器在不同工况和控制策略下的波形，验证理论的正确性，加深对 MMC 换流器控制的理解。

2.1 MMC 的工作原理

MMC 拓扑结构如图 2－1 所示，其包含三个相单元，每个相单元包含上下两个桥臂，每个桥臂由相同数量的级联子模块和一个桥臂电感串联而成，桥臂上的电阻采用一个集总参数的等效桥臂电阻表示。每一相的上下两个桥臂连接在一起，连接的中点即为该相的交流端口，该端口连接至交流电网；而三相桥臂的上下两端分别连接在一起，构成换流器直流端口的正负极，与直流线路相连。

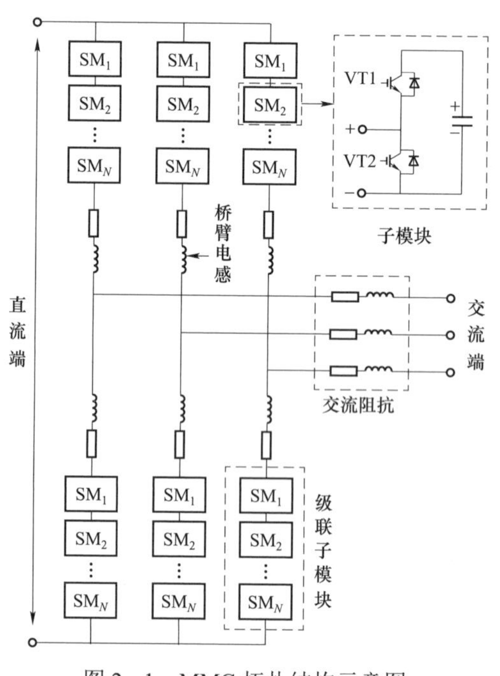

图 2－1　MMC 拓扑结构示意图

由于三个相单元在电路结构上完全一样，因此以其中一个相单元的上、下桥臂为例，介绍 MMC 换流器的工作原理。设 MMC 的一个桥臂上有 N 个子模块，则一个相单元上有 $2N$ 个子模块。以标准子模块采用半桥拓扑为例，图 2－2 展示了这种子模块的 3 种工作状态，分别是子模块投入、切除和闭锁状态。

假设子模块中电容器上的电压为 u_{cijk}，则子模块的输出电压可表示为

$$u_{ijk}=\begin{cases}u_{cijk}, \mathrm{VT1}=1, \mathrm{VT2}=0\\0, \mathrm{VT1}=0, \mathrm{VT2}=1\end{cases} \tag{2-1}$$

式中　i=p、n——上下桥臂；

j=a、b、c——某一相；

k=1，2，…，N——子模块的索引。

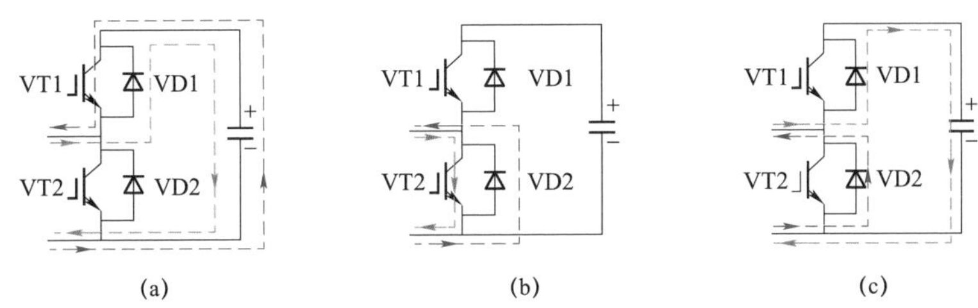

图 2-2　半桥子模块的工作状态

（a）投入状态 VT1=1，VT2=0；（b）切除状态 VT1=0，VT2=1；（c）闭锁状态 VT1=0，VT2=0

从式（2-1）可见，子模块的输出电压与其功率器件的开关状态和电容器电压有关。在同一时刻，相单元 j 的上下两个桥臂共投入 N 个子模块，且上桥臂和下桥臂分别投入的子模块数量为 N_p 和 N_n。假设上下桥臂子模块电容的平均电压分别为 $\bar{u}_{cp}$ 和 $\bar{u}_{cn}$，忽略桥臂电感上的压降，则有以下关系式成立

$$\begin{aligned} U_{dc} &= N_p\bar{u}_{cp} + N_n\bar{u}_{cn} \\ N &= N_p + N_n \end{aligned} \tag{2-2}$$

式中　U_{dc}——直流侧电压。

为满足换流器的正常运行，上下桥臂子模块的电容电压需要被控制得基本相等，可得

$$\bar{u}_{cp} = \bar{u}_{cn} = \frac{U_{dc}}{N} \tag{2-3}$$

如图 2-3 所示，当 MMC 稳态运行时，每个相单元上下桥臂子模块电容电压相等且保持不变，直流侧电压维持恒定。而上下桥臂投入的子模块数量互补

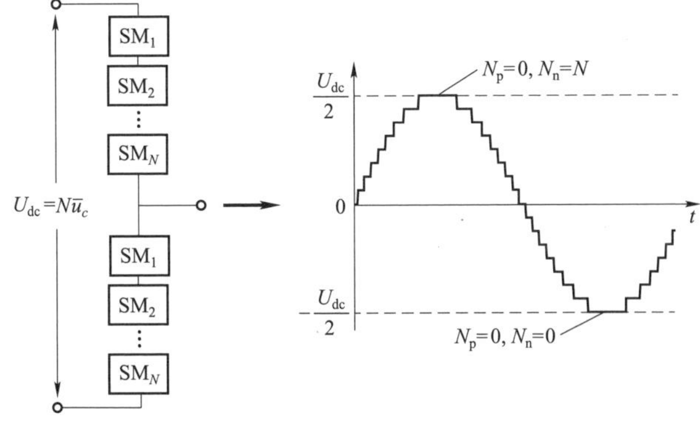

图 2-3　MMC 相单元工作原理及交流输出电压波形

变化，每个相单元中间的交流出口可以输出 $N+1$ 种电平。当下桥臂投入子模块数为零，上桥臂投入子模块数为 N 时，交流端口输出的电压最低；当下桥臂投入的子模块数量增加，而上桥臂投入的子模块数量相应减少时，交流端口输出的电压不断升高；当下桥臂投入子模块数为 N，上桥臂投入子模块数量为零时，交流端口输出的电压最高。当每一相上下桥臂投入的子模块数量按照正弦规律互补变化时，MMC 在该相的输出就接近正弦波形。通过这种方式，MMC 的交流端口可以产生任意形状的波形。

2.2 MMC 的数学模型

在直流输电应用场合，由于电压等级高，MMC 的每个桥臂上子模块数量可达数百个，导致其数学模型极为复杂。为了合理地简化数学建模过程，将同一桥臂上所有子模块视为一个子模块链，并做如下假设：

（1）子模块数足够多，等效开关频率足够高。

（2）忽略驱动信号的延时和死区时间。

（3）忽略子模块开关状态切换时的微秒级电磁暂态过程。

（4）忽略各子模块之间的参数差异，即认为换流器内部所有子模块参数均相同。

（5）桥臂内所有子模块电容电压在均压算法下保持高度一致，即认为桥臂内部子模块电容电压均相同。

（6）只考虑电压调制波中的基频分量（若采用三倍频共模电压注入方法，还需考虑三倍频分量），忽略高次谐波。

（7）每个桥臂采用一个串联的集总电阻模拟换流器桥臂中总的损耗。

基于以上假设，首先对子模块链进行简化，用平均值模型代替子模块链复杂且众多的开关动态；其次介绍两种调制函数，将子模块链的输出电压连续化；然后，列写每个相单元的电压电流方程，利用两个等效电路代替 MMC 的交流端口和直流端口特性，给出 MMC 的桥臂能量方程，分析交流侧和直流侧的功率与子模块电容电压的关系；最后，以 MMC 采用直接调制为例，建立直接调制下桥臂环流大小与电路参数的关系，揭示桥臂环流的产生机理。

本章所采用的主要变量和符号说明如表 2－1 所示。下标“p”“n”分别表示与上下桥臂有关的量，下标“c”表示与子模块电容有关的量，下标“s”表示与交流系统有关的量；正弦量“x”的大写形式“X”代表其幅值。

表 2-1　　主要变量和参数符号说明

变量		电路参数	
u_{sj}	交流端口电压	L	桥臂电感
i_{sj}	交流输出电流	R	桥臂总电阻
u_{pjk}、u_{njk}	子模块输出电压	L_{ac}	交流侧电感
u_{cpjk}、u_{cnjk}	子模块电容电压	R_{ac}	交流侧总电阻
$u_{c\Sigma pj}$、$u_{c\Sigma nj}$	子模块链总电容电压	L_s	等效交流电感
u_{pj}、u_{nj}	子模块链输出电压	R_s	等效交流电阻
i_{pj}、i_{nj}	桥臂电流	C	子模块电容
e_{sj}	桥臂差模内电动势	C_{arm}	等效桥臂电容
u_{comj}	桥臂共模电压	N	桥臂子模块数量
i_{comj}	桥臂共模电流	ε	电容电压波动率
i_{cirj}	桥臂环流	ω_s	额定交流频率
I_{dc}	直流电流	ω_{resh}	桥臂环流 h 次谐波谐振频率
U_{dc}	直流侧电压		
u_{dcp}、u_{dcn}	正负极直流母线电压		
W_{pj}、W_{nj}	桥臂子模块电容总能量		
$W_{\Sigma j}$	桥臂总能量		
$W_{\Delta j}$	上下桥臂能量差		
n_{pj}、n_{nj}	桥臂调制函数		
N_{pj}、N_{nj}	桥臂投入子模块		

2.2.1　平均值模型

由于每个桥臂上子模块数量众多，精确建模十分复杂，求解难度大，且无法直观地反映 MMC 子模块电压的动态行为，可采用平均值模型对子模块链进行描述。根据假设（5），认为同一桥臂所有子模块电容电压相等，即

$$u_{cpj1}=u_{cpj2}=\cdots=u_{cpjN}=u_{cpj},\quad u_{cnj1}=u_{cnj2}=\cdots=u_{cnjN}=u_{cnj} \tag{2-4}$$

设 $u_{c\Sigma pj}$ 和 $u_{c\Sigma nj}$ 分别为上下桥臂子模块电压之和，即

$$u_{c\Sigma pj}=\sum_{k=1}^{N}u_{cpjk}=Nu_{cpj},\quad u_{c\Sigma nj}=\sum_{k=1}^{N}u_{cnjk}=Nu_{cnj} \tag{2-5}$$

当相单元 j 的上下桥臂分别投入 N_{pj} 和 N_{nj} 个子模块时，子模块链输出的总电压为

$$u_{\rm pj}=N_{\rm pj}u_{c\rm pj}=\frac{N_{\rm pj}}{N}u_{c\Sigma\rm pj},\quad u_{\rm nj}=N_{\rm nj}u_{c\rm nj}=\frac{N_{\rm nj}}{N}u_{c\rm nj} \tag{2-6}$$

另外，投入的子模块被桥臂电流充电，没有投入的子模块不参与充电，即满足

$$C\frac{{\rm d}u_{c{\rm pj}k}}{{\rm d}t}=\begin{cases}i_{\rm pj},\ {\rm SM}_k\text{投入}\\0,\ {\rm SM}_k\text{切除}\end{cases},\quad C\frac{{\rm d}u_{c{\rm nj}k}}{{\rm d}t}=\begin{cases}i_{\rm nj},\ {\rm SM}_k\text{投入}\\0,\ {\rm SM}_k\text{切除}\end{cases} \tag{2-7}$$

将每个桥臂上子模块的充电方程相加得

$$C\frac{{\rm d}u_{c\Sigma\rm pj}}{{\rm d}t}=N_{\rm pj}i_{\rm pj},\quad C\frac{{\rm d}u_{c\Sigma\rm nj}}{{\rm d}t}=N_{\rm nj}i_{\rm nj} \tag{2-8}$$

根据假设（4），认为 MMC 同一桥臂所有子模块的电容大小相等，可以将同一桥臂的 N 个子模块的动态特性用一个等效的模块来表示。设等效桥臂电容 $C_{\rm arm}$ 为 N 个子模块的串联电容，即

$$C_{\rm arm}=\frac{C}{N} \tag{2-9}$$

用 $n_{\rm pj}$ 和 $n_{\rm nj}$ 表示上下桥臂的调制函数

$$n_{\rm pj}=\frac{N_{\rm pj}}{N},\quad n_{\rm nj}=\frac{N_{\rm nj}}{N} \tag{2-10}$$

代入式（2－6）和式（2－8）可得

$$u_{\rm pj}=n_{\rm pj}u_{c\Sigma\rm pj},\quad u_{\rm nj}=n_{\rm nj}u_{c\Sigma\rm nj} \tag{2-11}$$

$$C_{\rm arm}\frac{{\rm d}u_{c\Sigma\rm pj}}{{\rm d}t}=n_{\rm pj}i_{\rm pj},\quad C_{\rm arm}\frac{{\rm d}u_{c\Sigma\rm nj}}{{\rm d}t}=n_{\rm nj}i_{\rm nj} \tag{2-12}$$

式（2－11）和式（2－12）即为 MMC 平均值模型所满足的方程，它表明当子模块参数完全一致且同一桥臂所有子模块的电容电压都相等时，桥臂上的 N 个子模块被简化为 1 个模块，以上桥臂为例，子模块链平均值模型如图 2－4 所示。该模块表现为一对受控电流源和受控电压源，其内部的等效电容大小 $C_{\rm arm}$ 为桥臂所有子模块电容的串联值，等效电容电压 $u_{c\Sigma\rm pj}$、$u_{c\Sigma\rm nj}$ 为上下桥臂所有子模块电容电压之和。

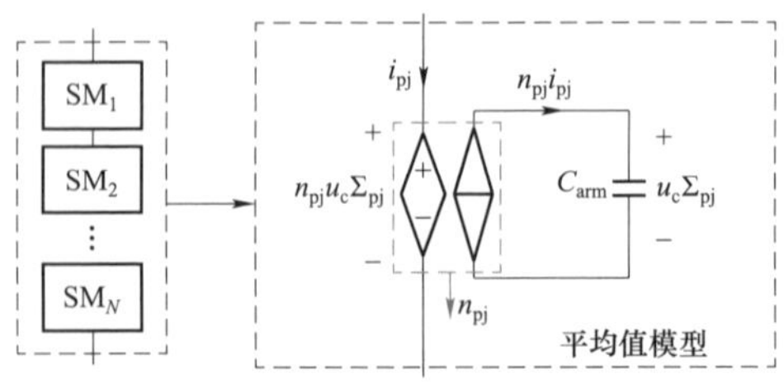

图 2－4　子模块链的平均值模型

从式（2－11）和式（2－12）的推导过程来看，平均值模型适用于同一桥臂所有子模块电压被控制得完全相等的情况，然而实际上所有子模块电压不可能被控制得完全一样。尽管如此，平均值模型已经有足够的准确性来描述 MMC 在稳态和暂态时的特性，且在数学上具有较为简单的形式。但对于短路故障等牵涉到功率器件层面的分析，平均值模型将不再适用。

2.2.2 连续调制函数

在 MMC 的控制中，需要根据上下桥臂子模块链的参考电压 u_{pj}^* 和 u_{nj}^* 来计算一个桥臂投入子模块的数量。然而，投入和切除的子模块数量为离散量，为了简化理论分析过程，引入连续的调制函数代替离散量的分析，即用连续的电压量之比代替子模块数量之比。因此，根据式（2－11），将调制函数表示为桥臂参考电压和桥臂内子模块总电压之比

$$n_{nj}=\frac{u_{nj}^*}{u_{c\Sigma nj}},\quad n_{pj}=\frac{u_{pj}^*}{u_{c\Sigma pj}} \tag{2-13}$$

如果忽略上下桥臂子模块电容波动的差异，而像传统两电平 VSC 一样，以直流侧电压计算调制函数，则

$$n_{nj}=\frac{u_{nj}^*}{U_{dc}},\quad n_{pj}=\frac{u_{pj}^*}{U_{dc}} \tag{2-14}$$

如式（2－13），以桥臂内子模块总电压为基准获得调制函数的方法被称为补偿调制（Compensated Modulation，CM）。在补偿调制方式下，桥臂电压的实际值与其参考值相等，子模块电容电压纹波不会影响桥臂电压和电流的谐波特性，桥臂共模电流中不会产生二倍频环流分量。此时换流器交、直流端口电压与电容电压亦不存在强耦合关系，交流侧的输出不会反映任何子模块电容电压的波动。另一方面，补偿调制下的 MMC 是临界稳定的，上下桥臂子模块电压的平均值可能不相等甚至发散，因此需要增加额外的能量控制器来确保每个桥臂之间的能量达到平衡。另外，该调制方式对控制系统的延时要求较高，目前工业界已经可以将控制系统的总延时降到 100μs 以下，可以满足该调制方式的要求。

如式（2－14），以直流侧电压为基准获得调制函数的方式被称为直接调制（Direct Modulation，DM）。对比补偿调制，MMC 在直接调制下桥臂电压的实际值与其参考值不相等，子模块电容电压纹波将会影响桥臂电压和电流的谐波特性，导致桥臂中出现较大的二倍频环流，甚至可能会引发环流谐振，在频域阻

抗模型上也存在影响系统稳定性的谐振尖峰。另一方面，采用直接调制的 MMC 是渐近稳定的，如果桥臂电感的设计能够避开二倍频环流谐振，仅需要对同一桥臂内的子模块电压实现均压控制即可，而相间子模块电压以及上下桥臂间子模块电压会自动实现平衡。

调制函数的选择则决定了子模块内部能量的波动能否传递到桥臂上，如果选用补偿调制，则子模块链的输出电压将完全等于参考值，不会体现任何子模块电容电压波动的信息，因此也没有任何自然机制保证上下及相间的子模块电压保持相等，如果不采取控制手段，将对运行产生不利影响；而如果选择直接调制，最直接的后果是子模块电容的波动将传递到桥臂中，从而产生二倍频的环流，这样的机制却恰好能维持 MMC 运行的渐近稳定性；另一方面，采用直接调制的 MMC 的交流侧阻抗存在许多谐振点，将对互联系统的稳定性造成不利影响。

2.2.3 基本电路方程

根据子模块链的平均值模型，可得到 MMC 换流器的平均值模型，如图 2－5 所示，其中 L 和 R 分别为桥臂电感和等效电阻（包含换流器的损耗和电感的寄生电阻），L_{ac} 和 R_{ac} 分别为交流侧电感和等效电阻，u_{sj} 和 i_{sj}（j=a，b，c）分别为 j 相交流侧电压和电流，u_{pj} 和 u_{nj} 分别表示 j 相上、下桥臂级联子模块的总输出电压，i_{pj} 和 i_{nj} 分别表示流入 j 相上、下桥臂级联子模块的电流，u_{dcp} 和 u_{dcn} 分别为直流侧中性点 o 到正极和负极母线的电压，该点电位与交流系统中性点电位相同。

由基尔霍夫定律写出 j 相的电路方程

$$\begin{cases} u_{sj}+R_{ac}i_{sj}+L_{ac}\dfrac{di_{sj}}{dt}+Ri_{pj}+L\dfrac{di_{pj}}{dt}+u_{pj}=u_{dcp} \\ u_{sj}+R_{ac}i_{sj}+L_{ac}\dfrac{di_{sj}}{dt}-Ri_{nj}-L\dfrac{di_{nj}}{dt}-u_{nj}=-u_{dcn} \end{cases} \tag{2-15}$$

分别对式（2－15）中的两个等式进行相加和相减可得

$$u_{sj}+R_s i_{sj}+L_s\frac{di_{sj}}{dt}=e_{sj}+u_{no} \tag{2-16}$$

$$Ri_{comj}+L\frac{di_{comj}}{dt}+u_{comj}=\frac{U_{dc}}{2} \tag{2-17}$$

式中，R_s 为等效交流电阻，$R_s=R/2+R_{ac}$；L_{ac} 为等效交流电感，$L_s=L/2+L_{ac}$；直流侧电压 U_{dc} 和直流中点电压 u_{no} 满足

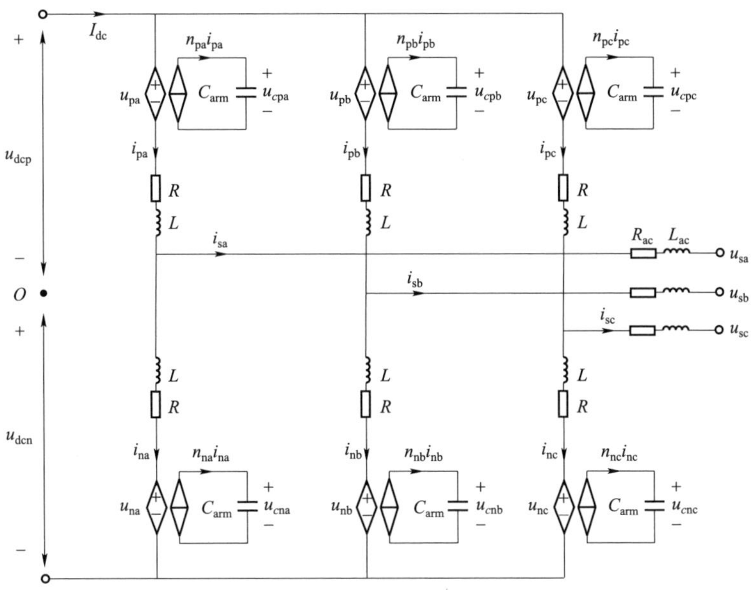

图 2-5　MMC 的平均值模型

$$U_{dc}=u_{dcp}+u_{dcn},\quad u_{no}=\frac{u_{dcp}-u_{dcn}}{2} \tag{2-18}$$

可以证明，在三相平衡的条件下，直流侧 u_{no} 的基频分量为零。交流内电动势（桥臂差模内电动势）e_{sj} 和桥臂共模电压 u_{comj} 满足

$$e_{sj}=\frac{u_{nj}-u_{pj}}{2},\quad u_{comj}=\frac{u_{nj}+u_{pj}}{2} \tag{2-19}$$

交流电流 i_{sj} 和桥臂共模电流 i_{comj} 满足

$$i_{sj}=i_{pj}-i_{nj},\quad i_{comj}=\frac{i_{nj}+i_{pj}}{2} \tag{2-20}$$

由式（2-20）可得，桥臂共模电流实际上是流经上下桥臂但不流向交流侧的桥臂电流成分。为了更好地理解桥臂共模电流，根据图 2-5，直流侧电流满足

$$I_{dc}=\sum_{j=a,b,c} i_{pj}=\sum_{j=a,b,c} i_{nj} \tag{2-21}$$

将式（2-20）代入式（2-21）得

$$I_{dc}=\sum_{j=a,b,c} i_{comj} \tag{2-22}$$

式（2-22）说明，在桥臂共模电流中至少存在直流电流成分，当三相完全对称时，直流侧电流被三相桥臂的共模电流平均分配。另一方面，采用直接调

制的 MMC 的桥臂共模电流中还存在桥臂环流，该电流为三相对称的交流分量，仅在 MMC 内部桥臂间循环流动，而不体现到交直流端口侧。可以证明，桥臂环流为一系列三相对称的偶倍频电流，它们由子模块电容电压波动而产生，表示为

$$i_{\text{cir}j}=\sum_{h=2}^{+\infty}I_{\text{cir}jh}\cos(h\omega_{\text{s}}t-\varphi_{jh}) \tag{2-23}$$

式中，$I_{\text{cir}jh}$为 j 相 h 次谐波环流的幅值，且 h 为偶数；φ_{jh}为 j 相 h 次谐波环流的初相角，且 h 为偶数。

因此在三相平衡的条件下，桥臂共模电流的成分可以表示为

$$i_{\text{com}j}=\frac{I_{\text{dc}}}{3}+i_{\text{cir}j} \tag{2-24}$$

上述公式描述了 MMC 交流侧和直流侧的外特性。式（2-16）描述了 MMC 的交流端口特性，如图 2-6（a）所示，MMC 的交流侧电流取决于交流内电动势；式（2-17）描述了 MMC 的直流端口特性（或桥臂特性），如图 2-6（b）所示，MMC 的直流侧电流取决于桥臂共模电压。通过控制每一相交流内电动势（桥臂差模内电动势）e_{sj} 和桥臂共模电压 u_{comj} 的大小，即可实现对 MMC 交流侧和直流侧电流的控制。

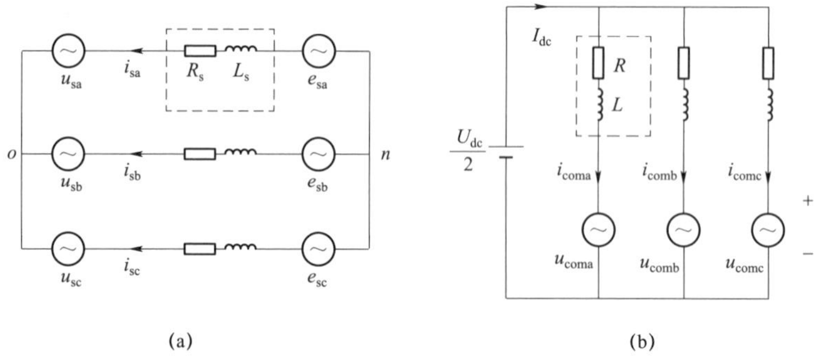

图 2-6　MMC 外特性等效电路

（a）交流端口等效电路；（b）直流端口等效电路

2.2.4　桥臂能量方程

根据式（2-5）和式（2-9）求得 MMC 一个桥臂中子模块电容的总能量为

$$W_{\text{pj}}=N\frac{1}{2}Cu_{c\text{pj}}^2=\frac{1}{2}C_{\text{arm}}u_{c\Sigma\text{pj}}^2,\quad W_{\text{nj}}=N\frac{1}{2}Cu_{c\text{nj}}^2=\frac{1}{2}C_{\text{arm}}u_{c\Sigma\text{nj}}^2 \tag{2-25}$$

上桥臂子模块的能量变化为

$$\frac{\mathrm{d}W_{\text{pj}}}{\mathrm{d}t}=\frac{\mathrm{d}}{\mathrm{d}t}\left(\frac{1}{2}C_{\text{arm}}u_{c\Sigma\text{pj}}^2\right)=u_{c\Sigma\text{pj}}C_{\text{arm}}\frac{\mathrm{d}u_{c\Sigma\text{pj}}}{\mathrm{d}t} \tag{2-26}$$

代入到式（2－11）和式（2－12）可得

$$\frac{\mathrm{d}W_{\mathrm{pj}}}{\mathrm{d}t}=u_{c\Sigma\mathrm{pj}}n_{\mathrm{pj}}i_{\mathrm{pj}}=u_{\mathrm{pj}}i_{\mathrm{pj}} \tag{2-27}$$

同理，可得下桥臂子模块的功率满足

$$\frac{\mathrm{d}W_{\mathrm{nj}}}{\mathrm{d}t}=u_{\mathrm{nj}}i_{\mathrm{nj}} \tag{2-28}$$

定义桥臂总能量 $W_{\Sigma\mathrm{j}}$ 为上下桥臂子模块能量之和，上下桥臂能量差 $W_{\Delta\mathrm{j}}$ 为上下桥臂子模块能量之差，即

$$W_{\Sigma\mathrm{j}}=W_{\mathrm{pj}}+W_{\mathrm{nj}},\quad W_{\Delta\mathrm{j}}=W_{\mathrm{pj}}-W_{\mathrm{nj}} \tag{2-29}$$

将式（2－19）和式（2－20）代入到式（2－27）和式（2－28）中，可得

$$\frac{\mathrm{d}W_{\Sigma\mathrm{j}}}{\mathrm{d}t}=\frac{\mathrm{d}W_{\mathrm{pj}}}{\mathrm{d}t}+\frac{\mathrm{d}W_{\mathrm{nj}}}{\mathrm{d}t}=u_{\mathrm{pj}}i_{\mathrm{pj}}+u_{\mathrm{nj}}i_{\mathrm{nj}}=2u_{\mathrm{comj}}i_{\mathrm{comj}}-e_{\mathrm{sj}}i_{\mathrm{sj}} \tag{2-30}$$

将式（2－27）代入式（2－30），仅考虑桥臂共模电流 i_{comj} 中的直流成分，忽略共模电流在桥臂电阻上的压降，在稳态下满足

$$\frac{\mathrm{d}W_{\Sigma j}}{\mathrm{d}t}=2u_{\mathrm{com}j}i_{\mathrm{com}j}-e_{j}i_{\mathrm{s}j}=\frac{P_{\mathrm{dc}}}{3}-P_{\mathrm{s}j} \tag{2-31}$$

式中，P_{dc} 为直流侧功率；$P_{\mathrm{s}j}$ 为 j 相交流侧瞬时功率。

可见，同一相单元上下桥臂所有子模块电容能量的变化率等于直流侧功率与交流侧功率之差，且 P_{dc} 与 $P_{\mathrm{s}j}$ 的直流分量之差决定了子模块内部能量的变化，$P_{\mathrm{s}j}$ 在一个周期内的波动造成了桥臂子模块总能量以二倍频波动。同理，可以推导出上下桥臂能量差的变化率为

$$\frac{\mathrm{d}W_{\Delta\mathrm{j}}}{\mathrm{d}t}=u_{\mathrm{comj}}i_{\mathrm{sj}}-2e_{\mathrm{sj}}i_{\mathrm{comj}} \tag{2-32}$$

在不考虑桥臂环流和桥臂电阻时，式（2－32）可以写为

$$\frac{\mathrm{d}W_{\Delta\mathrm{j}}}{\mathrm{d}t}=u_{\mathrm{comj}}i_{\mathrm{sj}}-2e_{\mathrm{sj}}i_{\mathrm{comj}}\approx\frac{U_{\mathrm{dc}}}{2}i_{\mathrm{sj}}-\frac{2}{3}e_{\mathrm{sj}}I_{\mathrm{dc}} \tag{2-33}$$

可见，式（2－33）的右边项为一个基频正弦量，在一个周期内的积分为零，因此上下桥臂能量差总以基频波动，且在理想情况下其直流分量保持不变。

2.2.5 调制方法对MMC输出特性的影响

将 MMC 所有特性方程总结在一起，如表 2－2 所示。平均值模型描述了子模块电容、调制函数、桥臂电流以及子模块输出电压之间的关系，大大简化了子模块链的分析。电压电流方程将上下桥臂的电压电流组合为共模/差模量，既

明晰了物理意义，又简化了分析过程与控制设计。两个等效电路方程分别描述了 MMC 在交流侧和直流侧的输入输出关系，表明其在交流侧的输出方程与两电平 VSC 换流器相似，在直流侧的输出由共模电压来控制。桥臂能量方程则进一步描述了直流侧与交流侧输出功率对子模块内电容储存能量的影响（等效于对子模块电容电压的影响），它使得 MMC 的控制自由度相比于传统换流器更多，同时也增加了控制器的复杂程度。

表 2–2　　MMC 的特性和描述方程

MMC 特性	特性描述（公式编号）	描述方程
平均值模型	子模块电容电压波动（2–12）	$C_{\rm arm}\dfrac{{\rm d}u_{c\Sigma{\rm pj}}}{{\rm d}t}=n_{\rm pj}i_{\rm pj}, C_{\rm arm}\dfrac{{\rm d}u_{c\Sigma{\rm nj}}}{{\rm d}t}=n_{\rm nj}i_{\rm nj}$
	子模块输出电压（2–11）	$u_{\rm pj}=n_{\rm pj}u_{c\Sigma{\rm pj}}, u_{\rm nj}=n_{\rm nj}u_{c\Sigma{\rm nj}}$
电压电流分量	差模内电动势和共模电压（2–19）	$e_{\rm sj}=\dfrac{u_{\rm nj}-u_{\rm pj}}{2}, u_{\rm comj}=\dfrac{u_{\rm nj}+u_{\rm pj}}{2}$
	交流电流和共模电流（2–20）	$i_{\rm sj}=i_{\rm pj}-i_{\rm nj}, i_{\rm comj}=\dfrac{i_{\rm nj}+i_{\rm pj}}{2}$
等效电路	交流侧电压电流[①]（2–16）	$u_{\rm sj}+R_{\rm s}i_{\rm sj}+L_{\rm s}\dfrac{{\rm d}i_{\rm sj}}{{\rm d}t}=e_{\rm sj}$
	桥臂电压电流关系（2–17）	$Ri_{\rm comj}+L\dfrac{{\rm d}i_{\rm comj}}{{\rm d}t}+u_{\rm comj}=\dfrac{U_{\rm dc}}{2}$
桥臂能量	桥臂能量关系（2–29）	$W_{\Sigma{\rm j}}=W_{\rm pj}+W_{\rm nj}, W_{\Delta{\rm j}}=W_{\rm pj}-W_{\rm nj}$
	桥臂共模和差模能量（2–30）、（2–32）	$\dfrac{{\rm d}W_{\Sigma{\rm j}}}{{\rm d}t}=2u_{\rm comj}\,i_{\rm comj}-e_{\rm sj}i_{\rm sj};\ \dfrac{{\rm d}W_{\Delta{\rm j}}}{{\rm d}t}=u_{{\rm com}j}i_{\rm sj}-2e_{\rm sj}i_{\rm comj}$

A　在基频下省略了 $u_{\rm no}$。

那么，控制器的输出如何产生调制函数？与传统两电平 VSC 相同，差模内电动势的参考值 $e_{\rm sj}^*$ 为三相正弦量，而共模电压的参考值需要考虑直流侧电压的前馈补偿，即

$$u_{\rm comj}^*=\frac{U_{\rm dc}}{2}-u_{\rm subj}^* \tag{2–34}$$

式中，$u_{\rm subj}^*$ 为共模电流控制器的输出，如果仅考虑二倍频环流抑制，则 $u_{\rm subj}^*$ 是一个以二倍电网频率振荡的正弦量。因此，上下桥臂子模块链的输出电压参考值为

$$u_{\rm nj}^*=\frac{U_{\rm dc}}{2}-u_{\rm subj}^*+e_{\rm sj}^*,\quad u_{\rm pj}^*=\frac{U_{\rm dc}}{2}-u_{\rm subj}^*-e_{\rm sj}^* \tag{2–35}$$

根据式（2－14），采用直接调制的调制函数为

$$n_{\mathrm{nj}}=\frac{U_{\mathrm{dc}}/2-u_{\mathrm{subj}}^{*}+e_{\mathrm{j}}^{*}}{U_{\mathrm{dc}}},\quad n_{\mathrm{pj}}=\frac{U_{\mathrm{dc}}/2-u_{\mathrm{subj}}^{*}-e_{\mathrm{j}}^{*}}{U_{\mathrm{dc}}} \tag{2-36}$$

式（2－36）说明，在直接调制下调制函数具有非常简单的形式，即一个直流量叠加上一个基频和一个二倍频的交流量。另一方面，直接调制会将子模块电容电压的波动在输出电压上体现出来。将式（2－36）代入式（2－11）和式（2－19），经过化简可得

$$e_{\mathrm{sj}}=\frac{u_{c\Sigma\mathrm{j}}}{U_{\mathrm{dc}}}e_{\mathrm{sj}}^{*}-\frac{u_{c\Delta\mathrm{j}}}{U_{\mathrm{dc}}}u_{\mathrm{comj}}^{*} \tag{2-37}$$

式中，$u_{c\Sigma\mathrm{j}}=(u_{c\Sigma\mathrm{pj}}+u_{c\Sigma\mathrm{nj}})/2$，$u_{c\Delta\mathrm{j}}=(u_{c\Sigma\mathrm{pj}}-u_{c\Sigma\mathrm{nj}})/2$。由于子模块能量含有波动的正弦量，因此$u_{c\Sigma\mathrm{j}}$和$u_{c\Delta\mathrm{j}}$也含有波动量，故输出的差模电压$e_{\mathrm{sj}}$并不完全等于其参考值$e_{\mathrm{sj}}^{*}$，而且含有子模块电压的波动量；同理，桥臂共模电压$u_{\mathrm{comj}}$亦不等于其参考值。由此看来，采用直接调制的MMC的输出中拥有较为丰富的谐波成分，这也是桥臂共模电流中出现偶倍频环流的根本原因。另一方面，如果采用补偿调制，由于子模块电压的波动量被调制函数抵消，MMC的输出电压在理论上等于其参考电压，电路中的电流也不会有倍频谐波的出现。

2.2.6 桥臂环流与环流谐振

与传统电压源型换流器不同的是，MMC的电容分散布置在桥臂内部，且桥臂中还具有桥臂电感。因此，在式（2－14）所示的直接调制方式下，子模块电容的动态特性会通过调制环节耦合到桥臂上，与桥臂电感构成串并联谐振支路，进而导致MMC内部存在潜在的环流谐振现象。MMC环流谐振点的存在对其主电路参数选型具有重要的影响，因此需对其进行深入的分析。

假设MMC三相对称，下面以A相为例进行分析。假设基频调制电压e_{sa}^{*}（由于初始相位对分析结果不产生影响，此处设初始相位为零）为

$$e_{\mathrm{sa}}^{*}=E_{\mathrm{sa}}^{*}\cos\omega_{\mathrm{s}}t \tag{2-38}$$

式中，E_{sa}^{*}为A相参考电压幅值，ω_{s}为电网电压频率。在直接调制方式下，不考虑环流抑制器的输出，MMC上下桥臂的调制函数可表示为

$$\begin{cases}n_{\mathrm{pa}}=\dfrac{U_{\mathrm{dc}}/2-E_{\mathrm{sa}}^{*}\cos\omega_{\mathrm{s}}t}{U_{\mathrm{dc}}}=\dfrac{1}{2}(1-m\cos\omega_{\mathrm{s}}t)\\ n_{\mathrm{na}}=\dfrac{U_{\mathrm{dc}}/2+E_{\mathrm{sa}}^{*}\cos\omega_{\mathrm{s}}t}{U_{\mathrm{dc}}}=\dfrac{1}{2}(1+m\cos\omega_{\mathrm{s}}t)\end{cases} \tag{2-39}$$

式中，m为换流器的调制比。假设交流侧相电流i_{sa}为

$$i_{sa}=I_{sa}\cos(\omega_s t-\varphi_s) \tag{2-40}$$

式中，I_{sa} 和 φ_s 分别为交流侧相电流的幅值和初相角。根据式（2-20）、式（2-23）和式（2-24），上下桥臂稳态电流可以表示为

$$\begin{cases} i_{pa}=\dfrac{I_{dc}}{3}+\dfrac{I_{sa}}{2}\cos(\omega_s t-\varphi_s)+\sum\limits_{h=2}^{+\infty}I_{cirah}\cos(h\omega_s t-\varphi_{ah}) \\ i_{na}=\dfrac{I_{dc}}{3}-\dfrac{I_{sa}}{2}\cos(\omega_s t-\varphi_s)+\sum\limits_{h=2}^{+\infty}I_{cirah}\cos(h\omega_s t-\varphi_{ah}) \end{cases} \tag{2-41}$$

将式（2-39）和式（2-41）代入子模块特性方程式（2-12）中，并对两端求积分可得子模块电压

$$\begin{aligned} u_{cpa}&=\frac{N}{C}\int n_{pa}i_{pa}\mathrm{d}t=\frac{N}{C}\int\frac{1}{2}[1-m\cos(\omega_s t)]\left[\frac{I_{dc}}{3}+\frac{I_{sa}}{2}\cos(\omega_s t-\varphi_s)+\sum_{h=2}^{+\infty}I_{cirah}\cos\left(h\omega_s t-\varphi_{ah}\right)\right]\mathrm{d}t \\ &=U_c+\frac{N}{C}\int\left(\frac{I_{dc}}{6}-\frac{mI_{sa}}{8}\cos\varphi_s\right)\mathrm{d}t+\frac{NI_{sa}}{4\omega_s C}\sin(\omega_s t-\varphi_s)-\frac{NmI_{dc}}{6\omega_s C}\sin\omega_s t-\frac{NmI_{sa}}{16\omega_s C}\sin(2\omega_s t-\varphi_s) \\ &\quad+\sum_{h=2}^{+\infty}\frac{NI_{cirah}}{2h\omega_s C}\sin(h\omega_s t-\varphi_{ah})-\sum_{h=2}^{+\infty}\frac{NmI_{cirah}}{4(h-1)\omega_s C}\sin[(h-1)\omega_s t-\varphi_{ah}] \\ &\quad-\sum_{h=2}^{+\infty}\frac{NmI_{cirah}}{4(h+1)\omega_s C}\sin[(h+1)\omega_s t-\varphi_{ah}] \end{aligned} \tag{2-42}$$

$$\begin{aligned} u_{cna}&=\frac{N}{C}\int n_{na}i_{na}\mathrm{d}t=\frac{N}{C}\int\frac{1}{2}[1+m\cos(\omega_s t)]\left[\frac{I_{dc}}{3}-\frac{I_{sa}}{2}\cos(\omega_s t-\varphi_s)+\sum_{h=2}^{+\infty}I_{cirah}\cos(h\omega_s t-\varphi_{ah})\right]\mathrm{d}t \\ &=U_c+\frac{N}{C}\int\left(\frac{I_{dc}}{6}-\frac{mI_{sa}}{8}\cos\varphi_s\right)\mathrm{d}t-\frac{NI_{sa}}{4\omega_s C}\sin(\omega_s t-\varphi_s)+\frac{NmI_{dc}}{6\omega_s C}\sin\omega_s t-\frac{NmI_{sa}}{16\omega_s C}\sin(2\omega_s t-\varphi_s) \\ &\quad+\sum_{h=2}^{+\infty}\frac{NI_{cirah}}{2h\omega_s C}\sin(h\omega_s t-\varphi_{ah})+\sum_{h=2}^{+\infty}\frac{NmI_{cirah}}{4(h-1)\omega_s C}\sin[(h-1)\omega_s t-\varphi_{ah}] \\ &\quad+\sum_{h=2}^{+\infty}\frac{NmI_{cirah}}{4(h+1)\omega_s C}\sin[(h+1)\omega_s t-\varphi_{ah}] \end{aligned} \tag{2-43}$$

式中，U_c 为 MMC 上（下）桥臂子模块电容电压之和的初始值。为了保证换流器的稳定运行，稳态情况下，式（2-42）和式（2-43）中直流量的积分必须为零，即

$$\int\left(\frac{I_{dc}}{6}-\frac{mI_{sa}}{8}\cos\varphi_s\right)\mathrm{d}t=0 \tag{2-44}$$

可得

$$I_{dc}=\frac{3mI_{sa}}{4}\cos\varphi_s \tag{2-45}$$

将式（2-42）和式（2-43）所得的子模块电压代入子模块链的输出方程

式（2-11）中，可得

$$\begin{aligned} u_{\mathrm{pa}} &= n_{\mathrm{pa}} u_{\mathrm{cpa}} = G_0 + G_1 + G_2 + G_3 + G_4 + G_5 \\ u_{\mathrm{na}} &= n_{\mathrm{na}} u_{\mathrm{cna}} = G_0 - G_1 + G_2 - G_3 + G_4 - G_5 \end{aligned} \tag{2-46}$$

其中

$$G_0 = \frac{U_c}{2} + \frac{mNI_{\mathrm{sa}}}{16\omega_{\mathrm{s}}C}\sin\varphi_{\mathrm{s}} - \frac{m^2NI_{\mathrm{cira2}}}{16\omega_{\mathrm{s}}C}\sin\varphi_{\mathrm{a2}}$$

$$G_1 = -\frac{mU_c}{2}\cos\omega_{\mathrm{s}}t - \frac{mNI_{\mathrm{dc}}}{12\omega_{\mathrm{s}}C}\sin\omega_{\mathrm{s}}t + \frac{(m^2+8)NI_{\mathrm{sa}}}{64\omega_{\mathrm{s}}C}\sin(\omega_{\mathrm{s}}t-\varphi_{\mathrm{s}}) - \frac{3mNI_{\mathrm{cira2}}}{16\omega_{\mathrm{s}}C}\sin(\omega_{\mathrm{s}}t-\varphi_{\mathrm{a2}})$$

$$G_2 = -\frac{3mNI_{\mathrm{sa}}}{32\omega_{\mathrm{s}}C}\sin(2\omega_{\mathrm{s}}t-\varphi_{\mathrm{s}}) + \frac{m^2NI_{\mathrm{dc}}}{24\omega_{\mathrm{s}}C}\sin 2\omega_{\mathrm{s}}t + \frac{(2m^2+3)NI_{\mathrm{cira2}}}{24\omega_{\mathrm{s}}C}\sin(2\omega_{\mathrm{s}}t-\varphi_{\mathrm{a2}})$$

$$G_3 = \frac{m^2NI_{\mathrm{sa}}}{64\omega_{\mathrm{s}}C}\sin(3\omega_{\mathrm{s}}t-\varphi_{\mathrm{s}}) - \frac{5mNI_{\mathrm{cira2}}}{48\omega_{\mathrm{s}}C}\sin(3\omega_{\mathrm{s}}t-\varphi_{\mathrm{a2}})$$

$$\begin{aligned} G_4 = &\sum_{h=4}^{+\infty}\frac{[(m^2+2)h^2-2]NI_{\mathrm{cira}h}}{8h(h^2-1)\omega_{\mathrm{s}}C}\sin(h\omega_{\mathrm{s}}t-\varphi_{\mathrm{a}h}) \\ &+\sum_{h=4}^{+\infty}\frac{m^2NI_{\mathrm{cira}h}}{16(h-1)\omega_{\mathrm{s}}C}\sin[(h-2)\omega_{\mathrm{s}}t-\varphi_{\mathrm{a}h}] \\ &+\sum_{h=2}^{+\infty}\frac{m^2NI_{\mathrm{cira}h}}{16(h+1)\omega_{\mathrm{s}}C}\sin[(h+2)\omega_{\mathrm{s}}t-\varphi_{\mathrm{a}h}] \end{aligned}$$

$$\begin{aligned} G_5 = &-\sum_{h=4}^{+\infty}\frac{(2h-1)mNI_{\mathrm{cira}h}}{8h(h-1)\omega_{\mathrm{s}}C}\sin[(h-1)\omega_{\mathrm{s}}t-\varphi_{\mathrm{a}h}] \\ &-\sum_{h=4}^{+\infty}\frac{(2h+1)mNI_{\mathrm{cira}h}}{8h(h+1)\omega_{\mathrm{s}}C}\sin[(h+1)\omega_{\mathrm{s}}t-\varphi_{\mathrm{a}h}] \end{aligned}$$

为了简化计算，将 G_2 和 G_4 表示成复数形式，即

$$G_2 = \mathrm{Re}\left\{\mathrm{j}\frac{3mNI_{\mathrm{sa}}}{32\omega_{\mathrm{s}}C}\mathrm{e}^{-\mathrm{j}\varphi_{\mathrm{s}}}\mathrm{e}^{\mathrm{j}2\omega_{\mathrm{s}}t} - \mathrm{j}\frac{m^2NI_{\mathrm{dc}}}{24\omega_{\mathrm{s}}C}\mathrm{e}^{\mathrm{j}2\omega_{\mathrm{s}}t} - \mathrm{j}\frac{(2m^2+3)NI_{\mathrm{cira2}}}{24\omega_{\mathrm{s}}C}\mathrm{e}^{-\mathrm{j}\varphi_{\mathrm{a2}}}\mathrm{e}^{\mathrm{j}2\omega_{\mathrm{s}}t}\right\}$$

$$\begin{aligned} G_4 = \mathrm{Re}\Bigg\{ &-\sum_{h=4}^{+\infty}\mathrm{j}\frac{[(m^2+2)h^2-2]NI_{\mathrm{cira}h}}{8h(h^2-1)\omega_{\mathrm{s}}C}\mathrm{e}^{-\mathrm{j}\varphi_{\mathrm{a}h}}\mathrm{e}^{\mathrm{j}h\omega_{\mathrm{s}}t} \\ &-\sum_{h=4}^{+\infty}\mathrm{j}\frac{m^2NI_{\mathrm{cira}h}}{16(h-1)\omega_{\mathrm{s}}C}\mathrm{e}^{-\mathrm{j}\varphi_{\mathrm{a}h}}\mathrm{e}^{\mathrm{j}(h-2)\omega_{\mathrm{s}}t} \\ &-\sum_{h=2}^{+\infty}\mathrm{j}\frac{m^2NI_{\mathrm{cira}h}}{16(h+1)\omega_{\mathrm{s}}C}\mathrm{e}^{-\mathrm{j}\varphi_{\mathrm{a}h}}\mathrm{e}^{\mathrm{j}(h+2)\omega_{\mathrm{s}}t}\Bigg\} \end{aligned}$$

根据式（2-19），桥臂共模电压可以写为

$$u_{\mathrm{coma}} = \frac{u_{\mathrm{na}}+u_{\mathrm{pa}}}{2} = G_0 + G_2 + G_4 \tag{2-47}$$

根据式（2−23），将桥臂环流 i_{cira} 也写为复数形式

$$i_{\mathrm{cira}} = \mathrm{Re}\left\{\sum_{h=2}^{+\infty} I_{\mathrm{cira}h}\mathrm{e}^{-\mathrm{j}\varphi_{\mathrm{a}h}}\mathrm{e}^{\mathrm{j}h\omega_{\mathrm{s}}t}\right\} \tag{2-48}$$

将式（2−24）、式（2−47）和式（2−48）代入桥臂电压、电流方程式（2−17）中，可知桥臂环流 h 次谐波分量满足以下电压方程

$$\begin{bmatrix} z_2 & c_4 & & & \\ a_2 & z_4 & c_6 & & \\ & a_4 & z_6 & c_8 & \\ & & \ddots & \ddots & \ddots \end{bmatrix}\begin{bmatrix} I_{\mathrm{cira}2}\mathrm{e}^{-\mathrm{j}\varphi_{\mathrm{a}2}} \\ I_{\mathrm{cira}4}\mathrm{e}^{-\mathrm{j}\varphi_{\mathrm{a}4}} \\ I_{\mathrm{cira}6}\mathrm{e}^{-\mathrm{j}\varphi_{\mathrm{a}6}} \\ \vdots \end{bmatrix} = \begin{bmatrix} \lambda_0 \\ 0 \\ 0 \\ \vdots \end{bmatrix} \tag{2-49}$$

式中

$$a_h = -\mathrm{j}\frac{m^2 N}{16(h+1)\omega_{\mathrm{s}}C}, b_h = -\mathrm{j}\frac{[(m^2+2)h^2-2]N}{8h(h^2-1)\omega_{\mathrm{s}}C}, c_h = -\mathrm{j}\frac{m^2 N}{16(h-1)\omega_{\mathrm{s}}C}$$

$$\lambda_0 = \mathrm{j}\left(-\frac{3mNI_{\mathrm{sa}}}{32\omega_{\mathrm{s}}C}\mathrm{e}^{-\mathrm{j}\varphi_{\mathrm{s}}} + \frac{m^2 NI_{\mathrm{dc}}}{24\omega_{\mathrm{s}}C}\right)$$

$$z_h = b_h + (\mathrm{j}h\omega_{\mathrm{s}}L + R)$$

则 h 次谐波环流大小满足

$$i_{\mathrm{cira}h}\mathrm{e}^{-\mathrm{j}\varphi_{\mathrm{a}h}} = -\frac{a_{h-2}i_{\mathrm{cira}(h-2)}\mathrm{e}^{-\mathrm{j}\varphi_{\mathrm{a}(h-2)}} + c_{h+2}i_{\mathrm{cira}(h+2)}\mathrm{e}^{-\mathrm{j}\varphi_{\mathrm{a}(h+2)}}}{z_h} \tag{2-50}$$

z_h 的实部为桥臂等效电阻 R，为了保证换流器的高效运行，该电阻 R 的值通常非常小，而 z_h 的虚部在某些特定频率 $\omega_{\mathrm{res}h}$ 下为零。根据式（2−50），此时所对应的 h 次桥臂环流幅值会达到最大，而该特定频率被称为 h 次环流谐振频率。这种现象被称为桥臂环流谐振，会严重影响换流器的正常运行，应注意通过合理的参数设计避免 MMC 换流器环流谐振现象。令 z_h 的虚部为零，定义 h 次环流谐振特征频率为

$$\omega_{\mathrm{res}h} = \sqrt{\frac{N}{LC}} \times \sqrt{\frac{(m^2+2)h^2-2}{8h^2(h^2-1)}} \tag{2-51}$$

此时，h 次桥臂环流的分母 z_h 满足

$$z_h = R + \mathrm{j}h\omega_{\mathrm{res}h}L\left[\frac{\omega_{\mathrm{s}}}{\omega_{\mathrm{res}h}} - \frac{\omega_{\mathrm{res}h}}{\omega_{\mathrm{s}}}\right]$$

由此看来，当交流侧频率 ω_{s} 等于或接近 h 次环流谐振特征频率 $\omega_{\mathrm{res}h}$ 时，h 次桥臂环流的分母 z_h 便会非常小，导致桥臂环流 h 次谐波分量的幅值非常大。因此在进行参数设计时，应保证所有环流谐振特征频率都远离交流电网的工作

频率（工频）。

2.3 MMC 的调制方式

MMC 的主要调制方式有两类，一类是基于脉冲宽度调制（Palse Wide Modulation，PWM）的载波移相调制（Carrier Phase Shifted-PWM，CPS-PWM）和载波层叠调制（Carrier Disposition-PWM，CD-PWM），另一类则是基于阶梯形波的最近电平调制（Nearest Level Modulation，NLM）。PWM 调制方式在子模块数较少时用于改善谐波特性，然而在子模块数量较多时占用的控制器资源较多，因而该方式适用于子模块数较少的情况。当桥臂子模块数量大于 40 个后，采用基于阶梯形波的最近电平调制即可得到很好的波形。针对高压柔性直流电网用 MMC 换流器，桥臂子模块个数往往多达数十个甚至几百个，均采用最近电平调制方法。为保证介绍的完整性，下面分别讲解载波移相调制（CPS-PWM）和最近电平调制（NLM）的实现方法。

2.3.1 载波移相调制

载波移相调制是对同一桥臂的每个子模块采用相同的调制波和不同相位的载波进行 PWM 调制，其原理如图 2－7 所示。首先为每个子模块生成幅值为 0～1，频率为 f_{sw} 的三角波，作为 PWM 的载波。每个载波相互之间存在 2π/N 的相位差，即第 k 个子模块载波的相角滞后为

$$\varphi_k = \frac{2\pi k}{N} \tag{2-52}$$

将 2.2.2 小节计算得到的调制函数 n_{ij}（i=p、n，j=a、b、c）与每个子模块的三角载波比较，当调制波大于载波时令对应的子模块投入，否则对应的子模块切除。当同一桥臂上所有子模块输出的波形串联叠加时，便可得到如图 2－7 右侧所示的子模块链输出电压波形。

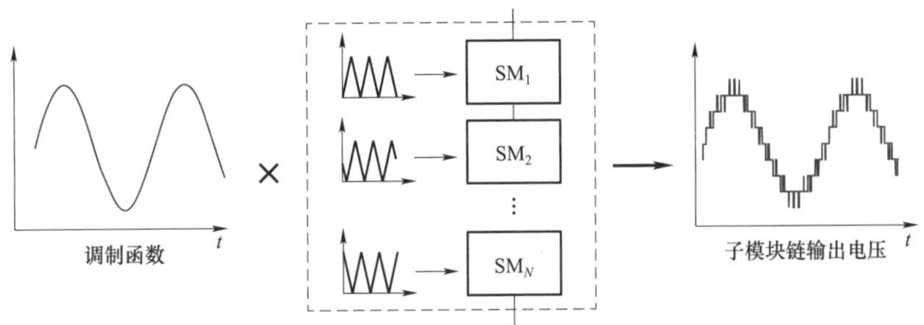

图 2－7 载波移相调制原理及输出电压波形

载波移相调制的频谱特性与 SPWM 类似。每个子模块工作在较低的开关频率 f_{sw}，整个桥臂输出的等效开关频率将提高 N 倍

$$f_{sw\_eq} = Nf_{sw} \tag{2-53}$$

2.3.2 最近电平调制

最近电平调制的原理如图 2-8 所示。将每个桥臂的调制函数与子模块数量相乘，取与之最接近的整数，即可得到该桥臂应投入子模块的数量。对于含 N 个子模块的桥臂，上下所需要投入的子模块数量为

$$\begin{cases} N_{pj} = \text{round}(n_{pj}N) \\ N_{nj} = \text{round}(n_{nj}N) \end{cases} \tag{2-54}$$

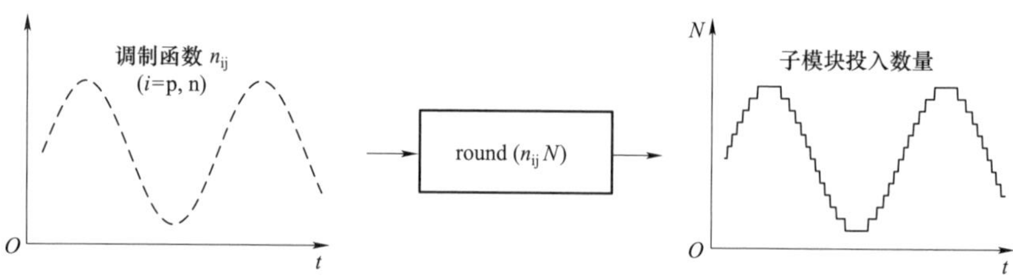

图 2-8 最近电平调制原理及输出波形

从实现角度来讲，最近电平调制比载波移相调制更为简单，这是因为后者需要为每个子模块生成三角形的载波，并和调制波进行比较。然而在低电压应用的场合，由于子模块数量少，桥臂输出的电平数少，最近电平调制产生的电压波形将含有大量低次谐波，这种情况下该调制方式便不再适用。

2.4 MMC 的控制策略

根据 2.2 节推导的数学模型，MMC 上下桥臂输出的差模内电动势 e_{sj} 在交流等效电路中为三相电压源，可以通过控制其相位与幅值实现交流侧有功功率和无功功率的控制。与其他三相电压源型换流器类似，e_{sj} 通常采用矢量控制的方法实现，即外环的控制器根据有功功率和无功功率的指令值生成 d、q 轴的电流指令值，内环控制器则依据电流指令值在旋转坐标系下控制交流侧电流的 d、q 分量。除了有功功率和无功功率，直流侧电压和交流侧电压幅值也可以作为外环控制器的被控对象。

由于 MMC 换流器比两电平 VSC 换流器的数学模型更复杂，在控制方面自然也有更多的自由度。为了抑制直接调制下桥臂上产生的不必要环流，一般采

用向桥臂注入二倍频共模电压的方式抑制环流中主要的二倍频分量。为了维持换流器的稳定运行，需要采用电压均衡控制以维持子模块电容电压之间较小的电压差异。更进一步地，桥臂上子模块的能量（或电容电压）也可以作为被控对象进行单独控制。

2.4.1 基本控制策略

换流器的矢量控制需要基于锁相环输出的电网电压相位，将静止坐标系下的交流电压和电流变换到旋转坐标系下，即派克变换。对交流侧外特性方程式（2－16）进行派克变换，可得

$$\begin{cases} e_{sd}=R_s i_{sd}+L_s\dfrac{di_{sd}}{dt}-\omega_s L_s i_{sq}+u_{sd} \\ e_{sq}=R_s i_{sq}+L_s\dfrac{di_{sq}}{dt}+\omega_s L_s i_{sd}+u_{sq} \end{cases} \tag{2-55}$$

根据 d、q 轴下的交流侧电路方程，可得电流矢量控制方程为

$$\begin{cases} e_{sd}^*=k_p(i_{sd}^*-i_{sd})+k_i\int(i_{sd}^*-i_{sd})dt-\omega_s L_s i_{sq}+u_{sd} \\ e_{sq}^*=k_p(i_{sd}^*-i_{sd})+k_i\int(i_{sd}^*-i_{sd})dt+\omega_s L_s i_{sd}+u_{sq} \end{cases} \tag{2-56}$$

式中，i_{sd}^* 和 i_{sq}^* 分别为 d 轴和 q 轴电流参考值，k_p 和 k_i 分别为控制器的比例和积分系数。后续文中上标*表示变量的参考值采用电网电压为参考，对三相交流量进行旋转变换，使得稳态下电网电压矢量落在 d 轴上，q 轴分量为零，即满足

$$u_{sd}=U_s,\ u_{sq}=0 \tag{2-57}$$

因此，式（2－56）可以写为

$$\begin{cases} e_{sd}^*=k_p(i_{sd}^*-i_{sd})+k_i\int(i_{sd}^*-i_{sd})dt-\omega_s L_s i_{sq}+U_s \\ e_{sq}^*=k_p(i_{sd}^*-i_{sd})+k_i\int(i_{sd}^*-i_{sd})dt+\omega_s L_s i_{sd} \end{cases} \tag{2-58}$$

另外，换流器交流侧输出的有功功率和无功功率满足

$$P_s=\frac{3}{2}(u_{sd}i_{sd}+u_{sq}i_{sq})=\frac{3}{2}U_s i_{ss} \tag{2-59}$$

$$Q_s=\frac{3}{2}(u_{sq}i_{sd}-u_{sd}i_{sq})=-\frac{3}{2}U_s i_{sq} \tag{2-60}$$

一般认为电网电压幅值 U_s 通常不变，则有功功率 P_s 和无功功率 Q_s 可由 d 轴电流和 q 轴电流分别控制，即有功功率和无功功率可以通过 i_{sd} 和 i_{sq} 实现解耦控制，控制方程为

$$i_{sd}^*=k_p(P_s^*-P_s)+k_i\int(P_s^*-P_s)dt \tag{2-61}$$

$$i_{sq}^{*}=-k_{p}(Q_{s}^{*}-Q_{s})-k_{i}\int(Q_{s}^{*}-Q_{s})\mathrm{d}t \tag{2-62}$$

此外，对于电压源型换流器，其直流侧电压和交流侧电压幅值也可以分别通过 d 轴电流和 q 轴电流控制，具体原理不再赘述，控制方程为

$$i_{sd}^{*}=-k_{p}(U_{dc}^{*}-U_{dc})-k_{i}\int(U_{dc}^{*}-U_{dc})\mathrm{d}t \tag{2-63}$$

$$i_{sq}^{*}=-k_{p}(U_{s}^{*}-U_{s})-k_{i}\int(U_{s}^{*}-U_{s})\mathrm{d}t \tag{2-64}$$

以上控制策略被称为MMC的基本控制策略，其电流环控制都是在旋转坐标系上进行的矢量控制，而功率环可以根据该换流器在电网中承担的职责进行划分，如图2-9所示。以两端直流输电为例。对于 d 轴电流的参考值，如果换流器需要控制直流侧电压（通常为逆变侧），则选择开关拨到 d_1；如果需要对有功功率进行控制（通常为整流侧），则选择开关拨到 d_2。对于 q 轴电流的参考值，如果需要控制该处电压幅值恒定，则选择开关拨到 q_1；如果换流器需要输出给定的无功功率，则选择开关拨到 q_2。

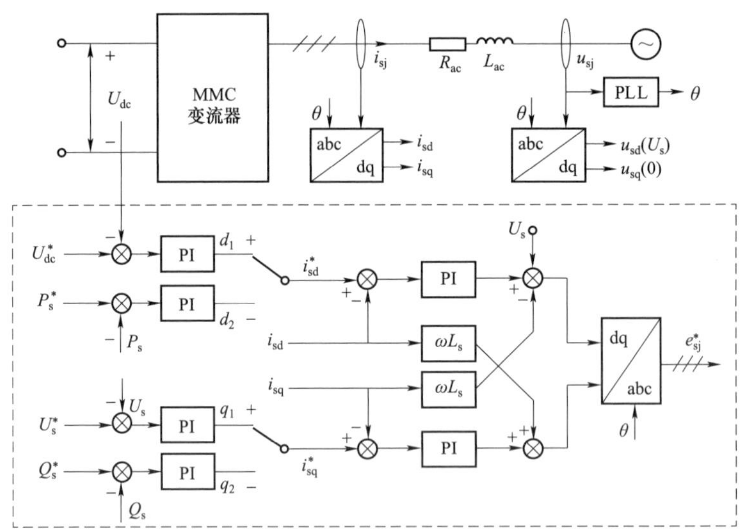

图2-9　MMC的基本控制器框图

2.4.2　环流抑制

根据2.2.6的推导，直接调制下MMC存在丰富的偶次倍频桥臂环流，这些环流并不传输功率，是桥臂共模电流中的无用成分，需要被有效抑制。其中，二倍频环流的幅值最大，其他偶倍频环流的幅值较小，故一般情况下仅仅抑制二倍频环流即可。通常利用环流抑制控制（Circulating Current Supressing Control,

CCSC），向桥臂中注入二倍频的共模电压，通过闭环控制实现对环流的抑制，无需附加额外的硬件。为简化计算，设中间变量

$$\frac{U_{\text{dc}}}{2}-u_{\text{comj}}=Ri_{\text{comj}}+L\frac{\text{d}i_{\text{comj}}}{\text{d}t}=u_{\text{subj}} \tag{2-65}$$

仅考虑共模电流中存在直流量和二倍频的环流分量，对式（2-65）进行 $-2\omega_{\text{s}}$ 的派克变换可得

$$\begin{cases} u_{\text{sub2d}}=Ri_{\text{com2d}}+L\dfrac{\text{d}i_{\text{com2d}}}{\text{d}t}+2\omega_{\text{s}}Li_{\text{com2q}} \\ u_{\text{sub2d}}=Ri_{\text{com2q}}+L\dfrac{\text{d}i_{\text{com2q}}}{\text{d}t}-2\omega_{\text{s}}Li_{\text{com2d}} \\ u_{\text{sub0}}=Ri_{\text{com0}}+L\dfrac{\text{d}i_{\text{com0}}}{\text{d}t} \end{cases} \tag{2-66}$$

式中，下标“2d”、“2q”分别为在 $-2\omega_{\text{s}}$ 转速的旋转坐标系下电气量的 d、q 分量、当不采用能量控制器时，通常也不对零序的共模电流 i_{com0} 进行控制，即 $u_{\text{sub0}}^{*}=0$，则 i_{com2d} 和 i_{com2q} 表示在 $-2\omega_{\text{s}}$ 旋转坐标系下共模电流的 d、q 分量。令控制方程为

$$\begin{cases} u_{\text{sub2d}}^{*}=k_{\text{p}}(i_{\text{com2d}}^{*}-i_{\text{com2d}})+k_{\text{i}}\int(i_{\text{com2d}}^{*}-i_{\text{com2d}})\text{d}t+2\omega_{\text{s}}Li_{\text{com2q}} \\ u_{\text{sub2q}}^{*}=k_{\text{p}}(i_{\text{com2d}}^{*}-i_{\text{com2d}})+k_{\text{i}}\int(i_{\text{com2d}}^{*}-i_{\text{com2d}})\text{d}t-2\omega_{\text{s}}Li_{\text{com2d}} \end{cases} \tag{2-67}$$

式中，二倍频环流的参考值 $i_{\text{com2d}}^{*}=i_{\text{com2d}}^{*}=0$。基于式（2-67），可以得到环流抑制控制框图如图 2-10 所示。

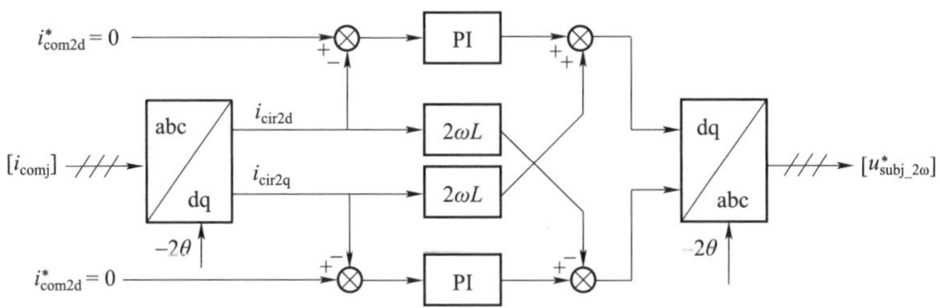

图 2-10　环流抑制器与参考电压的生成

2.4.3　子模块电容电压均衡控制

MMC 内部的子模块数量众多，为了保证换流器的正常运行，需要保证每个子模块的电容电压维持在额定电压附近。将电压的平衡控制划分为三个层面，即相间平衡、桥臂间平衡、子模块间平衡，如图 2-11 所示。为了分析方便，相间平衡和桥臂间平衡通常使用子模块电容的能量进行描述，它等价于子模块电

压。相间平衡是指三个相单元的子模块能量之和的直流分量相等；桥臂间平衡是指同一相单元上下桥臂能量之和的直流分量相等；子模块间平衡是指同一桥臂的 N 个子模块之间电压保持基本相等。

本小节具体介绍第三类电压均衡控制，即同一桥臂的子模块间电压均衡控制（Voltage Balance Control，VBC）。相间平衡和桥臂间平衡是通过能量控制实现的，此两类能量平衡将在 2.4.4 中随桥臂能量控制一起介绍。

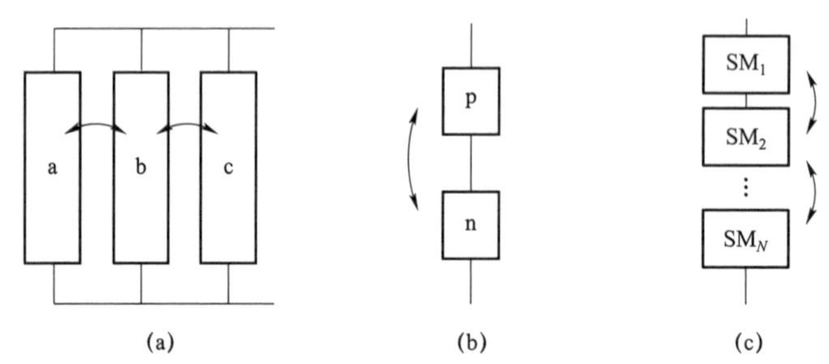

图 2－11　MMC 的三层电压均衡控制

（a）相间平衡；（b）桥臂间平衡；（c）子模块间平衡

目前主要存在两类子模块电压均衡控制方法，即基于电压排序的集中式平衡策略和基于闭环比例调节器的分布式平衡策略。前者需要将同一桥臂上的所有子模块电压信息进行排序，根据电流的方向和所需要投入的子模块的个数，按照电压的排序结果投入或切除桥臂上的子模块；后者则计算同一桥臂上子模块的平均电压，每个子模块的子控制器将其电容电压与平均电压比较，通过闭环控制对调制函数进行细微的调整。两种方式的选择受到调制方式的影响：基于电压排序的子模块电压均衡控制既适用于最近电平调制，也适用于载波移相调制；而基于闭环控制的子模块电压均衡控制只适用于载波移相调制，因而基于电压排序的子模块电压均衡控制具有更高的适用性。另外，基于闭环控制的子模块电压均衡一般采用比例控制，无法保证每个子模块的平均电压完全相等，且由于建模困难，难以找到保证控制器稳定性的参数整定原则。综合来讲，基于电压排序的子模块电压均衡控制适用范围更广、更易于实现、可靠性更高，因而也获得了广泛的研究和应用。本节对这种方法进行简单介绍。

基于排序的子模块电压均衡控制原理如图 2－12 所示，该方法主要根据当前子模块电压大小和桥臂电流方向，决定哪些子模块需要被投入。当桥臂电流正向流动时，桥臂电流将对投入的子模块电容进行充电；反之则将使投入的子模块放电。当所需要投入的子模块个数为 N_{ij}（i=p，n）时，若桥臂电流 $i_{ij}>0$，将

桥臂上电压最低的 N_{ij} 个子模块全部投入，其余子模块全部切除，则投入的低电压子模块电容被充电，电压上升，而切除的子模块电压保持不变；同理，若桥臂电流 $i_{ij}<0$，将桥臂上电压最高的 N_{ij} 个子模块全部投入，其余子模块全部切除，则投入的高电压子模块电容放电，电压下降，而切除的子模块电压保持不变。以此方式，可以保证同一桥臂所有子模块电压在一个范围内保持几乎相等。

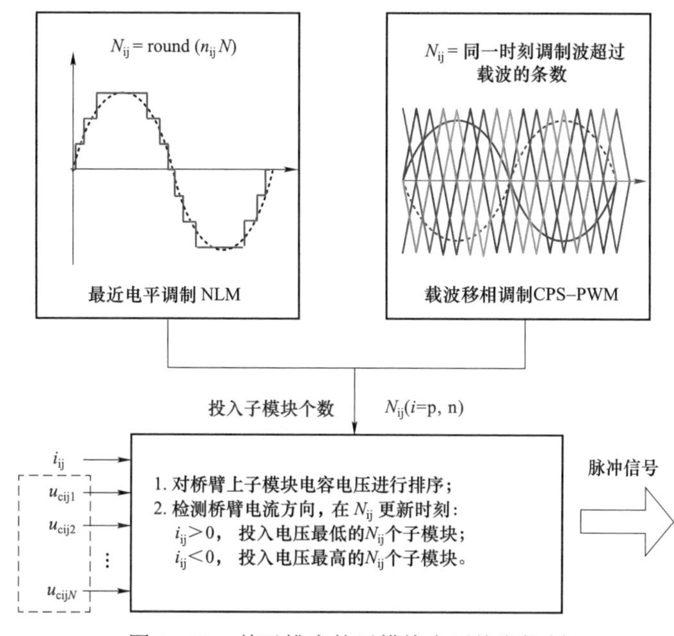

图 2－12　基于排序的子模块电压均衡控制

需要说明的是，如果采用载波移相调制，则投入子模块的数量 N_{ij} 需要被间接地生成。在传统的载波移相调制方法中，对于每个子模块来讲，如调制波超过该子模块的载波，则该子模块投入。因此，对于一个桥臂而言，所需投入的子模块数量即为该时刻调制波超过所有移相载波的个数。以这种方式生成的子模块数量参与选择排序后生成脉冲信号，既能保证投入的电平数目与普通 CPS-PWM 产生的相同，又能保证桥臂中的子模块参与电压选择排序，从而使子模块电容电压保持在较小的差异区间内。

2.4.4　能量控制

2.4.3 节提到，MMC 换流器的相间能量平衡和桥臂间能量平衡需要通过能量控制实现。当同一桥臂所有子模块电压通过均压控制基本相等时，可以将同一个桥臂的所有子模块能量看作一个整体，六个桥臂子模块链的能量就拥有六个控制自由度。相间能量的平衡是两个控制自由度，三相上下桥臂间能量的平衡是三个控制自由度，另外，还有一个自由度是控制 MMC 所有子模块所存储的总能量，即总能量控制（Total Energy Control，TEC）。相间能量平衡控制、桥臂间能量平衡控制统称为能量平衡控制（Energy Balance Control，EBC），总能量控制与能量平衡控制统称为能量控制。由于桥臂的能量中含有波动项，因此能量平衡控制是指控制其直流分量相等。

定义 MMC 的总能量及相间能量差为

$$\begin{cases} W_{\text{tot}} = W_{\Sigma \text{a}} + W_{\Sigma \text{b}} + W_{\Sigma \text{c}} \\ W_{\text{a}\to\text{b}} = W_{\Sigma \text{a}} - W_{\Sigma \text{b}} \\ W_{\text{a}\to\text{c}} = W_{\Sigma \text{a}} - W_{\Sigma \text{c}} \end{cases} \tag{2-68}$$

写成矩阵形式

$$[W_{\text{tot}} \quad W_{\text{a}\to\text{b}} \quad W_{\text{a}\to\text{c}}]^{\text{T}} = \boldsymbol{K}[W_{\Sigma \text{a}} \quad W_{\Sigma \text{b}} \quad W_{\Sigma \text{c}}]^{\text{T}} \tag{2-69}$$

定义转换矩阵 $\boldsymbol{K}$ 及其逆为

$$\boldsymbol{K} = \begin{bmatrix} 1 & 1 & 1 \\ 1 & -1 & 0 \\ 1 & 0 & -1 \end{bmatrix},\ \boldsymbol{K}^{-1} = \frac{1}{3}\begin{bmatrix} 1 & 1 & 1 \\ 1 & -2 & 1 \\ 1 & 1 & -2 \end{bmatrix} \tag{2-70}$$

考虑到共模电压和单相交流功率中含有二倍频的波动项，将式（2－30）的三相形式写为矩阵形式，并假设 $u_{\text{comj}} \approx U_{\text{dc}} / 2$，在等式两端同时左乘矩阵 $\boldsymbol{K}$，提取变量中的直流分量，可得

$$\frac{\text{d}}{\text{d}t}\begin{bmatrix} W_{\text{tot}} \\ \bar{W}_{\text{a}\to\text{b}} \\ \bar{W}_{\text{a}\to\text{c}} \end{bmatrix} = U_{\text{dc}}\begin{bmatrix} i_{\text{com\_dc(tot)}} \\ i_{\text{com\_dc(a}\to\text{b)}} \\ i_{\text{com\_dc(a}\to\text{c)}} \end{bmatrix} - \begin{bmatrix} P_{\text{s}} \\ \bar{P}_{\text{s(a}\to\text{b)}} \\ \bar{P}_{\text{s(a}\to\text{c)}} \end{bmatrix} \tag{2-71}$$

式中，上划线为变量的直流分量，$i_{\text{com\_dc}}$ 为共模电流的直流分量。向量的第一行不加上划线是因为其不含二倍频的波动量。总能量控制采用 PI 控制器，其方程为

$$i^{*}_{\text{com\_dc(tot)}} = 1 / U_{\text{dc}}\left[k_{\text{p}}(W^{*}_{\text{tot}} - W_{\text{tot}}) + k_{\text{i}}\int(W^{*}_{\text{tot}} - W_{\text{tot}})\text{d}t - P_{\text{s}}\right] \tag{2-72}$$

式中，W^{*}_{tot} 为 MMC 桥臂总能量的参考值，该参考值可以由子模块电压直流分量的参考值 u^{*}_{c} 计算得到，即

$$W^{*}_{\text{tot}} = 3NC(u^{*}_{c})^{2} \tag{2-73}$$

总能量控制器的结构如图 2－13 所示。

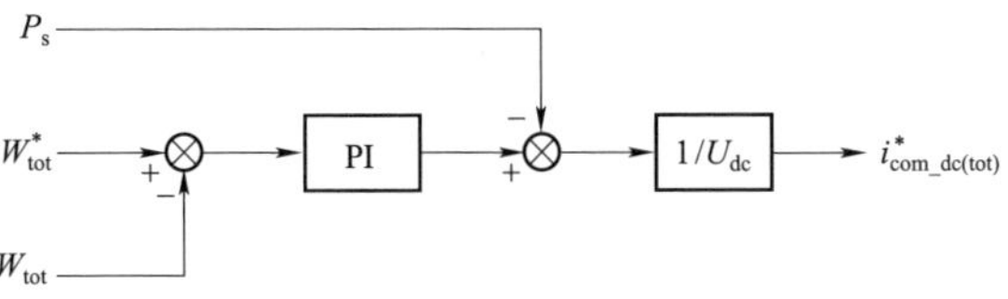

图 2－13 总能量控制器

与总能量控制类似，相间能量平衡的控制方程为

$$\begin{cases} i_{com\_dc(a\to b)}^* = 1/U_{dc}\left[k_p(\bar{W}_{a\to b}^* - \bar{W}_{a\to b}) + k_i\int(\bar{W}_{a\to b}^* - \bar{W}_{a\to b})dt - \bar{P}_{s(a\to b)}\right] \\ i_{com\_dc(a\to c)}^* = 1/U_{dc}\left[k_p(\bar{W}_{a\to c}^* - \bar{W}_{a\to c}) + k_i\int(\bar{W}_{a\to c}^* - \bar{W}_{a\to c})dt - \bar{P}_{s(a\to c)}\right] \end{cases} \tag{2-74}$$

其中，相间能量差的参考值满足 $\bar{W}_{a\to b}^* = \bar{W}_{a\to c}^* = 0$ 。共模电流直流分量的参考值为

$$[i_{coma\_dc}^* \quad i_{comb\_dc}^* \quad i_{comc\_dc}^*]^T = \boldsymbol{K}^{-1}[i_{com\_dc(tot)}^* \quad i_{com\_dc(a\to b)}^* \quad i_{com\_dc(a\to c)}^*]^T \tag{2-75}$$

相间能量平衡控制框图如图 2－14 所示。由于相间能量差的参考值为零，故在图中进行了简化。为了滤掉信号中的二倍频分量，需要设置 100Hz 的陷波器。对于频率 ω_n 和阻尼系数 ξ，二阶陷波器的传递函数为

$$H_{notch}(s) = \frac{s^2 + \omega_n^2}{s^2 + 2\xi\omega_n s + \omega_n^2} \tag{2-76}$$

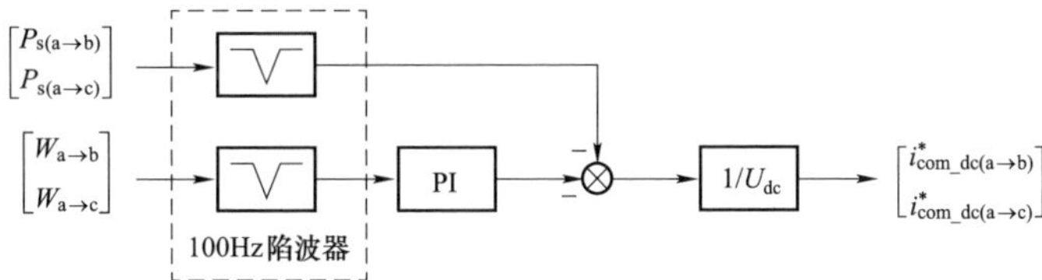

图 2－14 相间能量平衡控制器

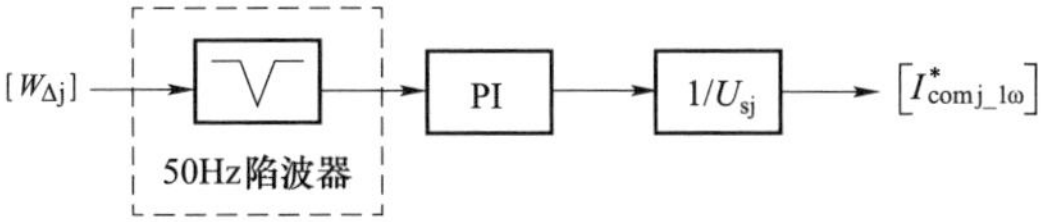

图 2－15 桥臂间能量平衡控制器

桥臂间的能量平衡控制器如图 2－15 所示，根据式（2－32）可以证明，如果忽略交流侧的滤波电感，稳态下的桥臂差模能量的直流分量为

$$\frac{d\bar{W}_{\Delta j}}{dt} = -2(u_{sj}i_{comj})_{dc} \tag{2-77}$$

由于电网侧电压 u_{sj} 是一个正弦量，如果想改变桥臂差模能量的直流分量 $\bar{W}_{\Delta j}$，需要向桥臂共模电流 i_{comj} 中注入一倍频的分量，通常做法是注入与 u_{sj} 相同相位的电流，这样注入电流的幅值可以最小，对 MMC 运行的影响也最小，

式（2−77）可以写为

$$\frac{\mathrm{d}\bar{W}_{\Delta j}}{\mathrm{d}t} = -U_{sj} I_{comj\_1\omega} \tag{2-78}$$

此时，$i_{comj\_1\omega}$ 的相位与 u_{sj} 相同。控制方程为

$$I^*_{comj\_1\omega} = -1/U_{sj}\left[k_p(\bar{W}^*_{\Delta j} - \bar{W}_{\Delta j}) + k_i\int(\bar{W}^*_{\Delta j} - \bar{W}_{\Delta j})\mathrm{d}t\right] \tag{2-79}$$

其中，桥臂间能量差的参考值 $\bar{W}^*_{\Delta j} = 0$ 。另一方面，u_{sj} 的相位可以由锁相环得到。假设锁相环的输出为 θ（sin 基准），定义对角矩阵 $\boldsymbol{A}$ =diag（$\sin(\theta)$，$\sin(\theta-2\pi/3)$，$\sin(\theta-4\pi/3)$），则桥臂共模电压的一倍频分量为

$$[i^*_{coma\_1\omega} \quad i^*_{comb\_1\omega} \quad i^*_{comc\_1\omega}]^T = \boldsymbol{A}[I^*_{coma\_1\omega} \quad I^*_{comb\_1\omega} \quad I^*_{comc\_1\omega}]^T \tag{2-80}$$

能量控制器总框图如图 2−16 所示，其中，总能量控制和相间能量平衡控制利用 MMC 的共模能量 $W_{\Sigma j}$ 和交流侧功率 P_{sj} 进行控制，输出为共模电流直流分量的参考值 $i^*_{comj\_DC}$；桥臂间能量平衡控制利用 MMC 的差模能量 $W_{\Delta j}$ 进行控制，输出为差模电流的一倍频分量 $i^*_{comj\_1\omega}$。在参数整定上，能量控制器的控制带宽通常与外环功率控制器的带宽相同，时间常数的数量级通常为几十毫秒。

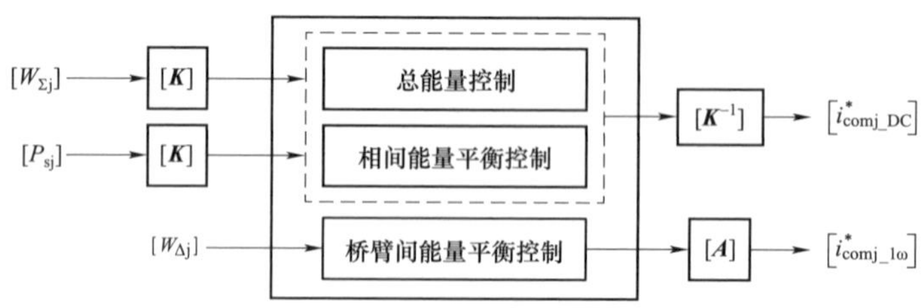

图 2−16　能量控制器总框图

2.4.5　共模电流控制

根据 2.4.4 的分析，从能量控制器输出的共模电流的参考值为

$$i^*_{comj} = i^*_{comj\_dc} + i^*_{comj\_1\omega} \tag{2-81}$$

由于共模电流的参考值中同时含有直流分量和一倍频的交流分量，故矢量控制已经不再适用，只能对每一相进行分别控制。为了同时控制共模电流中的直流量和交流量，通常采用比例—积分—谐振（PIR）控制器对共模电流的直流分量和交流分量同时进行控制。然而，相比于传统的 PI 控制器，PIR 控制器在参数整定方面较为复杂，本章介绍一种相位补偿的方法，能够利用一个 PI 控制器同时跟踪信号中的直流与交流分量。

根据式（2−65），对共模电流进行 PI 控制，每一相共模电流的控制方程为

$$u_{\mathrm{subj}}^{*}=k_{\mathrm{p}}(i_{\mathrm{comj}}^{*}-i_{\mathrm{comj}})+k_{\mathrm{i}}\int(i_{\mathrm{comj}}^{*}-i_{\mathrm{comj}})\mathrm{d}t \tag{2-82}$$

共模电流的开环传递函数和闭环传递函数分别为

$$G(s)=\frac{k_{\mathrm{i}}+k_{\mathrm{p}}s}{s}\frac{1}{R+Ls},\ \Phi(s)=\frac{G(s)}{1+G(s)} \tag{2-83}$$

由于 PI 控制器为开环系统带来一个零极点，且被控对象为一阶惯性系统，故采用 PI 控制器的闭环控制可以对信号中的直流分量进行无差跟踪，这是因为闭环传递函数 $\Phi(s)$ 满足

$$|\Phi(0)|=1,\ \angle\Phi(0)=0\ \ (\mathrm{rad}) \tag{2-84}$$

然而，对于共模电流中的一倍频分量 $i_{\mathrm{comj\_1\omega}}^{*}$ 所对应的频率，其闭环传函所对应的幅值和相位并不分别为 1 和 0rad，因而 PI 控制无法实现该交流信号的无差跟踪。考虑相位补偿器

$$H(s)=K\frac{1+aTs}{1+Ts} \tag{2-85}$$

设在 ω_{n} 频率处所对应的幅值和相位补偿度分别为

$$M_{\mathrm{g}}=\frac{1}{|\Phi(\mathrm{j}\omega_{\mathrm{n}})|},\ M_{\mathrm{p}}=-\angle\Phi(\mathrm{j}\omega_{\mathrm{n}}) \tag{2-86}$$

则相位补偿器的参数设计为

$$a=\frac{1+\sin M_{\mathrm{p}}}{1-\sin M_{\mathrm{p}}},\ K=\frac{M_{\mathrm{g}}}{\sqrt{a}},\ T=\frac{1}{\omega_{\mathrm{n}}\sqrt{a}} \tag{2-87}$$

图 2-17 所示为共模电流控制的整体框图。能量控制器的电流内环采用 PI 控制器，同时控制共模电流的直流分量和一倍频分量。为了实现一倍频分量的无差调节，需要利用相位补偿器 $H(s)$对该分量的参考值 $i_{\mathrm{comj\_1\omega}}^{*}$ 进行相位和幅值补偿。另一方面，为了抑制共模电流中的二倍频环流，环流抑制控制器也被置入在共模电流控制器中。共模电流控制器的输出等于能量控制器的电流内环与环流抑制控制器的输出之和。

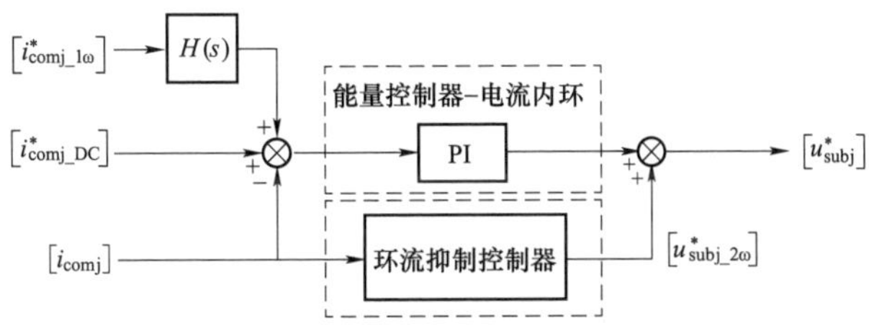

图 2-17 共模电流控制器

2.4.6 控制策略总结

MMC 的整体控制框图如图 2－18 所示，展示了各控制器之间的相互关系。首先，MMC 作为电压源型换流器，在基本控制策略上与传统的两电平 VSC 相同，即外环是功率/电压控制环，内环是电流矢量控制环。其次，由于 MMC 存在较复杂的直流侧（子模块电容电压）及其平衡问题，因此增加了一个能量控制回路，可以实现能量平衡控制与总能量的控制，其内环的共模电流控制又可以抑制二倍频的环流。

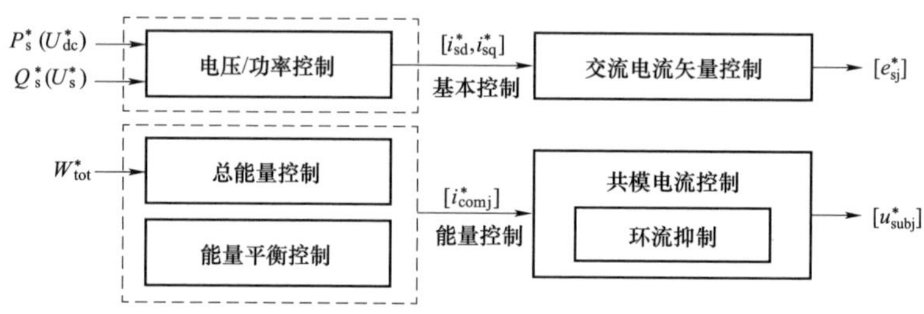

图 2－18　MMC 的控制器框图

另一方面，直接调制自身可以实现能量的平衡，却会在桥臂中产生二倍频的环流；补偿调制在理论上不存在二倍频的环流，却无法保证桥臂间能量的平衡。因此，根据调制函数的不同，控制器的结构也存在差异。

根据 2.2.2 的讨论，如果采用补偿调制，由于没有机制维持每个桥臂之间的能量均衡，必须进行能量平衡控制；如果采用直接调制，则能量的平衡可以自动实现，因此无需进行能量平衡控制。根据 2.2.6 的讨论，补偿调制在理论上不存在二倍频的环流，因此无需进行二倍频环流抑制；而直接调制会造成共模电流中存在二倍频的分量，必须对二倍频环流进行抑制。对于 MMC 总能量的控制，如果采用补偿调制，则必须对总能量进行控制，以保证每个子模块电压跟随参考值；如果采用直接调制，则总能量控制是可选的：既可以进行总能量控制使子模块电压跟随参考值，又可以不进行总能量控制（此时子模块电压的直流分量将跟随直流侧电压的 N 分之一）。综上所述，调制函数与控制器的组合关系如下。

（1）直接调制：电压/功率控制、总能量控制（可选）、二倍频环流抑制。

（2）补偿调制：电压/功率控制、总能量控制、能量平衡控制。

2.5　主电路参数设计方法

2.5.1　子模块数量设计

根据式（2–3），子模块的数量主要由每个子模块的电容电压大小决定，该电压受到功率开关器件选型的限制，而在不同耐压水平的器件之间，应考虑最小的 MMC 通态损耗和开关损耗，在高压直流电网用 MMC 换流器的设计上，由于功率器件的开关频率很低，主要考虑通态损耗。首先，子模块电压大小受到开关器件选型的限制，以 IGBT 为例，目前单个 IGBT 开关器件耐压能力在 6.5kV 以下，常用的 IGBT 电压范围在 1.2～6.5kV 之间。考虑子模块最大电容电压波动 $\varepsilon_{\max}$，并留足安全裕量 σ，子模块平均电压应满足

$$\overline{u}_c(1+\varepsilon_{\max})\times(1+\sigma)\leqslant U_{\mathrm{T}} \tag{2-88}$$

式中，U_{T} 为开关器件的耐受电压。在满足式（2–88）的基础上，子模块的数量应满足

$$N=\frac{U_{\mathrm{dc}}}{\overline{u}_c}\geqslant\frac{U_{\mathrm{dc}}(1+\varepsilon_{\max})(1+\sigma)}{U_{\mathrm{T}}} \tag{2-89}$$

另一方面，通态损耗与子模块数量成正比

$$P_{\mathrm{cond}}\propto n \tag{2-90}$$

对于同样的谐波水平，PCS-PWM 调制所需的开关频率与子模块数量的平方呈反比

$$P_{\mathrm{sw}}\propto 1/n^2 \tag{2-91}$$

可见，当增加子模块的数量时，IGBT 开关频率下降，开关损耗也随之下降，却会增大串联压降，使导通损耗提高。因此，在考虑功率器件耐压限制的前提下，应根据通态损耗和开关损耗的大小，综合分析能够实现较低损耗的子模块数量。综上所述，在选择 MMC 的子模块数量时，应根据现有开关器件的耐压水平选取可行的子模块数量，然后计算该开关器件所对应的子模块数量下的通态损耗和开关损耗，最终根据损耗的大小决定最合适的子模块数量和功率开关器件的选型。在中低压（小于 10kV）应用范围内，权衡 IGBT 器件的开关和导通损耗，应当选择 1.2～1.7kV 的 IGBT 开关器件；在高压应用的场合（大于 100kV），通常选择耐压为 4.5～6.5kV 的开关器件。

2.5.2　子模块电容设计

MMC 子模块电容的选择应考虑电容电压的波动，过小的子模块电容会引起

子模块电容电压的较大波动，不利于 MMC 的稳定运行，同时对开关器件的选型提出了更高的要求；而过高的子模块电容造价昂贵，增加了换流器的投资费用。因此，需要根据子模块电容电压波动的要求设计子模块电容的大小。为了估算电容电压波动的幅值，假设桥臂上电流仅含直流分量和基频分量，其他阶次的谐波电流相对较小而忽略不计；桥臂电压也仅含有直流分量和基频分量，子模块电容能量的最大变化量为[1]

$$\Delta W = \frac{2S_n}{3mN\omega_s} \times \left[1 - \left(\frac{m\cos\varphi_s}{2}\right)^2\right]^{3/2} \qquad (2-92)$$

式中，S_n 为换流器的额定容量，$\cos\varphi_s$ 为功率因数。假设平均子模块电压波动率为 ε，则有以下关系成立

$$\Delta W = \frac{1}{2}C\left[\overline{u}_c(1+\varepsilon)\right]^2 - \frac{1}{2}C\left[\overline{u}_c(1-\varepsilon)\right]^2 = 2C\varepsilon\overline{u}_c^2 \qquad (2-93)$$

联立式（2-92）和式（2-93）解得

$$\varepsilon = \frac{S_n}{3m\omega_s NC\overline{u}_c^2} \times \left[1 - \left(\frac{m\cos\varphi_s}{2}\right)^2\right]^{3/2} \qquad (2-94)$$

考虑在单位功率因数（$\cos\varphi_s = 1$）下子模块电容电压的波动最大，最大电压波动率为

$$\varepsilon_{max} = \frac{S_n}{3\omega_s NC\overline{u}_c^2} \qquad (2-95)$$

根据式（2-3），直流侧电压为子模块电容电压平均值的 N 倍，则选择电容电压为

$$C = \frac{NS_n}{3\omega\varepsilon_{max}U_{dc}^2} \qquad (2-96)$$

即使电容电压波动率 ε 达到 75%，MMC 也仍然能工作，但是过高的电压波动率将会降低子模块开关器件的耐压裕度，影响 MMC 的安全稳定运行，而且还会造成桥臂电感选型困难。通常情况下选择 ε 的值为 8%～12%。

另有采用等容量放电时间常数（换流器存储的总能量与额定容量之比）选择子模块电容大小的方法，将等容量放电时间常数定义为

$$H = \frac{3\times 2N\times\frac{1}{2}C\overline{u}_c^2}{S_n} = \frac{3CU_{dc}^2}{NS_n} \qquad (2-97)$$

对于工频运行的 MMC 换流器，通常选取 H 为 30～40ms。

[1] 徐政.《柔性直流输电系统》. 北京：机械工业出版社，2017.

2.5.3 桥臂电感设计

MMC 各次环流均存在谐振点，且谐振点的频率随着谐波次数 k 的增大而减小。为了保证换流器的稳定运行，系统频率 ω 应尽量远离各阶桥臂环流的谐振频率。不难推导，只要系统额定工作频率大于调制比 m 等于 1 时的二倍频环流谐振的特征频率，就可以确保避开所有谐振点，将 $\omega_s > \omega_{res2}$ 和 m=1 代入式（2－51）可得

$$L > \frac{5N}{48\omega_s^2 C} \tag{2-98}$$

因此，在对 MMC 进行主电路参数设计时，需使子模块电容和桥臂电感满足式（2－98）所示的约束条件。另一方面，由于桥臂电感参与交流侧功率的传输，如果选的过大，则可能造成电压下降率高、调制比波动范围大、发出无功功率困难等问题。折中考虑避免环流谐振现象与交流侧功率传输的问题，通常选择两倍的裕量，即

$$L = \frac{5N}{24\omega_s^2 C} \tag{2-99}$$

以上桥臂电感的选择方法主要考虑了直接调制下桥臂环流谐振现象，而对于采用补偿调制的 MMC，桥臂共模电流中仅存在直流分量，不存在桥臂环流谐振的问题，因而无需考虑这个下限。从真实的工程角度来说，由于补偿调制的控制更为复杂，在运行中可能与直接调制方式相互切换，且目前主流 MMC 换流器均采用直接调制的方法，因此在桥臂电感的设计中多采用式（2－99）所示的方法。

2.6 案例与仿真分析

2.6.1 系统案例

在 MATLAB/Simulink 构建如图 2－19 所示的点对点柔性直流输电系统仿真分析模型。换流站采用 MMC 换流器的拓扑结构，换流阀的具体参数采用如表 2－3 所示张北四端柔直工程中典型换流器的参数，直流线路采用电缆，其参数如表 2－4 所示。

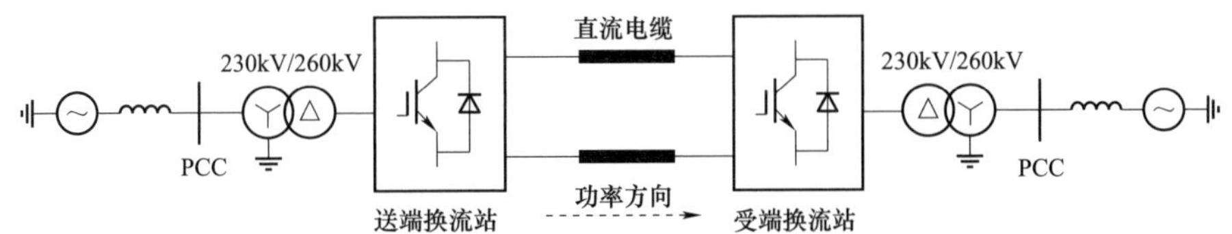

图 2－19 点对点柔性直流输电系统仿真分析模型

表 2-3　　MMC 换流阀参数

参数	符号	数值
额定视在功率	S_n	1700MVA
额定有功功率	P_n	1500MW
额定无功功率	Q_n	450/－750Mvar
额定直流电压	U_{dc}	500kV
额定交流电压	U_{sn}	230/260kV
交流系统频率	f	50Hz
桥臂子模块数量	N	240
子模块电容	C	15mF
桥臂电感	L	40mH
桥臂电阻	R	0.5Ω
变压器漏抗	X_T	0.16 标幺值

表 2-4　　直流线路参数

参数	符号	数值
电缆长度	D	100km
电缆单位长度电阻	r	0.0151Ω
电缆单位长度电感	L	0.063 66mH
电缆单位长度电容	c	0.147μF

两个换流站采用不同的控制策略。送端换流站采用 P/Q 控制，即控制有功功率和无功功率分别跟随参考值；受端换流站采用 U_{dc}/Q 控制，即该侧换流站控制直流电压和无功功率的大小。有功功率通过直流侧电缆从送端换流站传输到受端换流站。在仿真分析的前 0.5s 时间内，两个换流站主要进行预充电、子模块闭锁信号的解除和直流电压的建立。具体地讲，仿真时间段 0～0.1s，两侧换流阀通过预充电回路对子模块电容进行预充电；仿真时间 t=0.2s 时，受端换流站解除闭锁信号，并开始控制直流侧电压使其达到参考值；当仿真时间 t=0.5s 时，送端换流站解除闭锁信号；从 t=0.8s 开始，送端换流站向受端送出 1000MW 的功率。分为以下几种控制方式进行仿真分析验证。

控制方式 1：送端和受端换流站均采用直接调制以及环流抑制控制。

控制方式 2：送端换流站采用直接调制和环流抑制控制，并采用总能量控制器控制子模块的电压。具体为，当仿真时间 t=1.5s 时，子模块电压的参考值变为 1.1 标幺值。

控制方式 3：送端换流站采用补偿调制、总能量控制和能量平衡控制，在 t=1.5s 之前禁用能量平衡控制，在 t=1.5s 时开启能量平衡控制。

2.6.2 仿真分析

（1）控制方式 1：送端和受端换流站均采用直接调制及环流抑制控制。受端换流站的直流侧电压波形如图 2－20 所示。根据仿真中控制和时序的配置，受端换流站在 t=0.2s 时建立直流侧电压，在 t=0.4s 时能够将直流侧电压控制为约 500kV，即直流侧参考电压。当 t=0.8s 时送端换流站开始输送功率，此时直流侧的电压有稍许上升波动，在受端换流站对直流电压的控制下很快重新回到参考值处。

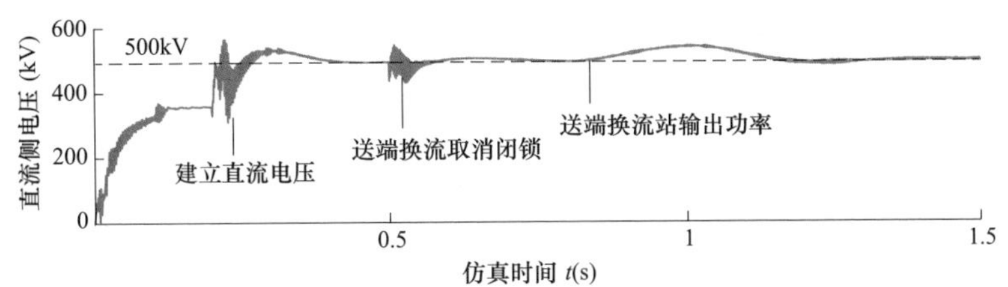

图 2－20　受端换流站直流侧电压波形

受端换流站控制直流电压稳定后，送端换流站能够正常工作。t=0.8s 时，送端换流站开始输送功率，其交流侧电压和电流的波形如图 2－21 所示。从图中可以看出，尽管换流站的交流侧未安装滤波器，但是电压和电流的波形依然为正弦。送端换流器内部功率和电流波形如图 2－22 所示，可见，有功功率从 t=0.8s 到 t=1.0s 逐渐从零上升到 1000MW（功率参考方向和图 2－19 相反）。无功功率

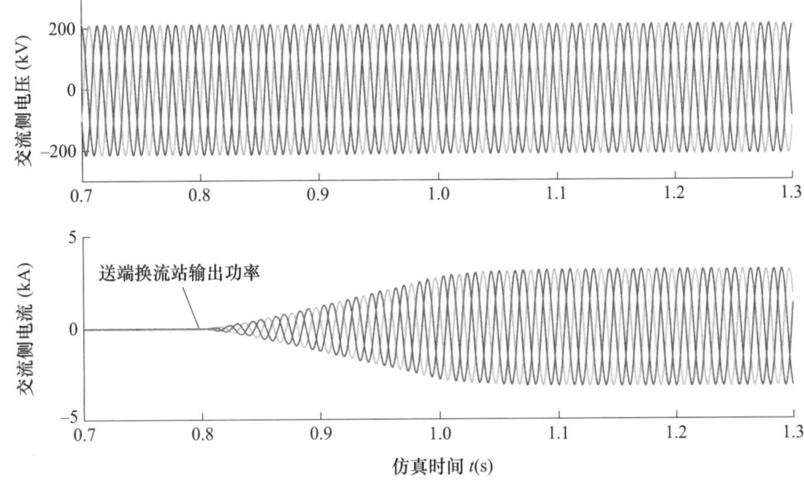

图 2－21　送端换流站交流侧电压电流波形

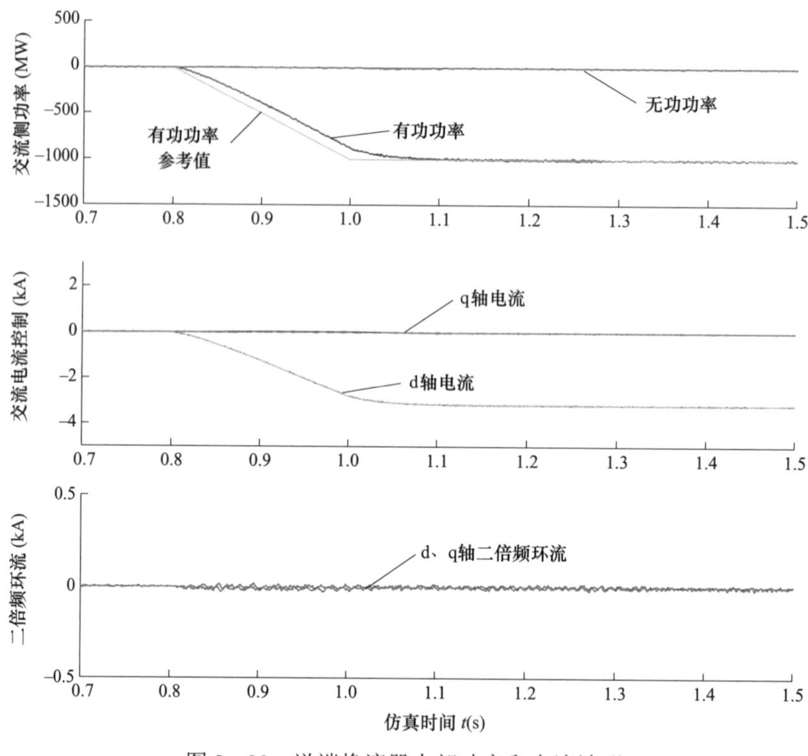

图 2－22 送端换流器内部功率和电流波形

始终保持为零。交流侧电流在 d、q 轴下始终跟随其参考值（完全被实际值覆盖），二倍频的环流在 -2ω 的旋转坐标系下，其 d、q 分量均被控制为零，表明环流抑制控制器可以将二倍频的共模电流很好地抑制。

本仿真中，子模块的均压由采用基于排序的子模块电压均衡控制实现，送端换流站的 A 相桥臂上子模块的电压波动如图 2－23 所示（图中只展示前 8 个子模块的电压波形），可以看出，子模块之间的电容电压差异很小，可以认为同一桥臂的每个子模块电压是相等的。

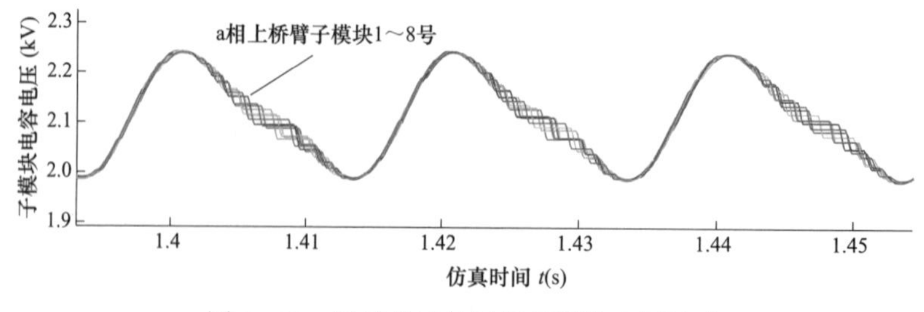

图 2－23 送端换流站桥臂子模块电压波动

送端换流站的桥臂共模能量和差模能量波形如图 2－24 所示。从图中可以看出，桥臂的共模能量 $W_{\Sigma j}$ 以二倍频波动，而桥臂差模能量以一倍频波动，与 2.2.4 小节的分析结果一致。需要强调的是，波动的幅值与交流侧的功率有关。

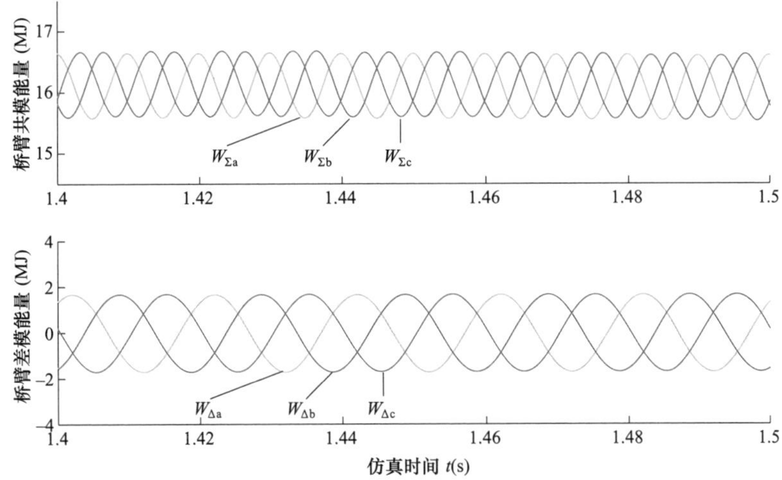

图 2－24 送端换流站桥臂共模与差模能量波形

（2）控制方式 2：送端换流站采用直接调制和环流抑制控制，并采用总能量控制器控制子模块的电压。受端换流站在采用直接调制的同时，还通过总能量控制调节子模块的电压大小，输出波形如图 2－25 所示。桥臂总能量的参考值在 t=1.5s 时变为 1.1 标幺值，此后子模块的电容电压增加，桥臂共模能量也随之增加。

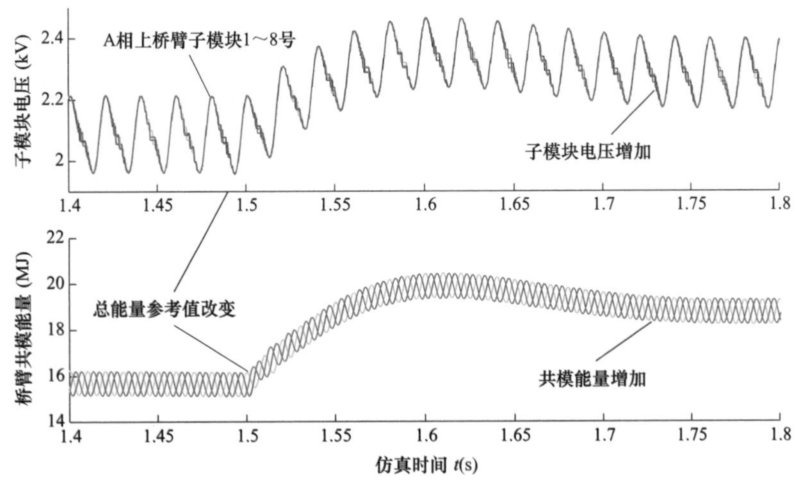

图 2－25 送端换流站子模块电压与共模能量波形

（3）控制方式 3：送端换流站采用补偿调制、总能量控制和能量平衡控制。受端换流站采用补偿调制，且在仿真时间 t=1.5s 之前禁用能量平衡控制，在 t=1.5s 时使能能量平衡控制，桥臂共模和差模能量波形如图 2－26 所示，从图中可以看出，当开启能量平衡控制后，会有一个短暂的调节过程。

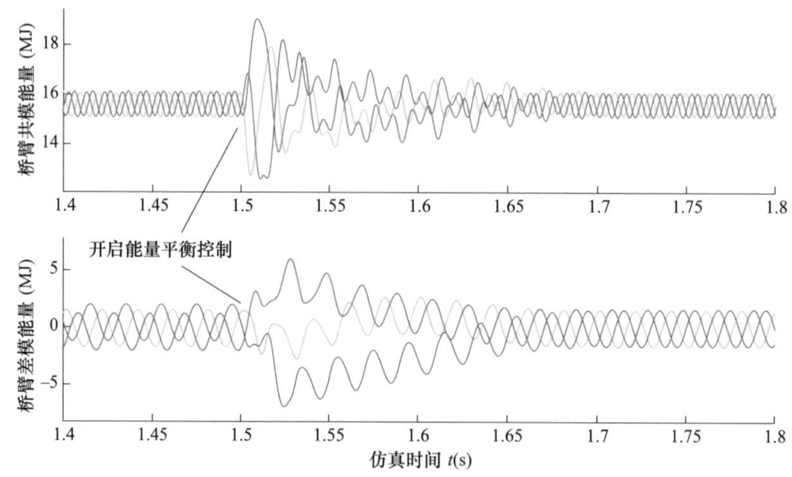

图 2－26　送端换流器桥臂共模与差模能量波形

启动能量平衡控制后，三相能量之间的差异逐渐消失，即共模能量的直流分量被控制得基本相等，差模能量的直流分量被控制为零，波形如图 2－27 所示。

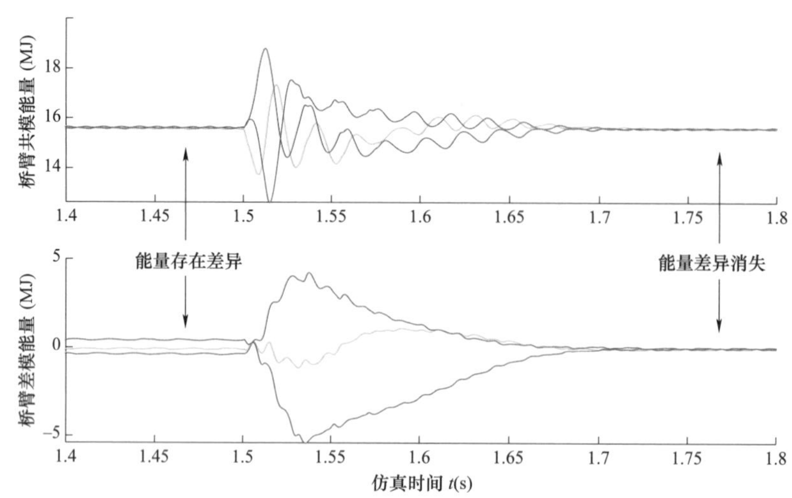

图 2－27　送端换流器桥臂共模与差模能量直流分量

送端换流站采用补偿调制和能量控制的电流波形如图 2－28 所示。可以看出，桥臂能量平衡控制的开启过程中，对交流侧电流仅产生了轻微的扰动，对

桥臂共模电流则造成了较大的影响，这是因为能量平衡控制是通过桥臂共模电流的直流分量和一倍频分量实现的。

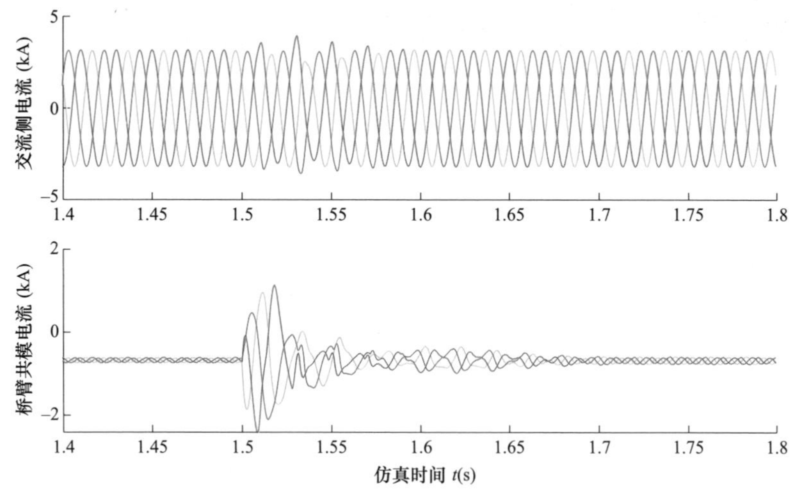

图 2－28　送端换流站交流侧电流与桥臂共模电流

MMC 的控制十分复杂，本章并没有对很多细节进行深究，而是力求以连贯的逻辑使读者了解到 MMC 的方方面面。从 MMC 的工作原理逐步展开，主要介绍了其数学模型、调制和控制方法、主电路参数设计方法。本节通过对三种控制方式的仿真验证，对理论的正确性有更加直观的了解，对 MMC 的基本工作原理有更加深刻的认知。

3

MMC 子模块电容参数的优化

电容器是 MMC 换流器的核心元件，用于级联的子模块中，目前主要采用金属化聚丙烯薄膜电容器，其具有功耗低、在宽频率和温度范围内稳定性高的特点。工程实际中，一般选取较大的子模块电容容值来缓冲稳态运行时的低频电容电压纹波和暂态运行时的电容电压波动，该电容器的体积一般占子模块体积的 50%以上，重量占 80%以上，成本占 1/3 左右。因此，减小子模块电容对于提升 MMC 的功率密度、缩小体积、降低成本至关重要。随着海上风电直流送出需求的增长，风电平价上网时代的来临，通过减小子模块电容的方法使换流器紧凑、轻量化，从而降低并网成本具有更加现实的意义。

本章从稳态运行和电网暂态故障两个方面，系统地探讨降低子模块电容容值的控制方法。首先建立子模块电容电压纹波的数学模型，讨论将子模块电容电压的纹波由低频搬移至高频的方法，提出基于注入二倍频环流和三倍频共模电压的控制策略，大幅减小电压纹波的幅值。在此基础上对子模块电容的容值进行优化设计，得出在不增加损耗的同时可将容值需求减小 38%的结论。进一步，为确保采用最小电容容值的 MMC 换流器能在电网故障工况下安全、可靠运行，研讨一种子模块电容最小化的控制方法。最后，进行系统地仿真分析与验证。

3.1 限制因素与优化方法

MMC 子模块电容容值设计主要考虑以下三个因素。

（1）正常稳态工况下子模块电容电压纹波。MMC 独特的拓扑结构和控制方式会导致其子模块电容电压在正常稳态工况下包含较大的低频纹波（主要是基频和二倍频纹波）。为了不危及半导体开关器件和电容自身的安全、可靠运行且不降低其使用寿命，通常须将正常稳态运行时的电容电压纹波限制

在其额定直流量的±10%范围内，此时电容电压峰值不超过其额定直流量的1.1倍。

（2）换流器的电压输出能力（过调制限制）。为了使MMC在整个功率运行区间内能够正常运行，必须确保每个桥臂所有子模块的电容电压之和在任意时刻都不小于所期望产生的桥臂电压，如图3－1（a）所示，否则会发生过调制，如图3－1（b）所示，影响换流器的正常运行。

（3）交流电网不对称及暂态故障工况下的子模块电容电压波动峰值。交流电网电压不对称会导致MMC特定相单元的电容电压纹波峰值变大，在单相电压完全缺失的情况下最为严重。为了确保MMC在交流电网电压不对称工况下能够安全、可靠运行，通常须将该工况下的电容电压纹波稳态峰值限制在其额定直流量的1.1倍范围内。在暂态故障工况下，MMC的子模块电容容值越小，其电容电压越容易出现较大的波动，从而导致过压，对半导体开关器件自身的安全运行带来危害。为了确保MMC在暂态工况下能够安全运行，须将电容电压暂态波动峰值限制在其额定直流量的1.2倍范围内。

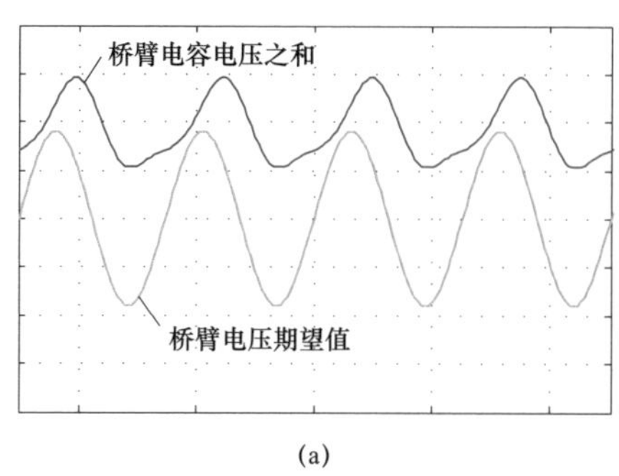

(a)

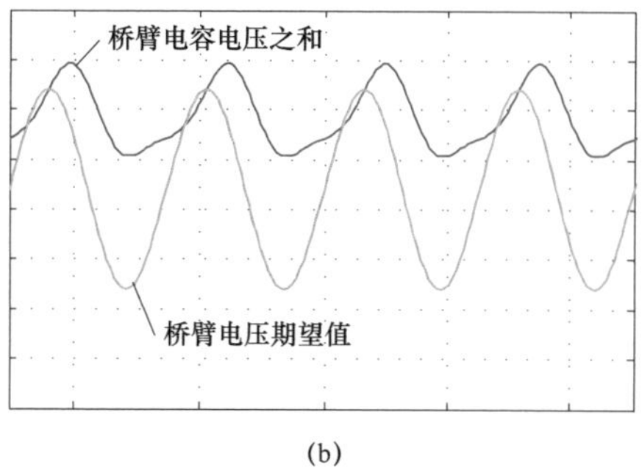

(b)

图3－1　MMC电压输出能力示意图

可见子模块电容容值的设计步骤为，首先根据（1）和（2）两个限制因素初步设计子模块电容容值，然后在（3）工况下进行校验。在进行子模块电容容值的优化设计时，需要做到减小子模块电容容值的同时不增加MMC的损耗。由于电容器的容值需求与其纹波电压负相关，优化方法是首先利用MMC多控制自由度的特点，研究正常稳态下减小子模块电容电压纹波的控制策略，降低电容电压纹波，从而减少对电容容值的需求，得到稳态工况下允许的子模块最小电容值；然后针对交流电网不对称工况和暂态故障工况，进一步优化控制策略，确定MMC能通过暂态工况校验的最小子模块电容值。

3.2 MMC 子模块电容电压纹波建模与分析

3.2.1 子模块电容电压纹波建模

为了对子模块电容容值进行优化，首先需要建立电容电压纹波的解析表达式。为表述的简洁，本章以 A 相为例进行分析，MMC 上下桥臂子模块电容电压可表示为

$$\begin{cases} u_{\text{cpa}} = k_{\text{dc}} U_c + \tilde{u}_{\text{cpa}} = k_{\text{dc}} \dfrac{U_{\text{dc}}}{N} + \tilde{u}_{\text{cpa}} \\ u_{\text{cna}} = k_{\text{dc}} U_c + \tilde{u}_{\text{cna}} = k_{\text{dc}} \dfrac{U_{\text{dc}}}{N} + \tilde{u}_{\text{cna}} \end{cases} \tag{3-1}$$

式中，U_c 为子模块电容电压的额定直流量，正常稳态运行时 k_{dc} 通常设置为 1，在一些特定工况下可设置为小于 1 的值，$\tilde{u}_{\text{cpa}}$ 和 $\tilde{u}_{\text{cna}}$ 分别为上下桥臂子模块电容电压纹波。

由式（3－1）可得 MMC 上下桥臂电容存储的瞬时能量为

$$\begin{cases} w_{\text{pa}} = \dfrac{NC}{2}(k_{\text{dc}} U_c + \tilde{u}_{\text{cpa}})^2 = \dfrac{NC}{2} k_{\text{dc}}^2 U_c^2 + k_{\text{dc}} NCU_c \tilde{u}_{\text{cpa}} + \dfrac{NC}{2} \tilde{u}_{\text{cpa}}^2 \\ w_{\text{na}} = \dfrac{NC}{2}(k_{\text{dc}} U_c + \tilde{u}_{\text{cna}})^2 = \dfrac{NC}{2} k_{\text{dc}}^2 U_c^2 + k_{\text{dc}} NCU_c \tilde{u}_{\text{cna}} + \dfrac{NC}{2} \tilde{u}_{\text{cna}}^2 \end{cases} \tag{3-2}$$

根据瞬时能量守恒定律可得

$$\begin{cases} w_{\text{pa}} = \dfrac{NC}{2} k_{\text{dc}}^2 U_c^2 + k_{\text{dc}} NCU_c \tilde{u}_{\text{cpa}} + \dfrac{NC}{2} \tilde{u}_{\text{cpa}}^2 = \dfrac{NC}{2} k_{\text{dc}}^2 U_c^2 + \int_{t_0}^{t} p_{\text{pa}} \mathrm{d}t \\ w_{\text{na}} = \dfrac{NC}{2} k_{\text{dc}}^2 U_c^2 + k_{\text{dc}} NCU_c \tilde{u}_{\text{cna}} + \dfrac{NC}{2} \tilde{u}_{\text{cna}}^2 = \dfrac{NC}{2} k_{\text{dc}}^2 U_c^2 + \int_{t_0}^{t} p_{\text{na}} \mathrm{d}t \end{cases} \tag{3-3}$$

由于 $\tilde{u}_{\text{cpa}}$ 和 $\tilde{u}_{\text{cna}}$ 相比 U_c 很小，因此可将 $\tilde{u}_{\text{cpa}}$ 和 $\tilde{u}_{\text{cna}}$ 的平方项忽略掉，进而得到

$$\begin{cases} \tilde{u}_{\text{cpa}} = \dfrac{\int_{t_0}^{t} p_{\text{pa}} \mathrm{d}t}{k_{\text{dc}} NCU_c} \\ \tilde{u}_{\text{cna}} = \dfrac{\int_{t_0}^{t} p_{\text{na}} \mathrm{d}t}{k_{\text{dc}} NCU_c} \end{cases} \tag{3-4}$$

为了简化分析，暂时忽略系统的损耗和交流侧等效电感的影响（后文在进行电容容值优化设计时，会针对交流侧等效电感对 MMC 调制比、功率因数和视在功率的影响进行补偿），此时上下桥臂电压可表示为

$$\begin{cases} u_{pa}=\dfrac{U_{dc}}{2}-u_a=\dfrac{U_{dc}}{2}(1-m\cos\omega t) \\ u_{na}=\dfrac{U_{dc}}{2}+u_a=\dfrac{U_{dc}}{2}(1+m\cos\omega t) \end{cases} \tag{3-5}$$

桥臂环流是MMC非常重要的控制自由度，可以根据需要利用电流解耦控制得到控制带宽范围内任意非三整数倍频率的交流环流。然而，在多端直流电网应用场合中，MMC的桥臂电感值较大且调制比较高，为避免过调制，通常只利用基频和二倍频环流来优化MMC的运行。需要说明的是，基频环流通常只在暂态工况下出现，用来快速平衡上下桥臂间的电容电压。因此，在正常稳态运行工况下，上下桥臂电流可表示为

$$\begin{cases} i_{pj}=\dfrac{i_{dc}}{3}+i_a+i_{cira2}=\dfrac{i_{dc}}{3}+\dfrac{i_{am}}{2}\cos(\omega t-\varphi)+i_{ciram2}\cos(2\omega t+\varphi) \\ i_{nj}=\dfrac{i_{dc}}{3}-i_a+i_{cira2}=\dfrac{i_{dc}}{3}-\dfrac{i_{am}}{2}\cos(\omega t-\varphi)+i_{ciram2}\cos(2\omega t+\varphi) \end{cases} \tag{3-6}$$

根据式（3－5）和式（3－6），可得稳态情况下，MMC上下桥臂瞬时功率为

$$\begin{aligned} p_{pa}=&\frac{S_{mmc}}{3m}\cos(\omega t-\varphi)-\frac{mU_{dc}i_{ciram2}}{4}\cos(\omega t+\varphi)-\frac{m\cos\varphi S_{mmc}}{6}\cos\omega t \\ &+\frac{U_{dc}i_{ciram2}}{2}\cos(2\omega t+\varphi)-\frac{S_{mmc}}{6}\cos(2\omega t-\varphi)-\frac{mU_{dc}i_{ciram2}}{4}\cos(3\omega t+\varphi) \end{aligned} \tag{3-7}$$

$$\begin{aligned} p_{na}=&-\frac{S_{mmc}}{3m}\cos(\omega t-\varphi)+\frac{mU_{dc}i_{ciram2}}{4}\cos(\omega t+\varphi)+\frac{m\cos\varphi S_{mmc}}{6}\cos\omega t \\ &+\frac{U_{dc}i_{ciram2}}{2}\cos(2\omega t+\varphi)-\frac{S_{mmc}}{6}\cos(2\omega t-\varphi)+\frac{mU_{dc}i_{ciram2}}{4}\cos(3\omega t+\varphi) \end{aligned} \tag{3-8}$$

式中，S_{mmc}为MMC的视在功率。

将式（3－7）和式（3－8）带入式（3－4）可得

$$\begin{aligned} \tilde{u}_{cpa}=\frac{1}{\omega k_{dc}NCU_c}\Bigg[&\frac{S_{mmc}}{3m}\sin(\omega t-\varphi)-\frac{mU_{dc}i_{ciram2}}{4}\sin(\omega t+\varphi)-\frac{m\cos\varphi S_{mmc}}{6}\sin\omega t \\ &+\frac{U_{dc}i_{ciram2}}{4}\sin(2\omega t+\varphi)-\frac{S_{mmc}}{12}\sin(2\omega t-\varphi)-\frac{mU_{dc}i_{ciram2}}{12}\sin(3\omega t+\varphi)\Bigg] \end{aligned} \tag{3-9}$$

$$\begin{aligned} \tilde{u}_{cna}=\frac{1}{\omega k_{dc}NCU_c}\Bigg[&-\frac{S_{mmc}}{3m}\sin(\omega t-\varphi)+\frac{mU_{dc}i_{ciram2}}{4}\sin(\omega t+\varphi)+\frac{m\cos\varphi S_{mmc}}{6}\sin\omega t \\ &+\frac{U_{dc}i_{ciram2}}{4}\sin(2\omega t+\varphi)-\frac{S_{mmc}}{12}\sin(2\omega t-\varphi)+\frac{mU_{dc}i_{ciram2}}{12}\sin(3\omega t+\varphi)\Bigg] \end{aligned} \tag{3-10}$$

3.2.2 子模块电容电压纹波分析

根据式（3－9）和式（3－10），当MMC采用目前常用的二倍频环流抑制策略时，上下桥臂子模块电容电压纹波为

$$\tilde{u}_{\text{cpa}} = \frac{S_{\text{mmc}}}{3\omega k_{\text{dc}} NCU_c} f_{0\text{p}}(m, \varphi, t) \tag{3-11}$$

$$\tilde{u}_{\text{cna}} = \frac{S_{\text{mmc}}}{3\omega k_{\text{dc}} NCU_c} f_{0\text{n}}(m, \varphi, t) \tag{3-12}$$

式中，$f_{0\text{p}}(m, \varphi, t)$ 和 $f_{0\text{n}}(m, \varphi, t)$ 分别为消除二倍频环流后，MMC上下桥臂子模块电容电压的纹波函数，可表示为

$$f_{0\text{p}}(m, \varphi, t) = \frac{1}{m}\sin(\omega t - \varphi) - \frac{m\cos\varphi}{2}\sin\omega t - \frac{1}{4}\sin(2\omega t - \varphi) \tag{3-13}$$

$$f_{0\text{n}}(m, \varphi, t) = \frac{1}{m}\sin(\omega t - \varphi) - \frac{m\cos\varphi}{2}\sin\omega t - \frac{1}{4}\sin(2\omega t - \varphi) \tag{3-14}$$

由式（3－4）、式（3－9）～式（3－14）可知，MMC的子模块电容电压纹波幅值与桥臂的波动能量成正比，与频率成反比，上下桥臂电容电压纹波中的低次偶倍频分量（主要是二倍频分量）是同向的，低次奇倍频分量（主要是基频分量）是反向的。从物理意义上来说，如图3－2所示，MMC每个相单元直流侧输入瞬时功率与交流侧输出瞬时功率的不匹配，导致上下桥臂子模块电容中存在同向的偶倍频波动能量，进而体现为同向的偶倍频电压纹波。MMC连续的桥臂电流与调制的交互作用，导致奇次倍频波动能量在上下桥臂电容之间进行交换，进而体现为反向的奇次倍频电压纹波。

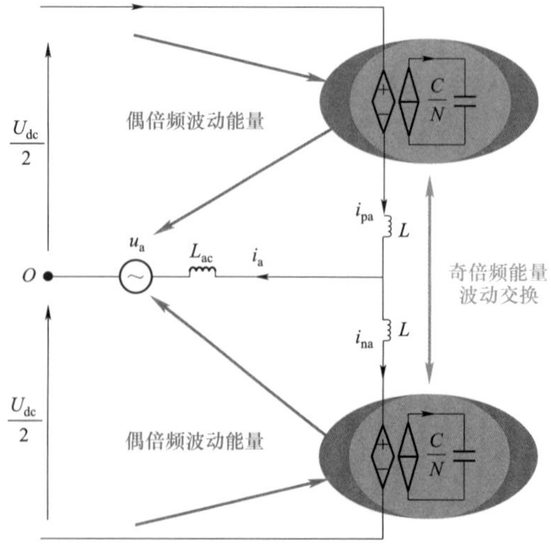

图3－2 子模块电容电压纹波产生机理示意图

既然电容电压纹波幅值与频率成反比，则可通过将纹波由低频段搬移至较高频段来减小纹波幅值。根据式（3－9）、式（3－10）和图 3－2 可知，主动注入合适的二倍频环流可消除 MMC 每个相单元交直流侧瞬时功率不匹配的问题，进而消除二倍频电压纹波，与此同时引入了少量的三倍频电压纹波（也可理解为通过主动注入二倍频环流将电容电压纹波的二倍频分量搬移至三倍频）。此时所需注入的二倍频环流为

$$i_{\mathrm{cira2}}=\frac{S_{\mathrm{mmc}}}{3U_{\mathrm{dc}}}\cos(2\omega t-\varphi) \tag{3－15}$$

将式（3－15）带入式（3－9）和式（3－10），可得注入二倍频环流后的子模块电容电压纹波为

$$\tilde{u}_{\mathrm{cpa}}=\frac{S_{\mathrm{mmc}}}{3\omega k_{\mathrm{dc}}NCU_c}f_2(m,\varphi,t) \tag{3－16}$$

$$\tilde{u}_{\mathrm{cna}}=-\frac{S_{\mathrm{mmc}}}{3\omega k_{\mathrm{dc}}NCU_c}f_2(m,\varphi,t) \tag{3－17}$$

式中，$f_2(m,\varphi,t)$ 为注入二倍频环流后的子模块电容电压纹波函数，可表示为

$$\begin{aligned}f_2(m,\varphi,t)=\cos\varphi\left[\left(\frac{1}{m}-\frac{3m}{4}\right)\sin\omega t-\frac{m}{12}\sin3\omega t\right]+\\ \sin\varphi\left[\left(\frac{m}{4}-\frac{1}{m}\right)\cos\omega t+\frac{m}{12}\cos3\omega t\right]\end{aligned} \tag{3－18}$$

由式（3－16）和式（3－17）可知，尽管通过注入二倍频环流消除了电容电压纹波中的二倍频分量且仅引入了少量的三倍频分量，但电压纹波中仍含有较大的基频分量，其大小主要与调制比和功率因数有关。由于电容电压纹波函数 $f_2(m,\varphi,t)$ 中 $\sin\omega t$ 和 $\cos\omega t$ 的系数不同，因此，只有当 MMC 在纯有功功率或者纯无功功率运行时，才可通过改变调制比的大小将基频分量完全消除。

在多端柔性直流电网应用场合，MMC 在传输额定有功功率时通常以高功率因数运行，因此由式（3－18）可知，为了能有效减小电容电压纹波中的基频分量，理论上应将调制比 m 设置为 $2/\sqrt{3}$ 附近。然而，对于采用正弦波调制的半桥 MMC 来说，其调制比的范围理论上为 $0<m\leqslant1$，若想将调制比的范围增大为 $0<m\leqslant2/\sqrt{3}$，须向 MMC 的调制波中注入相位与基频分量相同，幅值为基频分量 1/6 的三倍频共模电压。此时稳态情况下，MMC 上下桥臂电压可表示为

$$\begin{cases}u_{\mathrm{pa}}=\dfrac{U_{\mathrm{dc}}}{2}\left(1-m\cos\omega t+\dfrac{m}{6}\cos3\omega t\right)\\ u_{\mathrm{na}}=\dfrac{U_{\mathrm{dc}}}{2}\left(1+m\cos\omega t-\dfrac{m}{6}\cos3\omega t\right)\end{cases} \tag{3－19}$$

结合式（3－4）、式（3－15）和式（3－19）可得，注入二倍频环流和三倍频共模电压后，MMC 上下桥臂子模块电容电压纹波为

$$\tilde{u}_{\mathrm{cpa}}=\frac{S_{\mathrm{mmc}}}{3\omega k_{\mathrm{dc}}NCU_{c}}f_{\mathrm{cp}}(m,\varphi,t) \tag{3－20}$$

$$\tilde{u}_{\mathrm{cna}}=-\frac{S_{\mathrm{mmc}}}{3\omega k_{\mathrm{dc}}NCU_{c}}f_{\mathrm{cn}}(m,\varphi,t) \tag{3－21}$$

式中，$f_{\mathrm{cp}}(m,\varphi,t)$ 和 $f_{\mathrm{cn}}(m,\varphi,t)$ 分别为注入二倍频环流和三倍频共模电压后，MMC 上下桥臂子模块电容电压的纹波函数，可表示为

$$f_{\mathrm{cp}}(m,\varphi,t)=\cos\varphi\bullet B_{1}+\sin\varphi\bullet B_{2} \tag{3－22}$$

$$f_{\mathrm{cn}}(m,\varphi,t)=\cos\varphi\bullet B_{3}+\sin\varphi\bullet B_{4} \tag{3－23}$$

$$\begin{cases}B_{1}=\left(\dfrac{1}{m}-\dfrac{17m}{24}\right)\sin\omega t+\dfrac{1}{24}\sin2\omega t-\dfrac{m}{18}\sin3\omega t+\dfrac{1}{48}\sin4\omega t+\dfrac{m}{120}\sin5\omega t\\ B_{2}=\left(\dfrac{7m}{24}-\dfrac{1}{m}\right)\cos\omega t+\dfrac{1}{24}\cos2\omega t+\dfrac{m}{12}\cos3\omega t-\dfrac{1}{48}\cos4\omega t-\dfrac{m}{120}\cos5\omega t\\ B_{3}=\left(\dfrac{17m}{24}-\dfrac{1}{m}\right)\sin\omega t+\dfrac{1}{24}\sin2\omega t+\dfrac{m}{18}\sin3\omega t+\dfrac{1}{48}\sin4\omega t-\dfrac{m}{120}\sin5\omega t\\ B_{4}=\left(\dfrac{1}{m}-\dfrac{7m}{24}\right)\cos\omega t+\dfrac{1}{24}\cos2\omega t-\dfrac{m}{12}\cos3\omega t-\dfrac{1}{48}\cos4\omega t+\dfrac{m}{120}\cos5\omega t\end{cases} \tag{3－24}$$

根据式（3－20）～式（3－24），可得 MMC 在注入二倍频环流和三倍频共模电压时，其电容电压纹波峰峰值与调制比及功率因数角的关系如图 3－3 所示。其中一个水平轴为调制比 m，其范围为 $0.5\leqslant m\leqslant 2/\sqrt{3}$，另一个水平轴为功率因数角 φ，其范围为 $-\pi\leqslant\varphi\leqslant\pi$，纵轴为在上述调制比和功率因数角范围内，任意运行点的电容电压纹波峰峰值与最大纹波峰峰值之比。从图中可以看出，当 MMC 纯无功功率运行且调制比最小时，其电容电压纹波峰峰值最大；当 MMC 单位功率因数运行且调制比 $m=2/\sqrt{3}$ 时，其电容电压纹波峰峰值最小；电压纹波峰峰值在各功率因数角下均随着调制比的增大而减小。

根据式（3－20）～式（3－24），可得 MMC 在注入二倍频环流和三倍频共模电压时，其电容电压纹波峰值与调制比及功率因数角的关系如图 3－4 所示，图中，纵轴为电容电压纹波峰值与最大纹波峰值之比，其变化规律与图 3－3 中电压纹波峰峰值的变化规律相似。

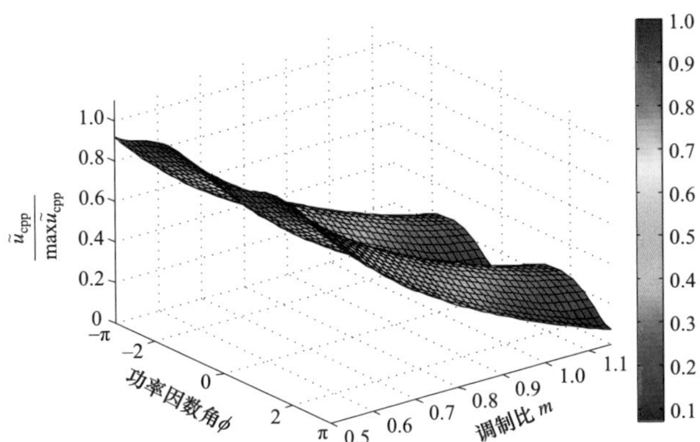

图 3－3 注入环流和共模电压时电容电压纹波峰峰值与调制比和功率因数的关系

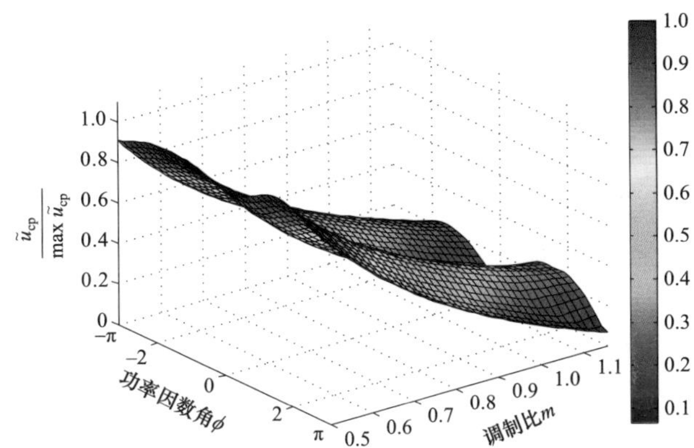

图 3－4 注入环流和共模电压时电容电压纹波峰值与调制比和功率因数的关系

根据式（3－20）～式（3－24），可得在两个典型功率因数下（$\cos\varphi$=1 和 $\cos\varphi$=0.89），当 MMC 采用不同环流和共模电压注入方式时，其电容电压纹波峰峰值和峰值与调制比的关系分别如图 3－5 和图 3－6 所示。可以看出，当调制比一定时，$\cos\varphi$=0.89 对应的电容电压纹波峰峰值及峰值较大；当 $\cos\varphi$=1 时，电压纹波峰峰值及峰值随着调制比 m 的增大而减小，当 $\cos\varphi$=0.89 时，电压纹波峰峰值随着调制比 m 的增大而减小，电压纹波峰值随着调制比的增大先减小后增大，在 m=1.09 处值最小。

对于半桥 MMC 来说，当不注入和注入三倍频共模电压时，其最大调制比理论上分别为 1 和 $2/\sqrt{3}$。然而，在实际运行中，考虑到环流注入、交流电网不对称工况和系统暂态及电网故障工况的影响，其额定调制比通常分别选取为 0.85 和 0.95，调制比的运行范围分别为［0.75，0.95］和［0.85，1.05］。目前，已投运的柔性直流输电工程中，MMC 的额定调制比均设为 0.85。

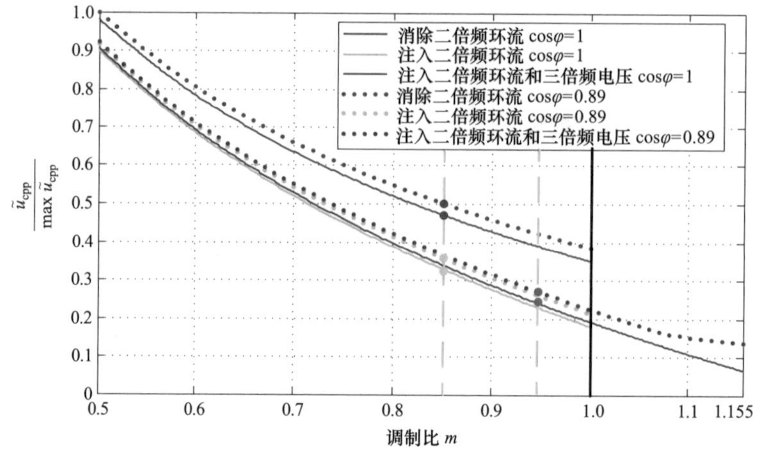

图 3-5　不同环流和共模电压注入方式下电容电压纹波峰峰值与调制比的关系

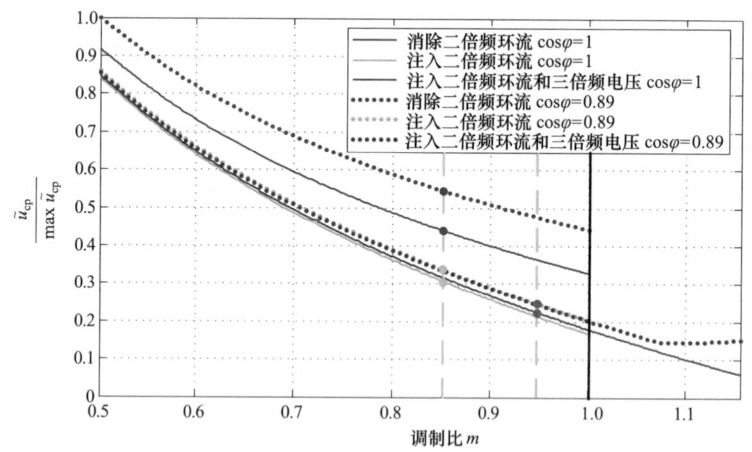

图 3-6　不同环流和共模电压注入方式下电容电压纹波峰值与调制比的关系

根据图 3-5 和图 3-6 可以看出，MMC 中的二倍频环流被消除且额定调制比设定在 0.85 时所对应的电容电压纹波峰峰值及峰值最大。向 MMC 注入三倍频共模电压和二倍频环流且额定调制比设定在 0.95 时所对应的电容电压纹波峰峰值及峰值最小。因此，同时注入环流和共模电压的方式可使子模块电容容值最小。

3.3　MMC 子模块电容容值优化设计

3.3.1　换流器输出功率区间分析

在柔性直流电网应用场合，通常要求电网公共连接点（PCC）处的有功功率

和无功功率满足如图 3－7 所示的运行区间，系统在传输额定有功功率的同时须能够与电网交互 0.3（标幺值）和－0.5（标幺值）的无功功率。

直流电网联结变压器的漏感较大，一般为 0.14（标幺值），MMC 桥臂电感通常设计为 0.08～0.1（标幺值），本文选取为 0.08（标幺值）。因此，交流侧等效电感 L_{aceq} 可以表示为

$$L_{\mathrm{aceq}}=0.18\frac{(\sqrt{3}u_{\mathrm{rm}}/\sqrt{2})^2}{\omega S_{\mathrm{pccn}}}=\frac{0.18u_{\mathrm{rm}}}{\omega i_{\mathrm{rm}}} \tag{3-25}$$

式中，$S_{\mathrm{pccn}}=3u_{\mathrm{m}}i_{\mathrm{rm}}/2$，为 PCC 点的额定视在功率，$i_{\mathrm{rm}}$ 为额定相电流幅值。

由式（3－25）可知交流侧等效电感较大，因此不能忽略电感自身消耗的无功功率，该无功功率可表示为

$$Q_{\mathrm{Laceq}}=\frac{3}{2}i_{\mathrm{m}}^2X_{\mathrm{aceq}}=0.18S_{\mathrm{pcc}}S_{\mathrm{pccpu}} \tag{3-26}$$

根据图 3－7 和式（3－26），可得 MMC 输出的无功功率为

$$Q_{\mathrm{MMC}}=Q_{\mathrm{pcc}}+Q_{\mathrm{Laceq}}=Q_{\mathrm{pcc}}+0.18S_{\mathrm{pcc}}S_{\mathrm{pccpu}} \tag{3-27}$$

忽略系统的损耗，由式（3－27）可得 MMC 输出功率区间（PCC 点的功率加上交流侧等效电感消耗的无功功率）如图 3－8 所示。需要说明的是，由于 MMC 在交直流故障工况下需要向交流电网提供无功功率，因此在传输不同有功功率时，MMC 输出无功功率的能力均按 0.5（标幺值）进行设计。

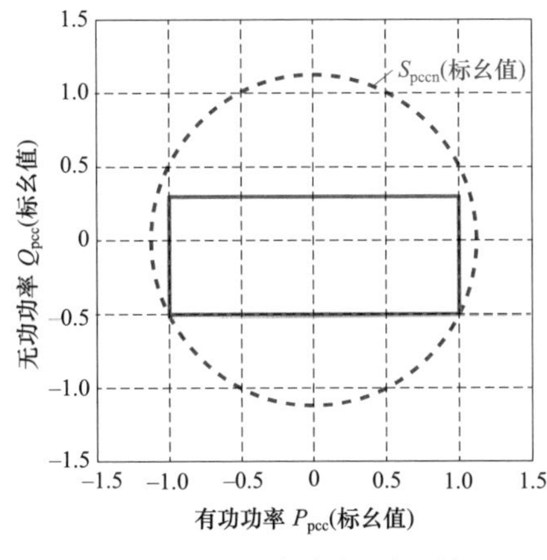

图 3－7　PCC 点功率运行区间

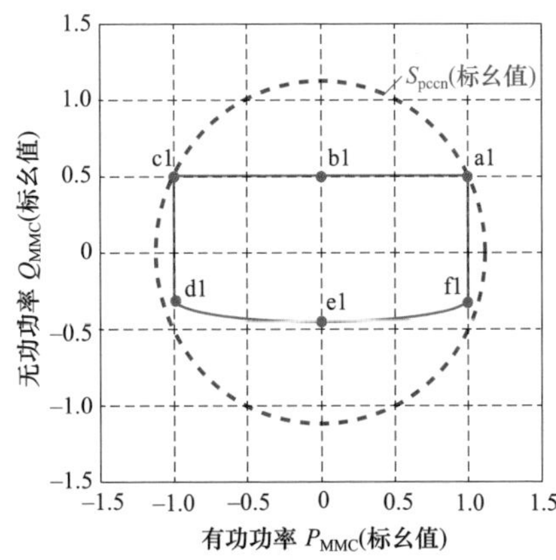

图 3－8　MMC 输出功率区间

3.3.2　子模块电容容值优化设计

在对子模块电容容值进行优化设计时，首先需要对交流侧等效电感对 MMC

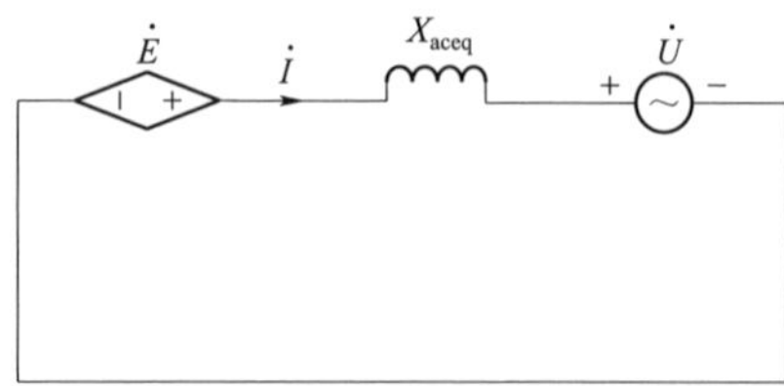

图 3-9　并网 MMC 等效电路

调制比、功率因数和视在功率的影响进行补偿。忽略系统的损耗，MMC 交流内电动势与 PCC 点电压的关系如图 3-9 所示。图中，$\dot{E}$ 为交流内电动势相量，$\dot{U}$ 为 PCC 点电压相量，$\dot{I}$ 为交流电流相量，X_{aceq} 为交流侧等效阻抗。

根据图 3-9 可得（以 A 相为例进行说明）

$$\dot{E}_a = \dot{U}_a + jX_{aceq}\dot{I}_a \tag{3-28}$$

式中，$\dot{U}_a = u_{am}/\sqrt{2}\angle 0$，$\dot{I}_a = i_{am}/\sqrt{2}\angle -\varphi$，$\varphi>0$ 时换流器向电网发出无功功率（无功功率为正，交流内电动势幅值大于 PCC 点电压幅值），$\varphi<0$ 时换流器从电网吸收无功功率（无功功率为负，交流内电动势幅值小于 PCC 点电压幅值）。

由于无功电流在电感上产生的压降与 PCC 点电压同向，有功电流在电感上产生的压降与 PCC 点电压垂直，一般来说，垂直分量对于电压幅值变化量的影响可以忽略，因此，MMC 交流内电动势的幅值可表示为

$$\begin{aligned} e_{am} &= u_m + i_{am}\sin\varphi X_{aceq} = \frac{U_{dc}}{2}m\left(1+0.18\sin\varphi\frac{i_{am}}{i_{rm}}\right) \\ &= \frac{U_{dc}}{2}m(1+0.18\sin\varphi S_{pccpu}) = \frac{U_{dc}}{2}\left[\left(1+\frac{0.18Q_{pcc}}{S_{pccn}}\right)m\right] \end{aligned} \tag{3-29}$$

式中，S_{pccpu} 为 PCC 点的视在功率标幺值，即 $S_{pccpu} = S_{pcc}/S_{pccn}$。

由式（3-29）可知修正后的调制比 m_c 为

$$m_c = \left[\left(1+\frac{0.18Q_{pcc}}{S_{pccn}}\right)m\right] \tag{3-30}$$

另外，交流侧等效电感对 MMC 功率因数和视在功率的影响按照图 3-8 进行补偿。

1. 电容电压纹波峰峰值及电容电压峰值限制

正常稳态运行时，按照子模块电容电压纹波峰峰值不超过其额定直流量的 20%且电容电压峰值不超过其额定直流电量 1.1 倍的原则进行设计。根据式（3-20）、式（3-21）和式（3-30）可得

$$\begin{cases} \tilde{u}_{\text{cpapp}} = \dfrac{S_{\text{mmc}}}{3\omega NCU_c} f_{\text{cp}}(m_c, \varphi_c, t)_{\text{pp}} \leqslant 0.2U_c \\ \tilde{u}_{\text{cnapp}} = \dfrac{S_{\text{mmc}}}{3\omega NCU_c} [-f_{\text{cn}}(m_c, \varphi_c, t)]_{\text{pp}} \leqslant 0.2U_c \\ u_{\text{cpap}} = V_c + \dfrac{S_{\text{mmc}}}{3\omega NCU_c} f_{\text{cp}}(m_c, \varphi_c, t)_{\text{p}} \leqslant 1.1U_c \\ u_{\text{cnap}} = V_c + \dfrac{S_{\text{mmc}}}{3\omega NCU_c} [-f_{\text{cn}}(m_c, \varphi_c, t)]_{\text{p}} \leqslant 1.1U_c \end{cases} \tag{3-31}$$

式中，$\tilde{u}_{\text{cpapp}}$ 和 $\tilde{u}_{\text{cnapp}}$ 分别为上下桥臂子模块电容电压纹波峰峰值，u_{cpap} 和 u_{cnap} 分别为上下桥臂子模块电容电压纹波峰值，对于电容电压纹波函数来说，下标为 pp 代表峰峰值，下标为 p 代表峰值。

根据式（3－31），可得子模块电容容值的选取应满足

$$\begin{cases} C \geqslant \dfrac{5S_{\text{mmc}}}{3\omega NU_c^2} f_{\text{cp}}(m_c, \varphi_c, t)_{\text{pp}} \\ C \geqslant \dfrac{5S_{\text{mmc}}}{3\omega NU_c^2} [-f_{\text{cn}}(m_c, \varphi_c, t)]_{\text{pp}} \\ C \geqslant \dfrac{10S_{\text{mmc}}}{3\omega NU_c^2} f_{\text{cp}}(m_c, \varphi_c, t)_{\text{p}} \\ C \geqslant \dfrac{10S_{\text{mmc}}}{3\omega NU_c^2} [-f_{\text{cn}}(m_c, \varphi_c, t)]_{\text{p}} \end{cases} \tag{3-32}$$

采用数值分析法将式（3－32）在图 3－8 所示的 MMC 输出功率区间上进行数值扫描，发现在 $d1$ 和 $f1$ 点处子模块电容电压纹波峰峰值和电容电压峰值达到最大。因此，子模块电容容值应按式（3－33）进行选取。

$$\begin{cases} C \geqslant \dfrac{4.8S_{\text{pccn}}}{3\omega NU_c^2} f_{\text{cp}}(0.874, -0.291, t)_{\text{pp}} = \dfrac{4.8S_{\text{pccn}}}{3\omega NU_c^2} 1.207 = \dfrac{1.99S_{\text{pccn}}}{\omega NU_c^2} \\ C \geqslant \dfrac{4.8S_{\text{pccn}}}{3\omega NU_c^2} [-f_{\text{cn}}(0.874, -0.291, t)]_{\text{pp}} = \dfrac{4.8S_{\text{pccn}}}{3\omega NU_c^2} 1.207 = \dfrac{1.99S_{\text{pccn}}}{\omega NU_c^2} \\ C \geqslant \dfrac{9.6S_{\text{pccn}}}{3\omega NU_c^2} f_{\text{cp}}(0.874, -0.291, t)_{\text{p}} = \dfrac{9.6S_{\text{pccn}}}{3\omega NU_c^2} 0.619\ 8 = \dfrac{1.99S_{\text{pccn}}}{\omega NU_c^2} \\ C \geqslant \dfrac{9.6S_{\text{pccn}}}{3\omega NU_c^2} [-f_{\text{cn}}(0.874, -0.291, t)]_{\text{p}} = \dfrac{9.6S_{\text{pccn}}}{3\omega NU_c^2} 0.619\ 8 = \dfrac{1.99S_{\text{pccn}}}{\omega NU_c^2} \end{cases} \tag{3-33}$$

由式（3－33）可知，在满足电容电压纹波峰峰值和电容电压峰值限制的情况下，子模块电容容值的最小值为

$$C_{\min} = \frac{1.99S_{\text{pccn}}}{\omega NU_c^2} \tag{3-34}$$

2. 换流器电压输出能力限制

为了使 MMC 在整个功率运行区间内能够正常运行，必须确保每个桥臂所有子模块的电容电压之和在任意时刻都不小于所期望产生的桥臂电压，即

$$\begin{cases}\dfrac{u_{\mathrm{pa}}}{u_{c\mathrm{pa}\Sigma}}=\dfrac{u_{\mathrm{pa}}}{Nu_{u\mathrm{pa}}}=\dfrac{\dfrac{U_{\mathrm{dc}}}{2}-\dfrac{U_{\mathrm{dc}}}{2}m_{\mathrm{c}}\cos\omega t+\dfrac{U_{\mathrm{dc}}}{12}m_{\mathrm{c}}\cos\omega t}{U_{\mathrm{dc}}+\dfrac{S_{\mathrm{mmc}}}{3\omega CU_c}f_{c\mathrm{p}}(m_{\mathrm{c}},\varphi_{\mathrm{c}},t)}\leqslant 1\\[2ex]\dfrac{u_{\mathrm{na}}}{u_{c\mathrm{na}\Sigma}}=\dfrac{u_{\mathrm{na}}}{Nu_{c\mathrm{na}}}=\dfrac{\dfrac{U_{\mathrm{dc}}}{2}+\dfrac{U_{\mathrm{dc}}}{2}m_{\mathrm{c}}\cos\omega t-\dfrac{U_{\mathrm{dc}}}{12}m_{\mathrm{c}}\cos\omega t}{U_{\mathrm{dc}}-\dfrac{S_{\mathrm{mmc}}}{3\omega CU_c}f_{c\mathrm{n}}(m_{\mathrm{c}},\varphi_{\mathrm{c}},t)}\leqslant 1\end{cases}\tag{3-35}$$

根据式（3－35），可得子模块电容容值的选取应满足

$$\begin{cases}C\geqslant\max[g_{c\mathrm{p}}(m_{\mathrm{c}},\varphi_{\mathrm{c}},t)]=\max\left[-\dfrac{\dfrac{S_{\mathrm{mmc}}}{3\omega U_c}f_{c\mathrm{p}}(m_{\mathrm{c}},\varphi_{\mathrm{c}},t)}{\dfrac{U_{\mathrm{dc}}}{2}+\dfrac{U_{\mathrm{dc}}}{2}m_{\mathrm{c}}\cos\omega t-\dfrac{U_{\mathrm{dc}}}{12}m_{\mathrm{c}}\cos\omega t}\right]\\[2ex]C\geqslant\max[g_{c\mathrm{n}}(m_{\mathrm{c}},\varphi_{\mathrm{c}},t)]=\max\left[\dfrac{\dfrac{S_{\mathrm{mmc}}}{3\omega U_c}f_{c\mathrm{n}}(m_{\mathrm{c}},\varphi_{\mathrm{c}},t)}{\dfrac{U_{\mathrm{dc}}}{2}-\dfrac{U_{\mathrm{dc}}}{2}m_{\mathrm{c}}\cos\omega t+\dfrac{U_{\mathrm{dc}}}{12}m_{\mathrm{c}}\cos\omega t}\right]\end{cases}\tag{3-36}$$

采用数值分析法将式（3－36）在图 3－8 所示的 MMC 输出功率区间上进行数值扫描，发现在 $d1$ 和 $f1$ 点处 $\max[g_{c\mathrm{p}}(m_{\mathrm{c}},\varphi_{\mathrm{c}},t)]$ 和 $\max[g_{c\mathrm{n}}(m_{\mathrm{c}},\varphi_{\mathrm{c}},t)]$ 达到最大值。因此，子模块电容容值应选取为

$$\begin{cases}C_{\min}=\max[g_{c\mathrm{p}}(0.874,-0.291,t)]=\dfrac{1.16S_{\mathrm{pccn}}}{\omega NU_c^2}\\[2ex]C_{\min}=\max[g_{c\mathrm{n}}(0.874,-0.291,t)]=\dfrac{1.16S_{\mathrm{pccn}}}{\omega NU_c^2}\end{cases}\tag{3-37}$$

由式（3－37）可知，在满足换流器电压输出能力限制的情况下，子模块电容容值的最小值为

$$C_{\min}=\frac{1.16S_{\mathrm{pccn}}}{\omega NU_c^2}\tag{3-38}$$

根据式（3－34）和式（3－38）可知，当向 MMC 注入二倍频环流和三倍频共模电压时，子模块电容电压峰值是子模块容值优化设计的主要限制因素。因此，子模块电容容值的最小值应设计为

$$C_{\min}=\frac{1.99S_{\mathrm{pccn}}}{\omega NU_c^2} \tag{3-39}$$

3.3.3 不同设计方法下电容容值优化与损耗对比

在相同直流电压和传输相同功率的前提下，本节对不同设计方法得到的MMC子模块容值需求和损耗进行对比分析。

1. 不同设计方法下的电容容值比较

按照子模块容值设计原则，MMC消除二倍频环流时，在满足电容电压纹波峰峰值和电容电压峰值限制的情况下，子模块电容容值应满足

$$\begin{cases}C\geqslant\dfrac{4.8S_{\mathrm{pccn}}}{3\omega NU_c^2}f_{0\mathrm{p}}(0.774,-0.291,t)_{\mathrm{pp}}=\dfrac{4.8S_{\mathrm{pccn}}}{3\omega NU_c^2}2.07=\dfrac{3.31S_{\mathrm{pccn}}}{\omega NU_c^2}\\ C\geqslant\dfrac{4.8S_{\mathrm{pccn}}}{3\omega NU_c^2}[f_{0\mathrm{p}}(0.774,-0.291,t)]_{\mathrm{pp}}=\dfrac{4.8S_{\mathrm{pccn}}}{3\omega NU_c^2}2.07=\dfrac{3.31S_{\mathrm{pccn}}}{\omega NU_c^2}\\ C\geqslant\dfrac{9.6S_{\mathrm{pccn}}}{3\omega NU_c^2}f_{0\mathrm{n}}(0.896,0.437,t)_{\mathrm{p}}=\dfrac{9.6S_{\mathrm{pccn}}}{3\omega NU_c^2}1.01=\dfrac{3.23S_{\mathrm{pccn}}}{\omega NU_c^2}\\ C\geqslant\dfrac{9.6S_{\mathrm{pccn}}}{3\omega NU_c^2}[f_{0\mathrm{n}}(0.896,0.437,t)]_{\mathrm{p}}=\dfrac{9.6S_{\mathrm{pccn}}}{3\omega NU_c^2}1.01=\dfrac{3.23S_{\mathrm{pccn}}}{\omega NU_c^2}\end{cases} \tag{3-40}$$

在满足换流器电压输出能力限制的情况下，子模块电容容值应满足

$$\begin{cases}C\geqslant\max[g_{0\mathrm{p}}(m_{\mathrm{c}},\varphi_{\mathrm{c}},t)]=\max\left[-\dfrac{\dfrac{S_{\mathrm{mmc}}}{3\omega U_c}f_{0\mathrm{p}}(m_{\mathrm{c}},\varphi_{\mathrm{c}},t)}{\dfrac{U_{\mathrm{dc}}}{2}+\dfrac{U_{\mathrm{dc}}}{2}m_{\mathrm{c}}\cos\omega t}\right]\\ C\geqslant\max[g_{0\mathrm{n}}(m_{\mathrm{c}},\varphi_{\mathrm{c}},t)]=\max\left[\dfrac{\dfrac{S_{\mathrm{mmc}}}{3\omega U_c}f_{0\mathrm{n}}(m_{\mathrm{c}},\varphi_{\mathrm{c}},t)}{\dfrac{U_{\mathrm{dc}}}{2}-\dfrac{U_{\mathrm{dc}}}{2}m_{\mathrm{c}}\cos\omega t}\right]\end{cases} \tag{3-41}$$

采用数值分析法将式（3－41）在图3－8所示的MMC输出功率区间上进行数值扫描，发现在$d1$和$f1$点处$\max[g_{0\mathrm{p}}(m_{\mathrm{c}},\varphi_{\mathrm{c}},t)]$和$\max[g_{0\mathrm{n}}(m_{\mathrm{c}},\varphi_{\mathrm{c}},t)]$达到最大值。因此，当MMC消除二倍频环流时，子模块电容容值应选取为

$$\begin{cases}C_{\min}=\max[g_{0\mathrm{p}}(0.774,-0.291,t)]=\dfrac{2.1S_{\mathrm{pccn}}}{\omega NU_c^2}\\ C_{\min}=\max[g_{0\mathrm{n}}(0.774,-0.291,t)]=\dfrac{2.1S_{\mathrm{pccn}}}{\omega NU_c^2}\end{cases} \tag{3-42}$$

根据式（3－41）和式（3－42）可知，当MMC消除二倍频环流时，子模块电容电压纹波峰峰值是子模块容值选取的主要限制因素。因此，子模块电容容值的最小值应选取为

$$C_{\min}=\frac{3.31S_{\text{pccn}}}{\omega NU_c^2} \tag{3-43}$$

按照子模块容值设计原则，MMC 注入二倍频环流时，在满足电容电压纹波峰峰值和电容电压峰值限制的情况下，子模块电容容值应满足

$$\begin{cases}C\geqslant\dfrac{4.8S_{\text{pccn}}}{3\omega NU_c^2}f_2(0.774,-0.291,t)_{\text{pp}}=\dfrac{4.8S_{\text{pccn}}}{3\omega NU_c^2}1.594=\dfrac{2.55S_{\text{pccn}}}{\omega NU_c^2}\\ C\geqslant\dfrac{4.8S_{\text{pccn}}}{3\omega NU_c^2}[-f_2(0.774,-0.291,t)]_{\text{pp}}=\dfrac{4.8S_{\text{pccn}}}{3\omega NU_c^2}1.594=\dfrac{2.55S_{\text{pccn}}}{\omega NU_c^2}\\ C\geqslant\dfrac{9.6S_{\text{pccn}}}{3\omega NU_c^2}f_2(0.774,-0.291,t)_{\text{p}}=\dfrac{9.6S_{\text{pccn}}}{3\omega NU_c^2}0.797=\dfrac{2.55S_{\text{pccn}}}{\omega NU_c^2}\\ C\geqslant\dfrac{9.6S_{\text{pccn}}}{3\omega NU_c^2}[-f_2(0.774,-0.291,t)]_{\text{p}}=\dfrac{9.6S_{\text{pccn}}}{3\omega NU_c^2}0.797=\dfrac{2.55S_{\text{pccn}}}{\omega NU_c^2}\end{cases} \tag{3-44}$$

MMC 注入二倍频环流时，在满足换流器电压输出能力限制的情况下，子模块电容容值应满足

$$\begin{cases}C\geqslant\max[g_{2\text{p}}(m_{\text{c}},\varphi_{\text{c}},t)]=\max\left[-\dfrac{\dfrac{S_{\text{mmc}}}{3\omega U_c}f_2(m_{\text{c}},\varphi_{\text{c}},t)}{\dfrac{U_{\text{dc}}}{2}+\dfrac{U_{\text{dc}}}{2}m_{\text{c}}\cos\omega t}\right]\\ C\geqslant\max[g_{2\text{n}}(m_{\text{c}},\varphi_{\text{c}},t)]=\max\left[-\dfrac{\dfrac{S_{\text{mmc}}}{3\omega U_c}f_2(m_{\text{c}},\varphi_{\text{c}},t)}{\dfrac{U_{\text{dc}}}{2}-\dfrac{U_{\text{dc}}}{2}m_{\text{c}}\cos\omega t}\right]\end{cases} \tag{3-45}$$

采用数值分析法将式（3－45）在图 3－8 所示的 MMC 输出功率区间上进行数值扫描，发现在 $d1$ 和 $f1$ 点处 $\max[g_{2\text{p}}(m_{\text{c}},\varphi_{\text{c}},t)]$ 和 $\max[g_{2\text{n}}(m_{\text{c}},\varphi_{\text{c}},t)]$ 达到最大值。因此，子模块电容容值应选取为

$$\begin{cases}C_{\min}=\max[g_{\text{p}}(0.774,-0.291,t)]=\dfrac{1.15S_{\text{pccn}}}{\omega NU_c^2}\\ C_{\min}=\max[g_{\text{n}}(0.774,-0.291,t)]=\dfrac{1.15S_{\text{pccn}}}{\omega NU_c^2}\end{cases} \tag{3-46}$$

根据式（3－45）和式（3－46）可知，当相 MMC 注入二倍频环流时，子模块电容电压纹波峰峰值和电容电压峰值是子模块容值选取的主要限制因素。因此，子模块电容容值的最小值应选取为

$$C_{\min}=\frac{2.55S_{\text{pccn}}}{\omega NU_c^2} \tag{3-47}$$

实际工程中，通常采用等容量放电时间常数来表征 MMC 的电容容值需求。等容量放电时间常数定义为换流器所存储的总能量与额定视在功率之比，单位为 kJ/MVA 或者 ms，即

$$H_{\text{ucc}} = \frac{3CNU_c^2}{S_{\text{mmcn}}} = \frac{3CNU_c^2}{S_{\text{pccn}}} = \frac{3C_{\text{arm}}U_{\text{dc}}^2}{S_{\text{pccn}}} \tag{3-48}$$

将式（3-39）、式（3-43）和式（3-47）分别代入式（3-48）可得

$$H_{\text{ucc2c}} = 19.1\ (\text{kJ/MVA}) \tag{3-49}$$

$$H_{\text{ucc0}} = 30.8\ (\text{kJ/MVA}) \tag{3-50}$$

$$H_{\text{ucc2}} = 24.4\ (\text{kJ/MVA}) \tag{3-51}$$

根据式（3-49）～式（3-51），得到三种设计方式下 MMC 的等容量放电时间常数如图 3-10 所示，可见，优化设计后的等容量放电时间常数比常规的消除二倍频环流方式对应的等容量放电时间常数减小了 38%。

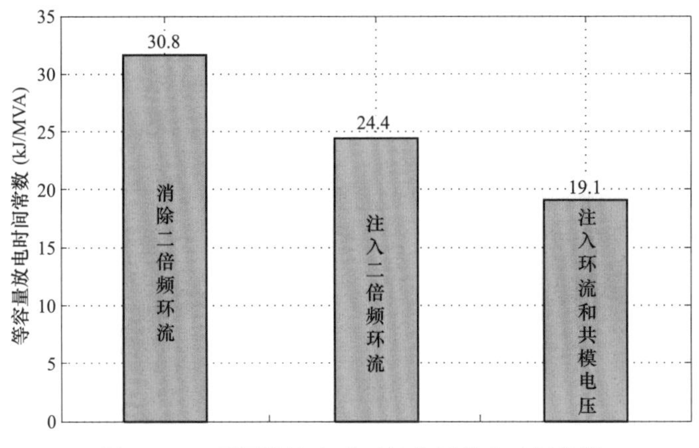

图 3-10　不同设计方式下等容量放电时间常数

2. 不同设计方法下的损耗比较

对于应用在多端直流电网场合的 MMC 来说，通态损耗是其损耗的主导成分，因此，本节采用 ABB 公司 HiPak5SNA 1500E330305 型号的 IGBT 来对不同设计方法下的换流器通态损耗进行比较。当 MMC 消除二倍频环流时，上下桥臂电流可表示为

$$\begin{cases} i_{\text{pa}} = \dfrac{i_{\text{dc}}}{3} + \dfrac{i_{\text{m}}}{2}\cos(\omega t - \varphi) = \dfrac{i_{\text{dc}}}{3} + \dfrac{2i_{\text{dc}}}{3m\cos\varphi}\cos(\omega t - \varphi) \\ i_{\text{na}} = \dfrac{i_{\text{dc}}}{3} - \dfrac{i_{\text{m}}}{2}\cos(\omega t - \varphi) = \dfrac{i_{\text{dc}}}{3} - \dfrac{2i_{\text{dc}}}{3m\cos\varphi}\cos(\omega t - \varphi) \end{cases} \tag{3-52}$$

此时，桥臂电流的有效值为

$$i_{\mathrm{rms0}}=\frac{i_{\mathrm{dc}}}{3}\sqrt{1+\frac{2}{m^2\cos\varphi^2}} \tag{3-53}$$

当 MMC 注入二倍频环流时，上下桥臂电流可表示为

$$\begin{cases} i_{\mathrm{pa}}=\dfrac{i_{\mathrm{dc}}}{3}+\dfrac{i_{\mathrm{m}}}{2}\cos(\omega t-\varphi)+\dfrac{mi_{\mathrm{m}}}{4}\cos(2\omega t-\varphi) \\ \quad =\dfrac{i_{\mathrm{dc}}}{3}+\dfrac{2i_{\mathrm{dc}}}{3m\cos\varphi}\cos(\omega t-\varphi)+\dfrac{i_{\mathrm{dc}}}{3\cos\varphi}\cos(2\omega t-\varphi) \\ i_{\mathrm{na}}=\dfrac{i_{\mathrm{dc}}}{3}-\dfrac{i_{\mathrm{m}}}{2}\cos(\omega t-\varphi)+\dfrac{mi_{\mathrm{m}}}{4}\cos(2\omega t-\varphi) \\ \quad =\dfrac{i_{\mathrm{dc}}}{3}-\dfrac{2i_{\mathrm{dc}}}{3m\cos\varphi}\cos(\omega t-\varphi)+\dfrac{mi_{\mathrm{m}}}{4}\cos(2\omega t-\varphi) \end{cases} \tag{3-54}$$

此时，桥臂电流的有效值为

$$i_{\mathrm{rms2}}=\frac{i_{\mathrm{dc}}}{3}\sqrt{1+\frac{2}{m^2\cos\varphi^2}+\frac{1}{2\cos\varphi^2}} \tag{3-55}$$

根据式(3-52)～式(3-55)可得三种设计方法下 MMC 的通态损耗如图 3-11 所示，优化设计方法下的损耗比常规的消除二倍频环流方式减小了 0.1%。

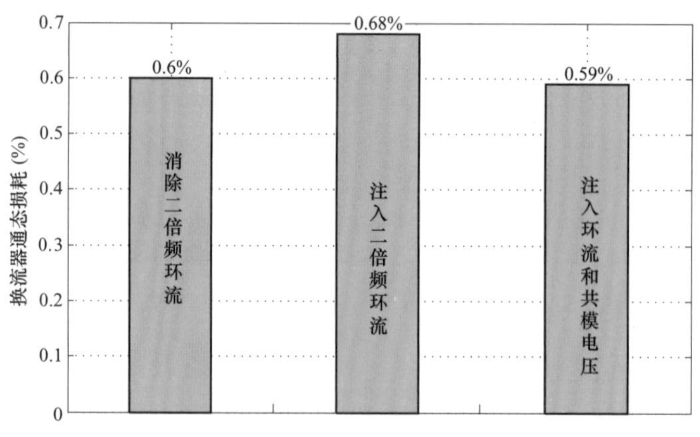

图 3-11　不同设计方式下 MMC 通态损耗比较

3.4　采用最小容值的 MMC 优化控制

3.4.1　基于环流和共模电压注入的电容电压纹波控制

根据 3.3 节的分析可知，正常运行情况下，为了减小子模块电容电压纹波的峰峰值和峰值，需向 MMC 注入二倍频环流和三倍频共模电压。三倍频共模电压

按照式（3－19）的相位和幅值注入，可利用锁相环和坐标变换实现。二倍频环流可通过查表法注入由离线计算得到的参考值，然而注入离线计算值会影响系统的动态行为，抗扰性差。为保证系统良好的动态行为，本节提出用在线前馈的方式得到所需注入二倍频环流的参考值。

根据式（3－11）～式（3－14）和图 3－2 电容电压纹波产生机理示意图可知，二倍频环流的参考值可由基频交流内电动势与交流侧电流的乘积除以直流电压得到。然而，基频交流内电动势的实际值很难测量得到，为了解决该问题，用基频交流内电动势的参考值代替实际值，如图 3－12 所示，这主要得益于所采用的补偿调制方式（基频交流内电势的参考值与实际值相等）。另外，由于所设计的桥臂环流控制是在 $\alpha\beta$ 坐标系下进行设计的，因此，二倍频环流的参考值还需经过 clark 变换得到。

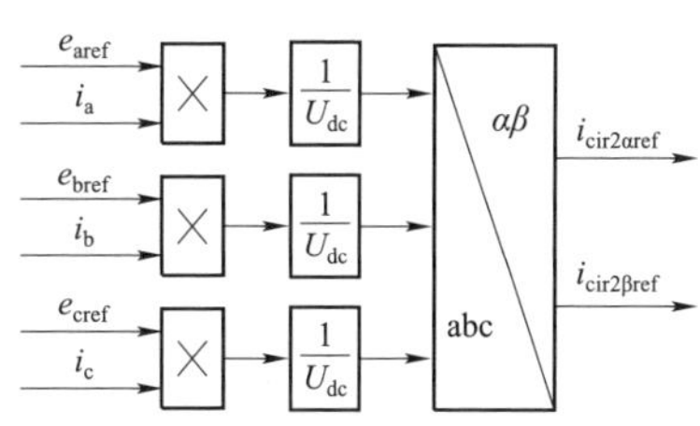

图 3－12　二倍频环流前馈注入方法

正常运行情况下，基于环流和共模电压注入的电容电压纹波整体控制如图 3－13 所示。图中红色部分为在 MMC 正常控制策略的基础上所嵌入的二倍频环流前馈注入环节和三倍频共模电压注入环节。

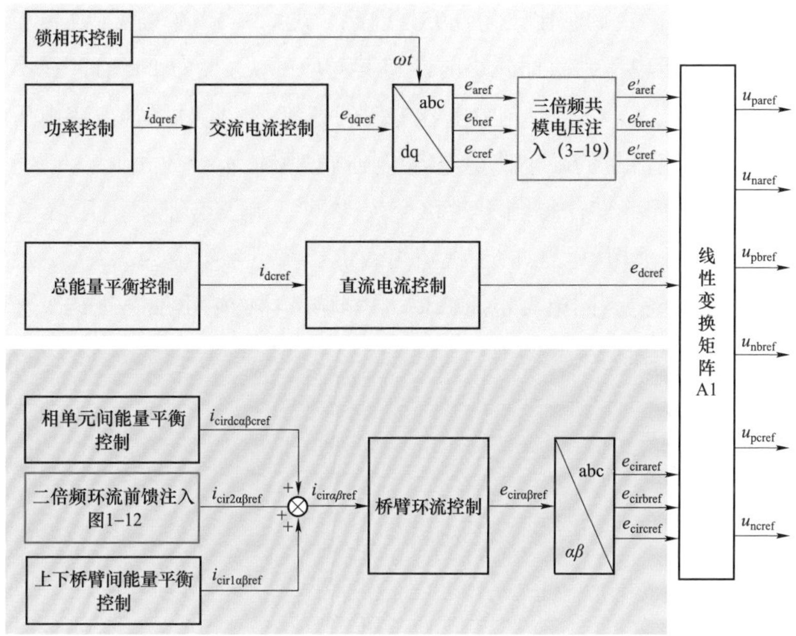

图 3－13　基于环流和共模电压注入的电容电压纹波控制

3.4.2 电网不对称及暂态故障工况下电容电压优化控制

电网电压不对称会导致MMC特定相单元的电容电压峰值变大，在单相电压完全缺失的情况下最为严重（例如单相接地工况），从而极大地危害换流器及系统的安全、稳定运行。因此，本节针对交流电网单相接地故障工况设计减小电容电压峰值的控制策略。

以C相发生金属性接地故障为例进行分析，此时换流器交流侧电压可表示为

$$
\begin{aligned}
u_{\mathrm{j}} &= u_{\mathrm{j}}^{+} + u_{\mathrm{j}}^{-} \\
&= \frac{2u_{\mathrm{m}}}{3}\cos\left(\omega t - \frac{\pi}{6} - \frac{2\pi(h-1)}{3}\right) + \frac{u_{\mathrm{m}}}{3}\cos\left(\omega t + \frac{\pi}{2} + \frac{2\pi(h-1)}{3}\right)
\end{aligned}
\tag{3-56}
$$

由式（3－56）可知，当C相发生金属性接地故障时，A相和C相的电压会发生较大的跌落，幅值变为原来的$\sqrt{3}/3$，B相的电压幅值维持不变。根据上文的分析可知，电容电压纹波的峰值与调制比是负相关的关系，因此A、C相单元中的电容电压纹波峰值会因调制比的减小而变大。

为应对上述问题，须通过控制的手段减小A、C相的电容电压峰值。由式（3－1）可知子模块电容电压峰值为直流量与电压纹波峰值之和。在正常运行工况下，MMC的额定调制比设为0.95，因此，式（3－1）中的k_{dc}设为1。当A、C相的调制比由于电压跌落而减小时，将其对应的k_{dc}设为小于1，在不发生过调制的前提下降低A、C相单元中电容电压的直流量，此时尽管电容电压纹波峰值变大，但由于直流量的减小使得电容电压峰值整体不会变大。

根据上述分析可设计得到不对称交流电网下MMC电容电压峰值控制如图3－14所示，每个相单元总的子模块电容电压峰值参考值为$2.2U_{\mathrm{dc}}$，反馈值为经过峰值检测环节得到的电容电压峰值。PI调节器的输出加上正常工况下的相单元总能量的参考值得到不对称交流电网下的相单元总能量参考值，再通过本文所设计的电容能量控制策略即可实现电容电压峰值的控制。

电容电压峰值控制仅在电网电压发生不对称时启用，另外，为了加快控制系统的响应速度，可结合查表法使用，即根据交流电网电压的不对称程度通过查表快速的改变相单元电容总能量的参考值，然后再由图3－14所示的反馈控制进行微调。

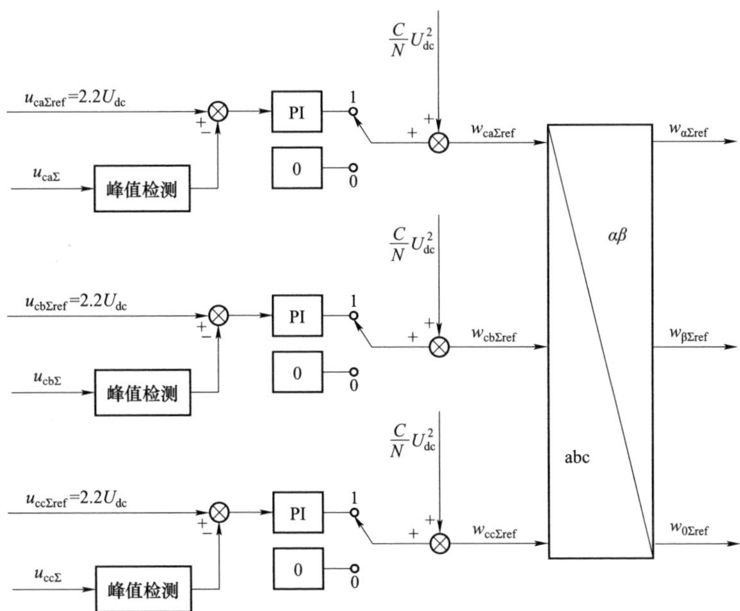

图 3-14 不对称交流电网及暂态故障工况下电容电压峰值控制

3.5 设计案例与仿真分析

3.5.1 设计案例

为验证本章所提减小电容容值优化方法的有效性，基于 Matlab 构建了 MMC 仿真分析模型，MMC 的交流侧接三相交流电网，直流侧通过电感与直流电压源相连。系统仿真参数如表 3-1 所示，优化后的子模块电容容值为 0.85mF（等容量放电时间常数为 19.1ms）。常规设计下子模块电容容值为 1.38mF（等容量放电时间常数为 30.8ms）。

表 3-1 MMC 仿真参数

参数	符号	数值
额定视在功率	S_n	1680MVA
额定有功功率	P_n	1500MW
额定无功功率	Q_n	450/-750Mvar
额定直流电压	U_{dc}	500kV
额定交流电压	V_{ac}	230/291kV
交流系统频率	f	50Hz

续表

参数	符号	数值
桥臂子模块数	N	20
子模块电容优化值	C	0.85mF
子模块电容常规值	C	1.38mF
子模块电容电压	U_c	25kV
桥臂电感	L	13mH
桥臂电阻	R	0.5Ω
变压器漏感	L_{ac}	22.5mH
交流侧电阻	R_{ac}	0.25Ω

3.5.2 仿真结果分析

图 3-15 为常规设计时 MMC 的稳态运行仿真波形（此时子模块电容为 1.38mF），MMC 传输的有功功率为额定功率 1500MW，此外还向交流电网提供 450MW 的无功功率。图 3-15（c）为桥臂环流波形，可以看出，二倍频环流被抑制得良好。图 3-15（e）为六个桥臂的子模块电容电压波形，可以看出，子模块电容电压的峰值为 27.5kV，是额定直流量的 1.1 倍。图 3-15（f）为六个桥臂的插入指数，可以看出，MMC 没有发生过调制。图 3-15（a）、（b）分别为交直流侧电流波形，可以看出，常规设计的 MMC 具有良好的稳态运行特性。

图 3-16 所示为优化设计后 MMC 的正常态仿真波形（此时子模块电容为 0.85mF），等容量放电时间常数为 19.1ms。图 3-15（c）所示为桥臂环流，可以看出，桥臂环流中包含二倍频环流。图 3-15（d）所示为共模电压，可以看出，共模电压为三倍频分量。图 3-15（e）所示为六个桥臂的电容电压，可以看出，电容电压的峰值为 27.5kV，为额定直流量的 1.1 倍，验证了理论分析的正确性及正常态纹波控制的有效性。

图 3-17 所示为优化设计 MMC 在单相接地故障工况下的仿真模型，等容量放电时间常数为 19.1ms。在 t=0.3s 时刻，交流电网 C 相发生了金属性接地故障，故障持续时间为 500ms，在 t=0.8s 时刻，交流电网恢复正常。从图 3-17 中可以看出，在整个过程中电容电压的暂态波动峰值没有超过 30kV，即没有超过额定直流量的 1.2 倍；电容电压的稳态峰值没有超过 27.5kV，即没有超过额定直流量的 1.1 倍。仿真结果验证了优化设计的正确性和所提 MMC 电容最小化控制的有效性。

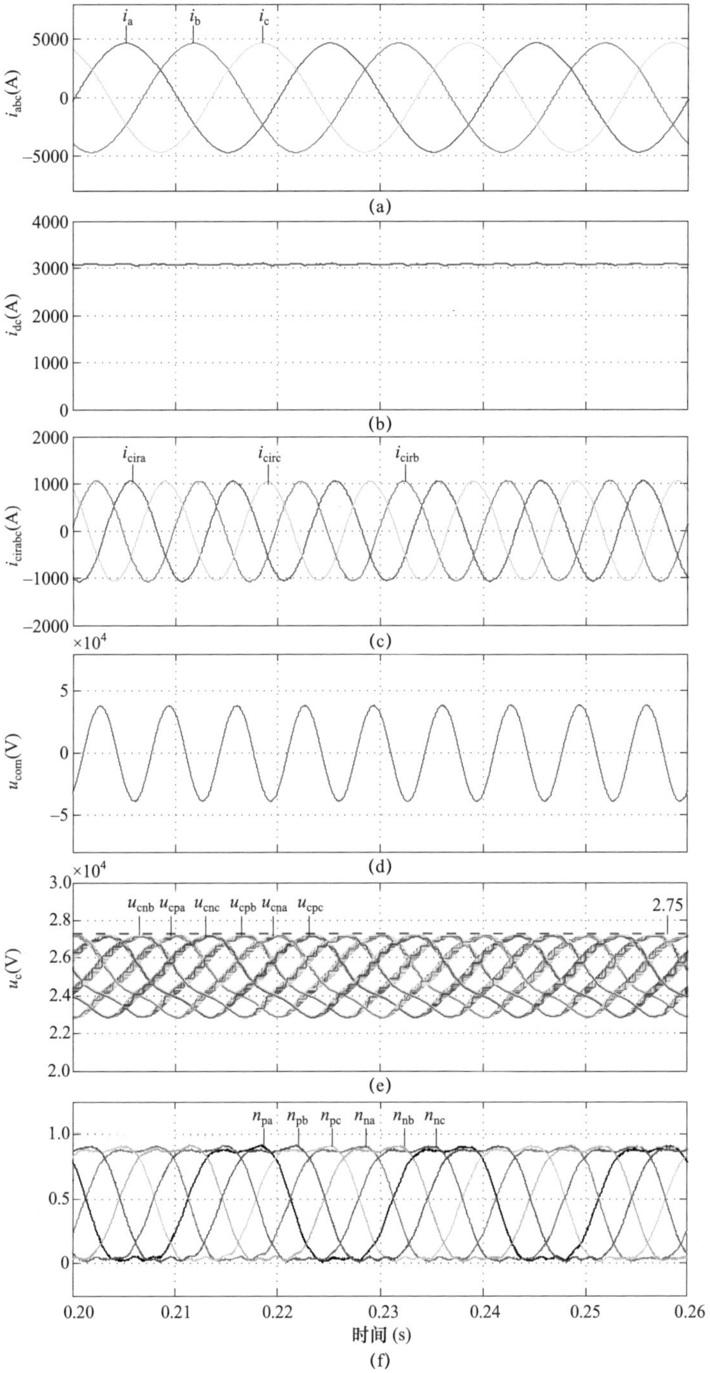

图 3－15　常规设计 MMC 的正常态仿真波形

（a）交流侧电流；（b）直流侧电流；（c）桥臂环流；（d）共模电压；

（e）六桥臂电容电压；（f）六桥臂插入指数

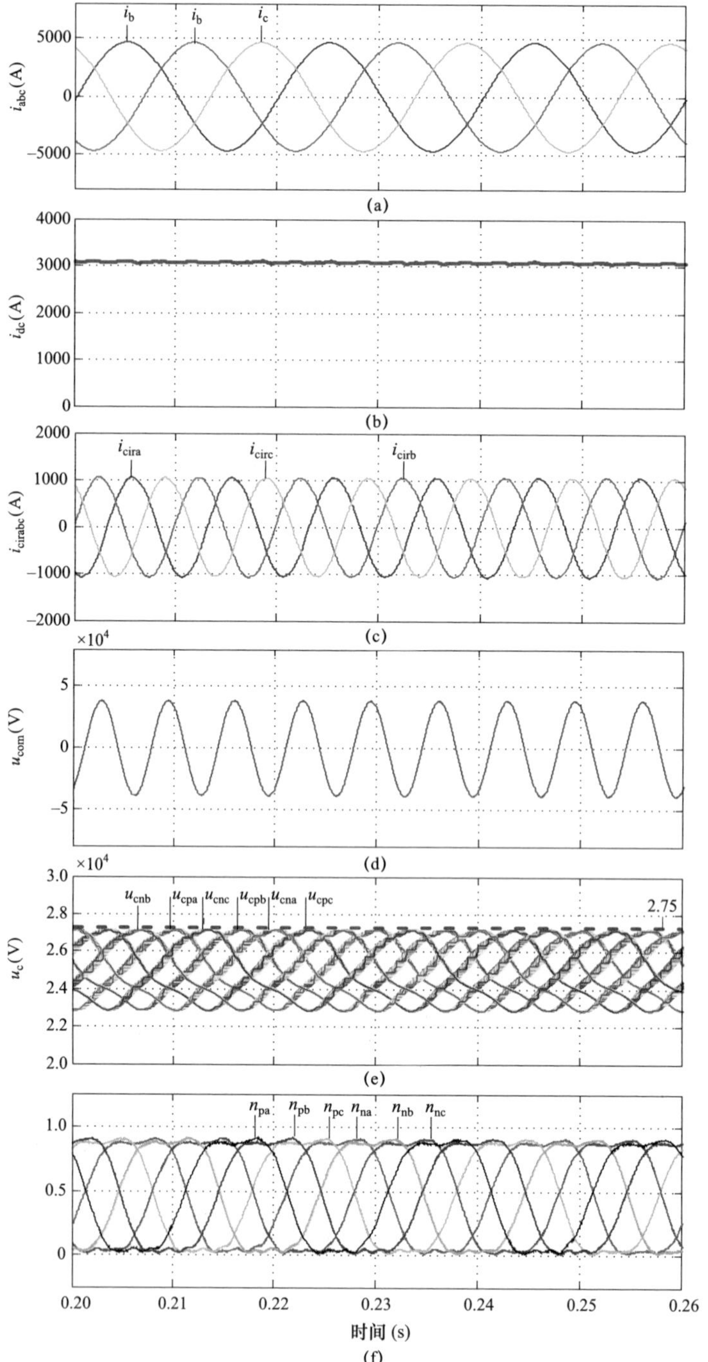

图 3－16　优化设计后 MMC 的正常态仿真波形

（a）交流侧电流；（b）直流侧电流；（c）桥臂环流；（d）共模电压；（e）六桥臂电容电压；（f）六桥臂插入指数

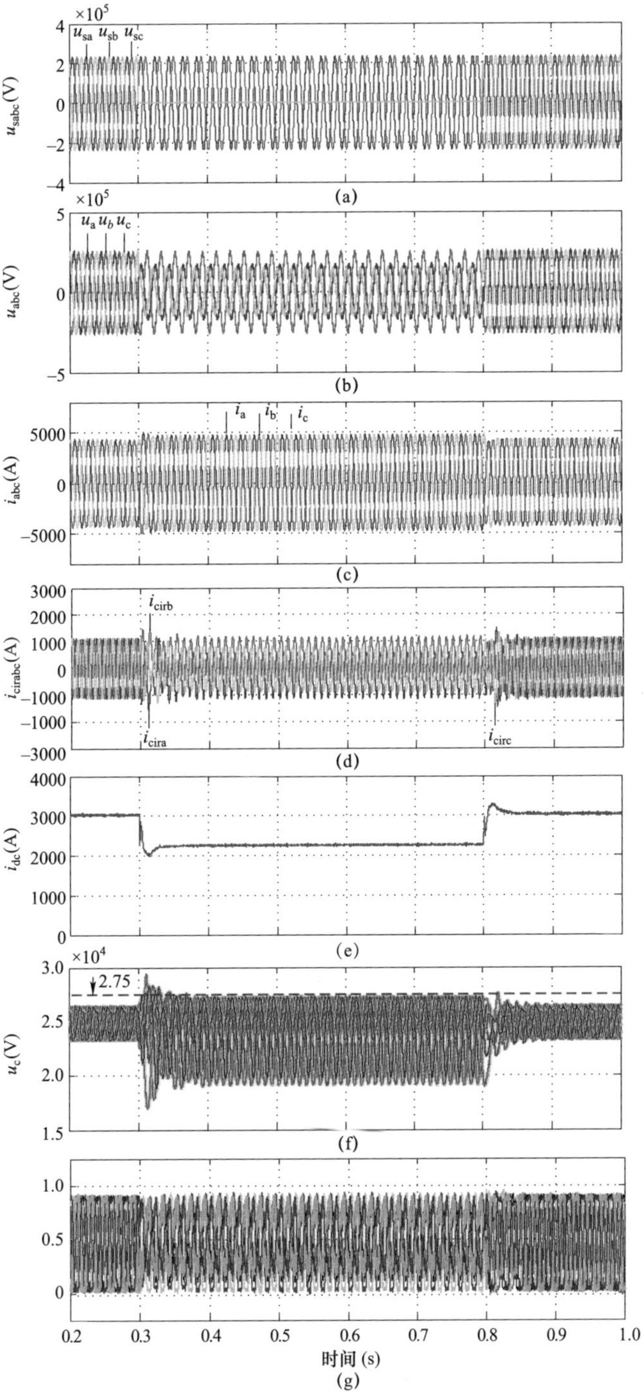

图 3－17 优化设计 MMC 在交流电网单相接地故障下的暂态波形

（a）交流网侧电压；（b）交流阀侧电压；（c）交流侧电流；（d）桥臂环流；（e）直流侧电流；（f）六桥臂电容电压；（g）六桥臂插入指数

4

换流站扩容与柔性直流电网组网

受限于开关器件的耐压和通流能力，MMC 的传输容量受到限制，提升容量和电压的一种方法是增加子模块级联数量，但子模块级联数量过多会带来控制系统复杂和控制指令延时等诸多问题。为此，可以采用换流器串联或并联的方法提高换流站的容量。换流器串联后电压、输送功率翻倍但电流不变。换流器并联后电流与输送功率加倍但电压不变。工程实际中，主电路参数基本一致，此时的串联换流器具有自然均压特性，并联换流器具有自然均流特性。当主电路参数差别较大时，串联换流站存在电压不均衡的情况，相似的，并联换流站存在电流不均衡的情况。此时可通过附加均压、均流控制使电压、电流偏差有效降低。串联组合方式可以提高电压等级，适用于大规模远距离输电。而并联组合方式可提高换流站的电流，更适合短距离大容量电力输送。

直流电网的运行控制及保护与其组网方式密切相关，组网方式对电网运行的安全性、可靠性和经济性有确定作用。环形拓扑以部分线路全功率容量为代价，提高了系统运行控制的柔性；星形拓扑运行控制的灵活性较差，中心节点故障会导致整个系统瘫痪；中心环形拓扑中，风电场、电网和中心环连接的电缆长度降到最小值，故障时系统控制比较灵活，若中心环到风电场的电缆线路出现故障，则风电场必须切除；电网环形拓扑线路出现故障时风电场侧换流站被隔离，在线路故障或维修时，电网环形拓扑增加了电网侧控制的灵活性，但降低了风电场侧控制的灵活性。在直流电网出现直流故障时，为了优化断路器的使用方案，必须确定直流电网系统中断路器的最佳数量，将故障的直流电网系统分解成故障子系统和正常子系统，根据电网规约故障子系统的发电容量应限制在规定的数值范围内。

本章从换流站的扩容方法到直流电网组网拓扑进行分析。首先介绍换流器串并联扩容升压及拓扑优化问题。然后以网状直流构成多端直流电网为例，提出直流电网的拓扑结构和评估方法。最后以风电场接入多端网状直流传输系统为应用场景，进行多端柔性直流电网从站内扩容到系统组网的特性分析。

4.1 MMC 组合方式

对于 MMC 而言，提升容量和电压的传统方法是增加子模块级联数量，理论上子模块级联数量可无限增加，但会带来诸多问题：① 需要大量 I/O 数据通信和交换，控制指令时间延迟需求的限制使得控制系统的硬件实现十分困难；② 电容电压平衡策略一般需要对子模块电容电压测量值进行排序，模块数目增加后排序所需的计算时间也大大增加；③ 控制系统的采样频率需要很高才能识别电平变化；④ 换流器最大输送功率受限于换流变压器的容量，单台无法达到输电容量的要求。

为实现大容量高电压的要求，可以将 MMC 作为基本换流单元进行串并联扩展构成组合式换流器。组合式换流器的单元扩展方式有 3 种基本形式：① n 个 MMC 基本换流单元串联组合；② n 个 MMC 基本换流单元并联组合；③ 由 n 个 MMC 串联组成支路，由 k 条支路并联形成由 nk 个 MMC 的串并联结构[36]。

4.1.1 MMC换流器串联

受限于开关元件的耐压能力，MMC 的传输容量受到限制，不易实现电能大规模、远距离的跨省、跨国传输。例如，MMC 子模块的额定电压主要取决于绝 IGBT 的额定电压，典型值为 2kV 左右。在目前的技术趋势下，开关元件的容量在短期内难以实现突破性发展。因此，可以采用开关元件及换流器串联的方法进一步提高换流器的电压等级和容量。图 4－1 为一四端直流电网系统部分 MMC 换流站采用串联升压扩容示意图。

其中，串联基本单元可以是两电平、半桥 MMC、全桥 MMC 等多种换流器拓扑结构。将某一端换流站改造成换流单元串联结构，其站控策略仍可继续沿袭。当桥臂电抗参数不一致时，串联换流站可能存在电压不均。用于定直流电压控制的换流站每个阀组可以独立控制自己的直流侧电压，同时两个串联起来的阀组流过的直流电流相同，因此串联阀组能够实现可靠的功率均衡。然而对于非定直流电压控制的换流站，每个阀组的直流侧电压并不是直接受控的，因此需要为串联阀组设置平衡控制器，以实现串联阀组的电压平衡即功率均衡。高低阀组平衡控制器的结构如图 4－2 所示。

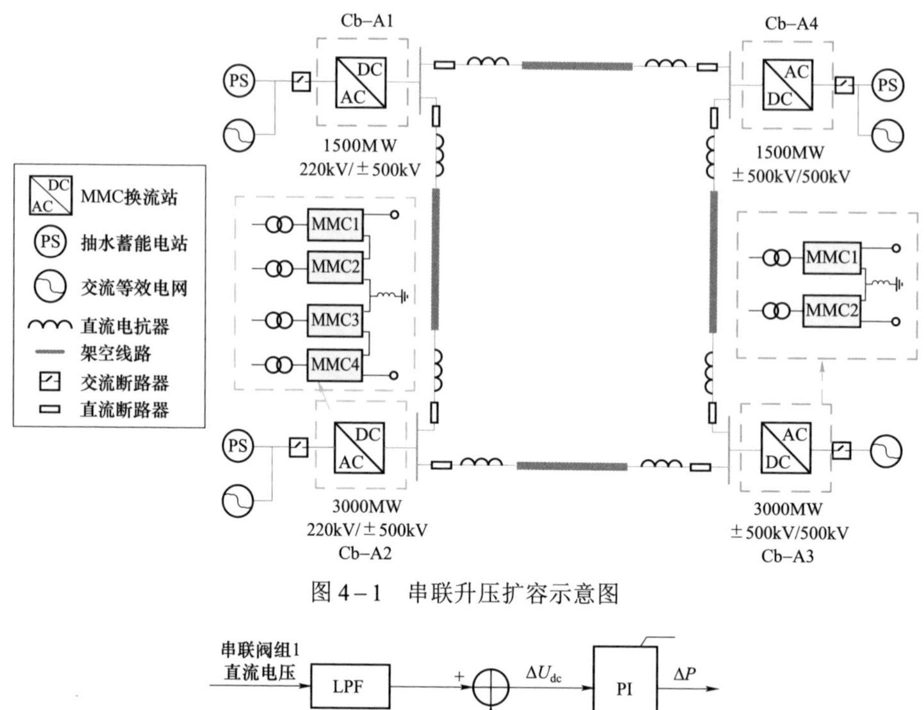

图 4－1　串联升压扩容示意图

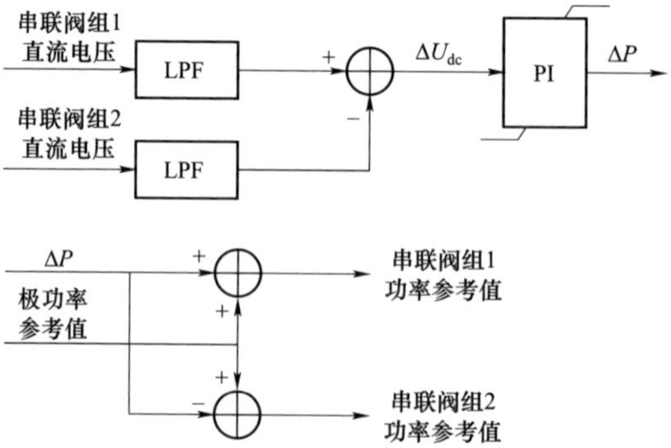

图 4－2　高低阀组平衡控制器的结构

4.1.2　MMC换流器并联拓扑结构

受限于开关器件的耐流能力，MMC 的传输容量受到限制，例如，MMC 子模块的额定电流主要取决于 IGBT 的额定电流，典型值为 1500A 左右。可以采用换流器并联的方法提高换流站的电流。

换流站并联是指将两个或多个换流站的直流侧直接并联，根据交流侧并联方式的不同可以分为两种结构：① 每个换流站均配有变压器，在变压器的一次侧并联，如图 4－3（a）所示；② 所有换流站共用一个变压器，在变压器二次侧直接并联，如图 4－3（b）所示。

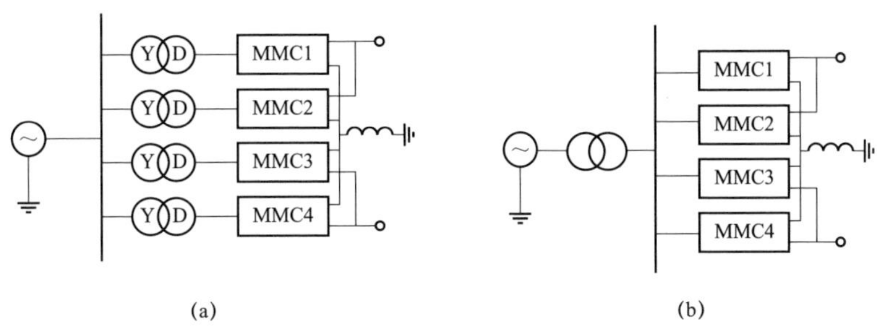

图 4-3 MMC 并联结构

（a）各 MMC 换流器均有变压器；（b）MMC 换流器共用一个变压器

在并联方式［见图 4-3（a）］下，由于变压器的隔离作用，并联换流站之间不会产生环流，因此每个换流站可以相对独立运行，每个换流站具有独立的站控和阀控系统。以图 4-4 所示四端直流网络为例，将 Cb-A2 站每极换流站改造成两个换流器并联。实际应用中，并联换流器的参数存在差别，可能造成其直流电流分配不相等。因此，需要对并联换流器在稳态运行下的直流电流均衡情况进行评估，并在必要时设计均流控制器。

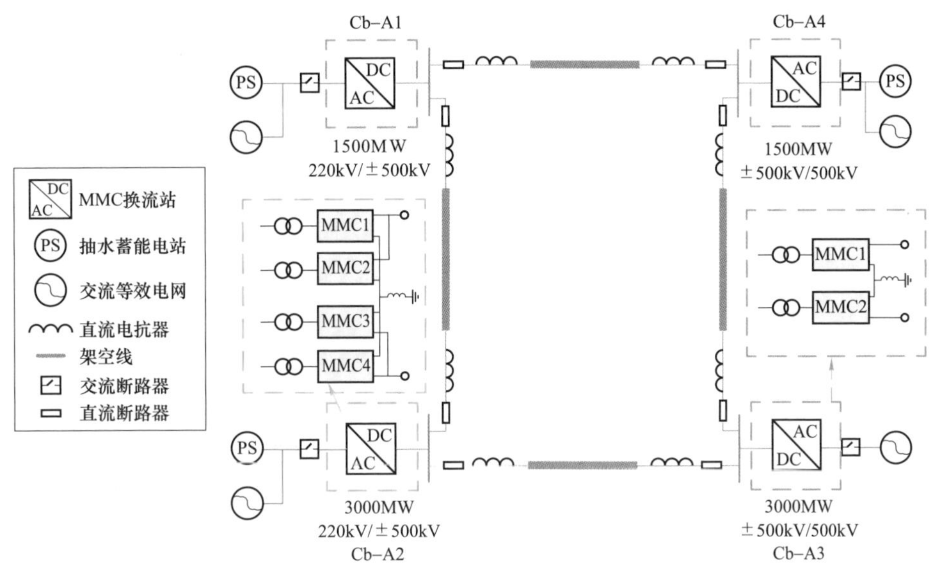

图 4-4 四端直流网络并联扩容示意图

其中，并联基本单元可以是两电平、半桥 MMC、全桥 MMC 等多种换流器拓扑结构。将某一端换流站改造成换流单元并联结构，其站控策略仍可继续沿袭。当桥臂电抗参数不一致时，并联换流站可能存在电流不均。并联阀组电流平衡控制器的结构如图 4-5 所示。

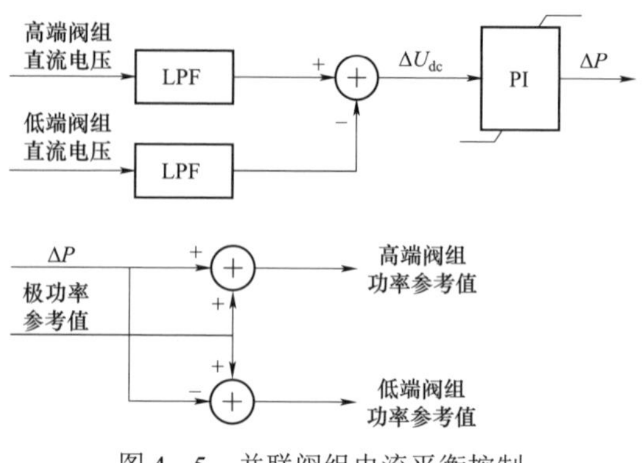

图 4－5　并联阀组电流平衡控制

4.1.3　MMC串联和并联拓扑优化

串并联组合后系统的直流电压、直流电流、输送的有功、无功功率能够在稳态下保持稳定。串联后电压、输送功率翻倍但电流不变。并联后电流与输送功率加倍但电压不变。

工程实际中，主电路参数基本一致，此时的串联换流器具有自然均压特性，并联换流器具有自然均流特性。当主电路参数差别较大时，串联换流站存在电压不均衡的情况，相似的，并联换流站存在电流不均衡的情况。此时可通过附加均压、均流控制使电压、电流偏差有效降低。

串联组合方式可以提高电压等级，适用于大规模远距离输电。而并联组合方式由于额定直流电压较低，适用于短距离大电流输送的场景。串并联性能归纳总结见表 4－1。

表 4－1　　　　换流器串并联组合模式性能对比

性能	串联	并联
远距离输电能力	★★★★★★★	★★★☆☆☆☆
直流故障发现概率	★★★☆☆☆☆	★★★★★★★
均压能力	★★★★★★★	—
均流能力	—	★★★★☆☆☆
对驱动电路要求	★★★★☆☆☆	★★★★☆☆☆
换流站损耗	★★★★☆☆☆	★★★★★★☆

★　越多代表对应指标越大。

4.2 直流电网组网方式与拓扑结构

4.2.1 直流电网组网方式

直流电网的运行控制及保护与其组网方式和拓扑结构密不可分，组网方式对电网运行的安全性、可靠性和经济性有确定作用。如图 4–6 所示，直流电网目前有四种被认为可行的组网方式：① 直流母线带抽头，这种组网方案在多端应用时最简单直接，但由于没有考虑冗余，不能组成一个真正的电网；② 独立直流线路网络，两个换流站分别位于每条直流线路的末端，在这种组网方案中，每条直流线路潮流完全可控，不同的高压直流输电技术（VSC 和 CSC）可以分别实现在不同的线路上，而且每条线路的电压等级也可以不同，但是这种组网方式最大的问题是需要大量的换流站，这也增加了建设和运行成本；③ 网状直流，在直流和交流系统中有多条连接的网状直流系统，只有这种组网方案能做到具有冗余的真正的直流网，已经在很多文献中都有所研究；④ 带可控装置的直流网，在直流线路上串入附加变流器，可以是 VSC、LCC 或者 DC/DC 变流器，通过控制直流电压差实现直流线路潮流可控。

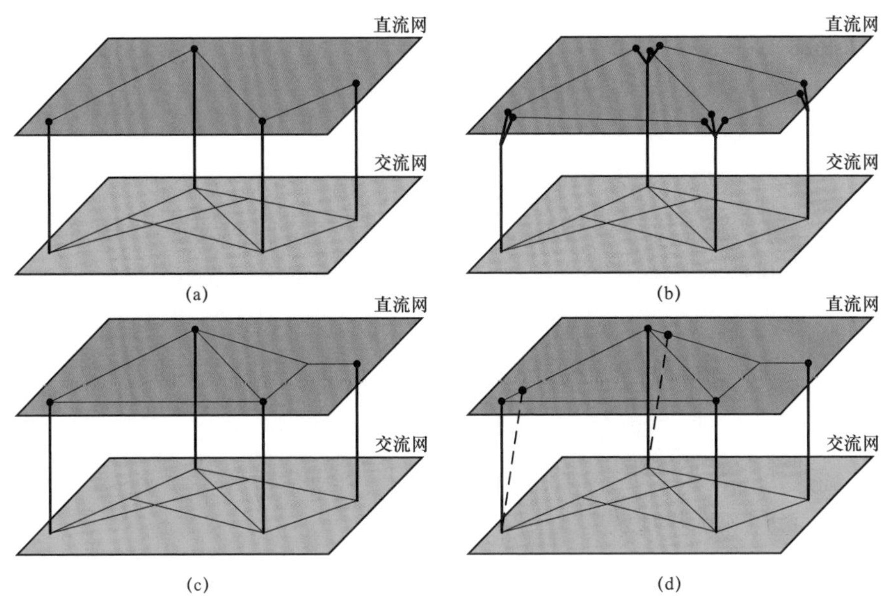

图 4–6　直流电网组网方式

（a）直流母线带抽头；（b）独立直流线路网络；（c）网状直流；（d）带可控装置的直流网

1. 直流母线带抽头

如图 4－6（a）所示为直流母线带抽头的组网方式，这种组网方案在多端直流系统应用时最简单直接，没有任何网状结构，但由于没有考虑系统冗余，所以该方式不能组成一个真正的电网。然而，这种拓扑作为交直流混合电网的组成部分却很有用，可以增强交流系统，正在规划中的瑞典 SouthWest Link 工程就是采用这种组网拓扑方案。同时也可以把这种组网方式看成是成为网状直流的第一阶段。

2. 独立直流线路

如图 4－6（b）所示为独立直流线路的组网方式，从直流系统角度来看，就相当于若干条独立的点对点直流系统的组合，而换流站在交流侧进行汇集，只有交流节点，在这种组网方案中，每条直流线路潮流完全可控，不同的高压直流输电技术（VSC 和 CSC）可以分别实现在不同的线路上，而且每条线路的电压等级也可以不同，但是这种组网方式最大的问题是需要大量的换流站，这也增加了建设和运行成本。

3. 网状直流

如图 4－6（c）所示为网状直流的组网方式，在直流和交流系统中有多条连接的网状直流系统，直流系统中包含多个直流节点彼此互联起来，潮流可以在多条线路中流动，这种组网方案能做到具有冗余的真正的直流网，也是目前多端直流输电网控制与保护研究的主要对象。

4. 带可控装置的直流网

如图 4－6（d）所示为带可控装置的直流网组网方式，在直流线路上串入附加变流器（红色圆点所示），该附加变流器可以是 VSC、LCC 或者 DC/DC 变流器，如果采用 VSC 的话体积会很小，但是从成本和鲁棒性的角度来说，双晶闸管变流器是首选。通过控制晶闸管变流器来控制直流电压差从而实现直流线路潮流可控，同时晶闸管变流器的容量可以很小，只是换流站额定容量的一小部分。如果采用 DC/DC 变流器，不仅成本昂贵，而且变流器要承受全压，给 DC/DC 变流器的设计带来了困难。

4.2.2 直流电网拓扑结构

直流电网拓扑结构与应用场景息息相关，目前最可能的应用是接入大规模风电的多端直流输电系统，其由风电场、变压器、换流站、电缆、直流断路器、隔离开关、母线、电网等构成，其拓扑结构复杂多变，运行控制与拓扑结构密

切相关，拓扑结构包括环形拓扑、星形拓扑、中心环形拓扑、风电场环形拓扑和电网环形拓扑等。

1. 环形拓扑（General Ring Topology，GRT）

多端直流的环形拓扑如图 4－7 所示，母线与直流断路器、隔离开关连接成环形，当环链断开时，部分线路必须传输系统的全部功率。环形线路可以工作在闭环状态或开环状态。在换流站故障或直流线路故障时，与故障点相连的两个断路器迅速断路，将故障子系统隔离，剩下的正常子系统工作在开环状态。当故障电流衰减到零时，隔离开关将故障区域隔离，断路器重新闭合。环形拓扑以部分线路全功率容量为代价，提高了系统运行控制的柔性。长期故障或维修时，系统运行在开环状态，系统需要通信来协调控制断路器和隔离故障点。

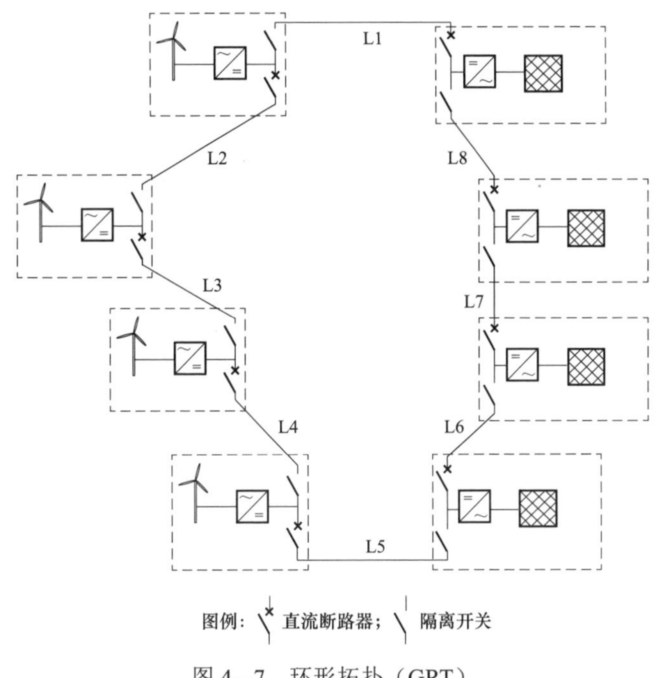

图 4－7　环形拓扑（GRT）

以线路 L1 发生故障为例，说明故障的具体处理过程，如图 4－8 所示：

（1）检测到故障后，断开故障线路两端最近的两个直流断路器 CB1 和 CB8；

（2）在故障电流衰减到零后，断开线路中的快速隔离开关 IS1；

（3）重新闭合直流断路器 CB1；

（4）被切除的风电场换流站重新投入运行。

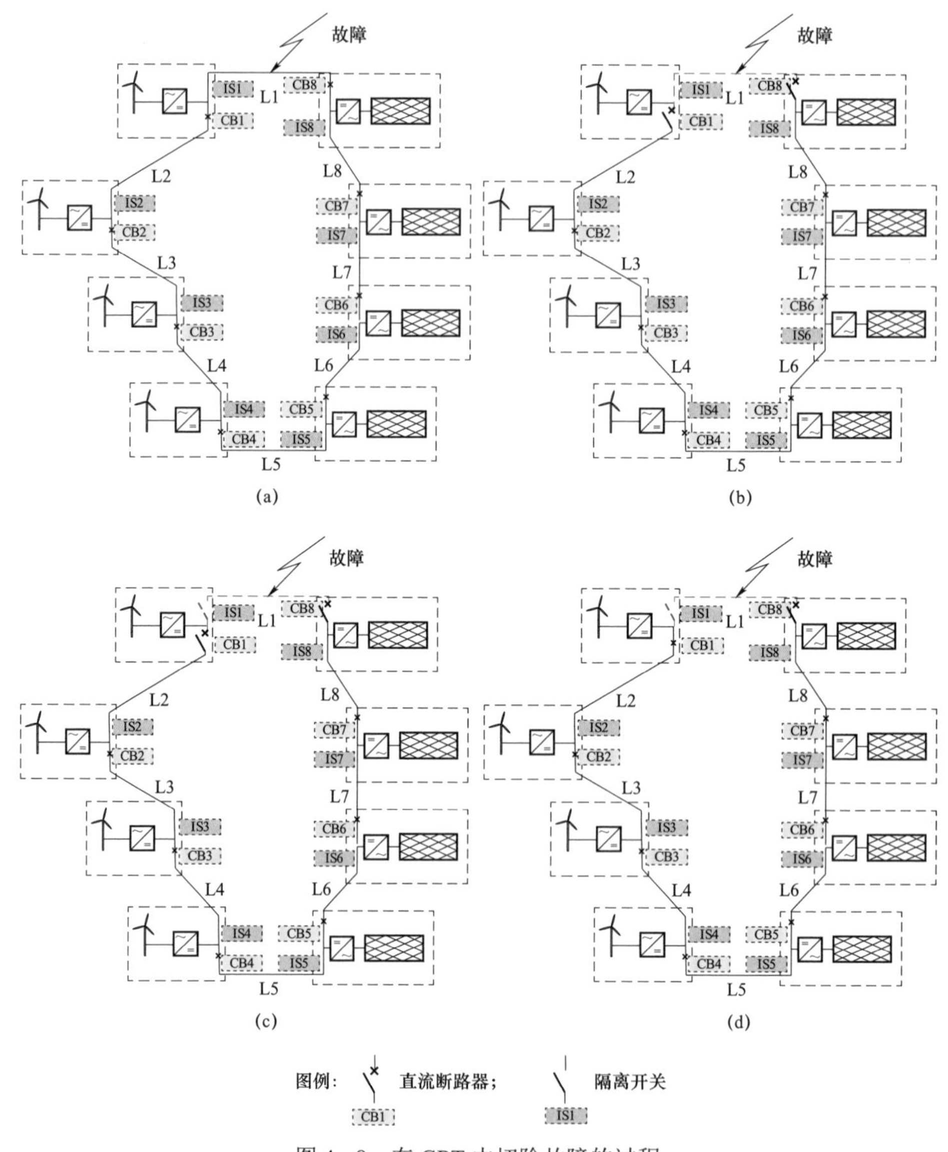

图 4－8　在 GRT 中切除故障的过程

（a）L1 发生故障；（b）直流开关 CB1 和 CB8 断开；

（c）隔离断路器 IS1 断开；（d）CB1 和 CB8 重新闭合

显然，这种环状结构比点对点的结构控制更加灵活，因为后者在线路发生故障时只能通过风电场的停运来维修线路，如果线路永久故障，将意味着与此连接的风电场将被迫停运，从而造成巨大的经济损失。然而，这种环形结构的缺点在于部分线路的容量较大，不仅成本增加而且不利于系统的稳定性和可靠性。以图 4－7 中的模型为例，线路 L1 和线路 L5 是最重要的线路，当这两条线

路发生故障而使环路处于开环状态时，流过这两条线路的功率为系统总功率，所以这两条线路的容量应选为系统额定容量。

如图 4－7 所示的环形拓扑，需要断路器的数量等于风电场侧整流站数和网侧逆变站的数量之和；环形线路需要电缆的数量也等于风电场侧整流站数和网侧逆变站的数量之和，线路容量为系统容量。如果用固态断路器来代替隔离开关，则风电场不需要脱网，但会提高成本。

2. 星形带中心开关环拓扑（star with a central switching ring topology，SGRT）

如图 4－9 所示为多端直流的中心环形拓扑结构，这种结构是将星形拓扑和环形拓扑相结合，具备了两者的优点同时又弥补了各自的不足。考虑到在星形拓扑中，中心点的崩溃会使整个系统瘫痪，这种结构通过建立中心平台构建了一个环形结构来代替原来的中心点，提高了系统的稳定性和可靠性。将环形拓扑和星形拓扑结合，成为一种新型的混合形拓扑。风电场、电网分别和中心开关环连接。这种拓扑具有环形拓扑和星形拓扑的优点，风电场、电网和中心环连接的电缆长度降到最小值。

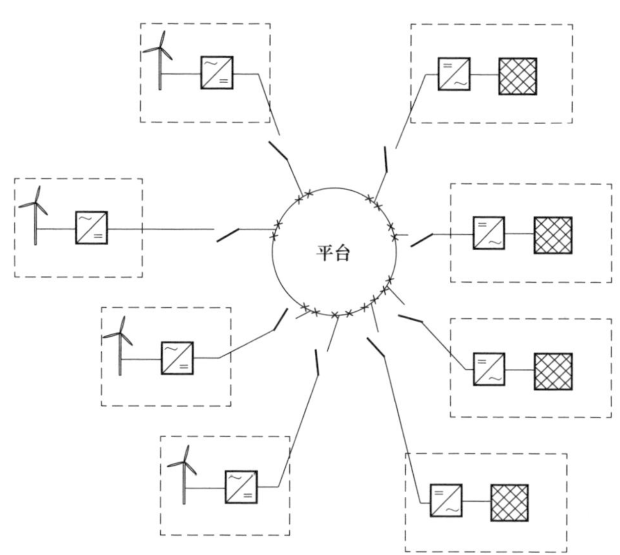

图 4－9　多端直流中心环形拓扑（SGRT）

这种拓扑需要建立中心平台，将断路器在平台上环形连接，尤其在海上布置成本大为提高。中心环与风电场和电网相连的电缆容量分别为对应的风电场或电网容量，而中心环形线路容量为系统容量。故障时系统控制比较灵活，若中心环到风电场的电缆线路出现故障，则风电场必须切除。中心环形结构及其中心平台将负责整个系统的控制调度，环中接有直流断路器以保证当发生故障时，可以及时切除故障线路及其换流站。同时被切除的部分将可以采取断开交流断路器，封锁换流站，使风电场停机等策略来减小故障电流，当故障电流消失后，再断开故障线路中的隔离开关。这就意味着，一旦风电场侧换流站所连接的线路发生故障被切除了，这个风电场也将被迫停运。

尽管这种结构可以及时切除故障部分不影响系统其他部分的正常运行，但系统的稳定性还是令人质疑的。毕竟，中心环的故障将意味着整个系统失去控制，这种损失是无法预计的。

3. 风电场环形拓扑（wind farms ring topology，WFRT）

如图 4－10 所示为风电场环形拓扑。风电场环形拓扑是在点对点结构的基础上进行了提高和改进：将多个点对点结构通过建立风电场侧换流站的环形结构而连接起来。风电场通过断路器、隔离开关、电缆连接成环形。而这个环形结

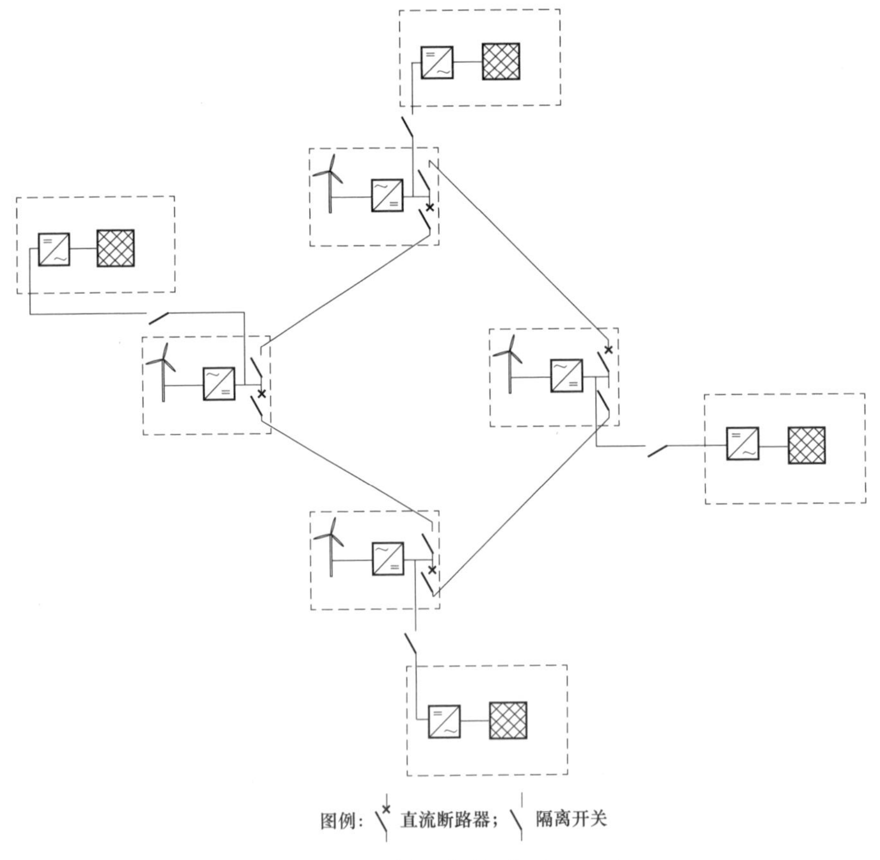

图 4－10　风电场环形拓扑（WFRT）

构与环形拓扑的基本构成是相同的。但就是这个微小的改进，却可以带来巨大的经济效益。因为它可以比点对点结构减少一半的直流断路器的数量，而且控制更加灵活，可以处理线路不同位置产生的故障，从而保证系统的其他部分正常运行。这种拓扑可以将断路器的数量降到最少（等于风电场的个数），其结构类似于点对点的 VSC-HVDC，但增加了风电场与电网之间功率控制的柔性。根据风电场的距离和费用，风电场环形拓扑可以配置成大的环形或中心环形。

如果故障发生在风电场换流站与电网侧换流站之间的线路，具体的控制方式如图 4－11 所示。当线路 L1 发生故障时，首先将风电场环中的直流断路器

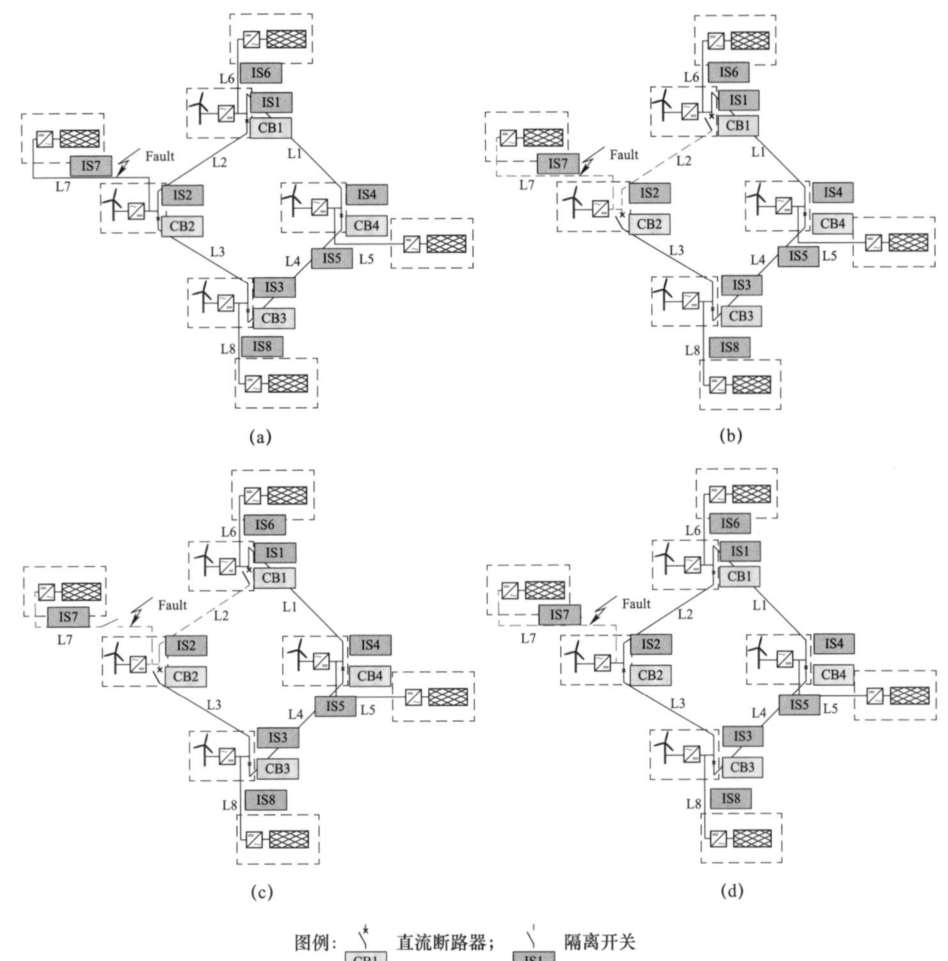

图 4－11　WFRT 的故障切除过程

（a）L7 发生故障；（b）直流断路器断开 CB1 和 CB2；（c）断开隔离开关 IS7；

（d）直流断路器 CB1 和 CB2 重新闭合，L7 被切除

CB1 和 CB2 将断开，以切除发生故障的局部系统（包括故障线路及其连接的风电场换流站和电网侧换流站），以保证其他部分的正常运行。同时，这个被切除的故障系统就相当于一个点对点结构，再通过点对点结构的控制策略进行故障处理：断开风电场换流站和电网侧换流站的交流断路器，封锁换流阀，使风电场停运或者降低功率，以加速线路中故障电流的消除；当故障电流减为零后，断开隔离开关 IS7；此时直流断路器 CB1 和 CB2 就可以重新闭合，以恢复风电场换流站的连接，并且使系统仍然在风电场环形电路闭环的状态下运行，保证系统的稳定性。

如果故障发生在风电场换流站的环形结构中。这种故障的切除方法和一般环形拓扑 GRT 处理故障的方式是完全相同的，因此对于这种故障，也可以保证当故障切除后风电场仍然能正常运行。虽然风电场环形结构处于开环状态，但不会像 GRT 结构中那样，某些线路需要承担系统额定容量，也不会导致线路利用率降低。

这种拓扑结构使用断路器的数量等于风电场数，两个风电场之间线路的容量可以设计为两个风电场额定功率之和。风电场环形拓扑控制非常灵活，但系统控制需要通信实现故障保护。

4. 电网侧换流站环形拓扑（substations ring topology，SRT）

如图 4－12 所示为电网侧换流站环形拓扑。电网侧换流站环形拓扑也是对点对点结构的改进和提高，但它是通过建立电网侧换流站的环形网络来将多个点对点结构连接起来。虽然这样也可以象 WFRT 一样，比点对点拓扑减少一半断路器的数量，但却有一个明显的缺陷：当风电场换流站所连接的线路发生故障后，风电场也将被迫停机，如果这种故障是永久的，那么风电场将一直无法正常运行，这就意味着巨大的经济损失和资源浪费。因此，这种拓扑的经济性显然不如 WFRT。

5. 其他结构

通过将星形结构和环形结构的结合，还可以形成更多的拓扑结构，比如双星形，双环形，或者星形和环形网络等结构。但没有必要分析所有潜在的拓扑结构，它们的基本特性都在这四种结构中得到了体现。而且拓扑复杂性的增加，就意味着更多的成本投入，包括更加复杂的控制方式，成倍的设备花费等，很难保证总体的性能指标更加优化。

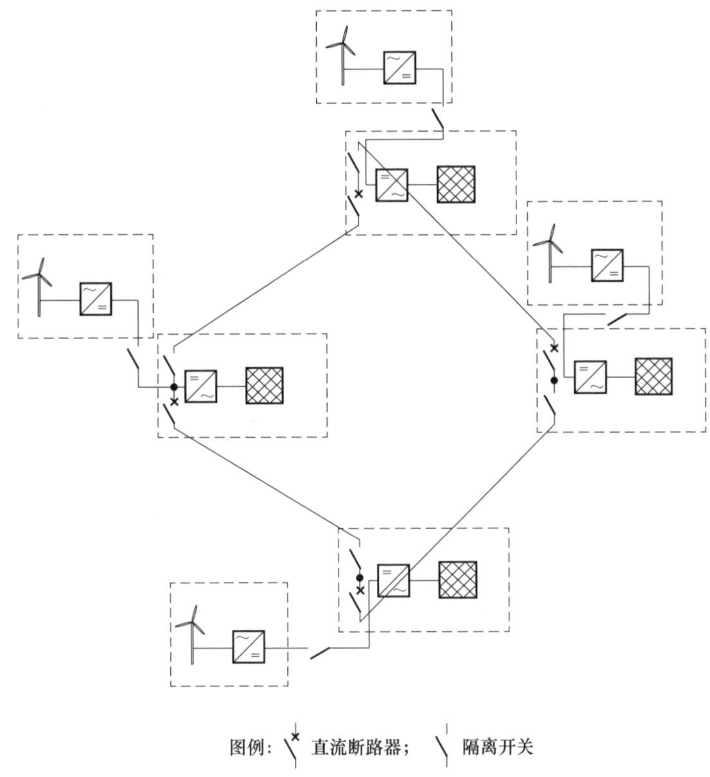

图 4－12　电网侧换流站环形拓扑（SRT）

4.2.3　直流电网拓扑评估方法

任何一个合理的拓扑结构不仅要满足技术要求，使得系统能够稳定运行，而且还要具有经济实用性，任何只考虑单方面的评价指标都是无法在工程实际中得到普遍应用的。直流电网在构建智能电网或者超级大电网方面很有优势，利用多端直流输电技术将风电场等新能源并入电网，就必须满足技术上的要求，以辅助系统在控制和保护方面的应用，同时考虑到工程应用的实际价值还需要一些经济指标，综合这两方面可得出评价标准为最大允许功率损失、控制灵活性、冗余性、线路利用率、系统容量、线路断路器数量、海上或者陆上平台的需求以及通信必要性。

下面对其中一些重要指标进行解释和定义。

（1）系统容量：在稳态时所有发电机容量的总和。

（2）高压直流断路器的数量：直流断路器的主要缺点是价格比较高，而且有开态阻抗损耗。因此在直流网络拓扑的建立中，需要考虑到经济性，尽量减少断路器的数量。

（3）最大允许的功率损失：根据各国 TSO 机构规定的一个功率损失的最大值，以确保给交流电网供应的功率不会有太大的变化，而影响电网的稳定性。

（4）线路利用率：在正常运行时功率传输的实际功率除以系统的额定功率。如果每个风电场的额定容量是 1GW，每个电网换流站的容量也是 1GW。这样，系统在稳态时的功率就是 1GW。在故障运行时，通过研究故障发生时造成的最大功率传输，可以求出每个线路传输功率的上限值，作为线路的额定功率。比如在图 4－7 中，当发生故障时，可以求出线路最大的功率传输：L1 或者 L5 是 4GW；L2 和 L4 是 3GW；L3 是 2GW。因此这些值可以作为线路的额定功率值，那么线路利用率为：L1 或 L5 是 25%（1GW/4GW）；L2 或 L4 是 33.3%（1GW/3GW）；L3 是 50%（1GW/2GW）。

（5）灵活性：当系统发生故障时，对不同换流站的控制能力的指标。如果可以通过控制改变故障线路连接的换流站的功率传输线路，保证其他部分正常运行，同时在系统故障切除后能恢复风电场换流站或者电网侧换流站的正常运行，那么此系统的控制灵活性好。

（6）冗余性：系统为保证稳定性和可靠性，而对一些重要部分设置备用装置，以提供故障时可选择的运行通路。

4.3 多端柔性直流电网组网案例分析

4.3.1 MMC换流器串并联组合

以张北四端柔直电网为例，分析站内 MMC 换流器组网特性。将张北四端换流站采用图 4－1 的结构进行串联。考虑到串联后换流站之间的分压，换流单元参数修改为表 4－2 中数值。

表 4－2 串联后换流单元参数

换流变变比	500kV/250kV
桥臂串联子模块数（个）	233
子模块电容（μF）	30 000
参考有功功率（MW）	750
参考直流电压（kV）	250

为了检验主电路参数不一致对换流器串联拓扑均压的影响，设定下述两种情

况进行讨论，且定义平均相对电压差$\left|\frac{\Delta U}{U}\right| = mean\left|\frac{U_1 - U_2}{(U_1+U_2)/2}\right|$展示电压均衡能力。

（1）情况 1。MMC1 A 相上桥臂电抗值分别高于标称 1%（即 0.075 75mH）、5%、10%、15%、20%，依次记录串联换流器 MMC1、MMC2 的直流电压、直流功率偏差。

表 4－3　　直流电压、功率偏差与单个桥臂电抗的关系

参数	1%	5%	10%	15%	20%
$\Delta U/U$（%）	0.187 8	0.219 2	0.258 4	0.295 7	0.331 7
$\Delta P/P$（%）	0.031 6	0.036 8	0.043 2	0.049 3	0.055 0

（2）情况 2。MMC1 所有桥臂电抗值分别高于标称 1%（即 0.075 75mH）、5%、10%、15%、20%，依次记录串联换流器 MMC1、MMC2 的直流电压、直流功率偏差。

表 4－4　　直流电压、功率偏差与换流单元桥臂电抗的关系

参数	1%	5%	10%	15%	20%
$\Delta U/U$（%）	0.002 9	0.009 6	0.018 4	0.028 2	0.037 9
$\Delta P/P$（%）	0.000 604	0.000 755	0.001	0.001 5	0.001 7

由表 4－3 和表 4－4 可知，MMC1、MMC2 间电抗分布越均匀，电压偏差就越小；电抗差异越大，电压偏大越大。但即使 MMC1 单相桥臂高于标称 20%，电压偏差仍可以维持在 0.331 7%，可见串联换流器可以有效实现电压均衡。桥臂电抗不均匀对串联换流站功率均衡分布影响较小，但功率偏差仍随着桥臂电抗不平衡度增大而增大。

串联换流站电压差经 PI 控制后转化为调节功率用于分配换流站间直流功率。对于串联分压，合适的 PI 选值为 P=1，I=0.01。表 4－5、表 4－6 显示了串联换流站加入电压均衡控制后遭遇桥臂电抗不均衡时的电压偏差。可以看到均压控制环节有效降低了电抗参数不一致时的电压偏差（数量级减一），使串联换流站具有更好的均压特性。

表 4－5　　加入控制后直流电压偏差与单个桥臂电抗的关系

$\Delta U/U$（%）	1	5	10	15	20
不加控制	0.187 8	0.219 2	0.258 4	0.295 7	0.331 7
增加控制	0.003 5	0.008 0	0.015 5	0.022 8	0.029 6

表 4-6　　加入控制后直流电压偏差与换流单元桥臂电抗的关系

$\Delta U/U$（%）	1	5	10	15	20
不加控制	0.002 9	0.009 6	0.018 4	0.028 2	0.037 9
增加控制	0.001 5	0.001 9	0.002 8	0.003 9	0.004 2

为了检验主电路参数不一致对换流器并联拓扑均流的影响，设定下述 2 种情况进行讨论。定义平均相对电流差$\left|\frac{\Delta I}{I}\right| = mean\left|\frac{I_1 - I_2}{(I_1 + I_2)/2}\right|$展示电流均衡能力。

（1）情况 1。MMC1 A 相上桥臂电抗值分别高于标称 1%（即 0.075 75mH）、5%、10%、15%、20%，依次记录并联换流器 MMC1、MMC2 的直流电流、直流功率偏差。

表 4-7　　直流电流、功率偏差与单个桥臂电抗的关系

参数	1	5	10	15	20
$\Delta I/I$（%）	0.187 4	0.894 8	1.977 9	2.985 7	3.644 3
$\Delta P/P$（%）	0.002 7	0.016 4	0.035 9	0.055 0	0.071 0

（2）情况 2。MMC1 所有桥臂电抗值分别高于标称 1%（即 0.075 75mH）、5%、10%、15%、20%，依次记录并联换流器 MMC1、MMC2 的直流电流、直流功率偏差。

表 4-8　　直流电流、功率偏差与换流单元桥臂电抗的关系

参数	1	5	10	15	20
$\Delta I/I$（%）	0.032 7	0.045 0	0.054 4	0.062 1	0.085 8
$\Delta P/P$（%）	0.000 853 93	0.001 3	0.001 4	0.001 5	0.001 6

由表 4-7 和表 4-8 可知，MMC1、MMC2 间电抗分布越均匀，电流偏差就越小，电抗差异越大，电流偏差也越大。当 MMC1 单相桥臂高于标称 20%，电压偏差可达到 3.65%，这对并联换流器的电流均衡而言很不利。但桥臂电抗不均匀对并联换流器的功率均衡分布影响相对较小，但功率偏差仍随着桥臂电抗不平衡度增大而增大。

对应于并联换流站均流问题，只需将高低阀组的直流电压换成直流电流即可实现均衡控制。对于并联分流，合适的 PI 选值为 P=0.000 01，I=1000。表 4-9 和表 4-10 显示了并联换流站加入电流均衡控制后遭遇桥臂电抗不均衡时的电流偏差。可以看到均流控制环节可以在一定程度上降低电抗参数不一致时的电流偏差（近似减半），使并联换流站具有更好的均流特性。

表 4－9 加入控制后直流电流偏差与单个桥臂电抗的关系

$\Delta I/I$（%）	1	5	10	15	20
不加控制	0.187 4	0.894 8	1.977 9	2.985 7	3.644 3
增加控制	0.101 3	0.509 2	1.137 3	1.590 0	1.983 6

表 4－10 加入控制后直流电流偏差与换流单元桥臂电抗的关系

$\Delta I/I$（%）	1	5	10	15	20
不加控制	0.032 7	0.045 0	0.054 4	0.062 1	0.085 8
增加控制	0.010 1	0.024 6	0.028 4	0.033 1	0.039 7

4.3.2 换流站间组网拓扑分析

以四个海上风电场接入四个岸上交流主网为算例，来分析比较不同拓扑结构的性能指标，其拓扑结构如图 4－13 所示。系统包括 4 个容量为 1000MW 的海上风电场和 4 个容量为 1000MW 的陆上电网。风电场、电网位置如表 4－11 所示。不同拓扑的配置对比分析如表 4－12～表 4－14 所示，包括电缆数量、长度、配置容量、断路器数量、线路利用率（稳态运行功率和配置功率的比值）等。

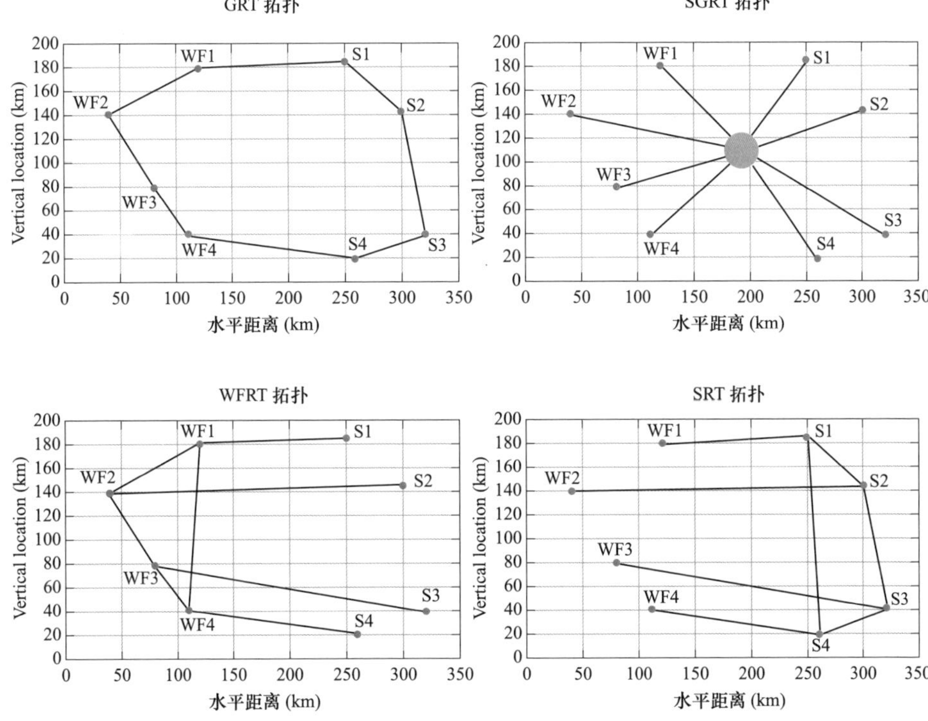

图 4－13 四种多端直流网络拓扑的空间分布

表 4－11　风电场侧换流站及电网侧换流站的空间分布

风电场侧（WF）或电网侧换流站（S）	位置（x，y）（km）
WF1	（120，180）
WF2	（40，140）
WF3	（80，80）
WF4	（110，40）
S1	（250，185）
S2	（300，145）
S3	（320，40）
S4	（260，20）

表 4－12　技术方面的比较结果

类型	研究对象	灵活性	冗余性	是否需要建立平台	是否需要通信
GRT	整体	好	好	否	是
SGRT	整体	劣	劣	是	是
	环形部分	好	好		
	线型部分	劣	好		
WFRT	整体	好	好	否	是
	环形部分	好	好		
	线型部分	好	好		
SRT	整体	劣	好	否	是
	环形部分	好	好		
	线型部分	劣	好		

表 4－13　经济方面的比较结果

类型	研究对象	线路容量（GW）	直流断路器数量	最大允许的功率损失	线路利用率（%）	电缆长度（km）
GRT	整体	2 to 4	8	合格	25～50	647.3
SGRT	整体	1	8	合格	100	894.2
WFRT	环形部分	2	4	合格	50	413.1
	线型部分	1.33			75	784.8
	整体	—			—	1197.9
SRT	环形部分	2	4	合格	50	435.7
	线型部分	1.33			100	784.8
	整体	—				1220.5

表 4–14 总 体 评 价 结 果

类型	主要优点	主要缺点	总体评价
GRT	灵活性，冗余性，电缆长度小，不需要建立平台	部分线路在故障时承担系统容量	可应用于要求电缆长度最小
SGRT	灵活性，冗余性，线路容量低	需要建立控制平台，控制不灵活	中心环不可靠，需要进一步完善
WFRT	灵活性，冗余性，不需要建立平台，最小数量的直流断路器和风电场恢复能力	需要的电缆长度较大	性能良好，可以应用在直流网中
SRT	灵活性，冗余性，不需要建立平台，最小数量的直流断路器	无法恢复	故障时对风电场的控制不够灵活

从分析结果可知，GRT 和 WFRT 具有很好的灵活性和容错性。在靠近风电场侧直流线路发生故障时，通过断路器和隔离开关的控制，可以保证风电场继续和系统相连，提高海上风电系统的发电能力和利用率；而 SGRT 和 SRT 在此情况下将会失去 1000MW 的风电场功率。在电网侧直流线路或换流站发生故障时，若采用点对点的VSC-HVDC输电方式将会产生500MW的功率损失，而GRT、SGRT、WFRT 和 SRT 不会产生功率损失。

环形线路提高了系统的灵活性和容错性，同时也增加了线路容量。在所有拓扑结构中，WFRT 在场侧线路或网侧线路发生故障时，灵活性和容错性最好，即使发生线路故障，也不会产生功率损失，且使用断路器的数量较少，但线路长度较长。若对系统的灵活性和容错性要求较高，又降低线路长度的话，可选择 GRT，但线路容量较大。

从总体来看，WFRT 结构比其他的综合性能更好，特别是它可以以最小的直流断路器的数量来控制不同的故障类型。这个优势很有实际意义，因为直流断路器的费用是决定直流输电系统总体成本的重要指标之一。而且它的另一个重要的优势是能保证在故障后，仍然使所有的风电场保持正常运行，这就避免了风电场停运带来的经济损失。这也是它可以大规模应用于实际工程中的一个重要优势。

除了这两点以外，它还具有诸如控制灵活、有冗余性、不需要建立海上平台等优势。当然，它在电缆长度方面的劣势也被考虑到了，但在这方面的费用比起直流断路器的成本以及风电场停运造成的经济损失就显得微不足道。对于拓扑的选择不是绝对的，如果按照实际需求，对电缆长度有严格的限制条件，那么 GRT 的结构也是很好的选择，它可以将电缆长度减小到最小，而且从控制的灵活性，有冗余性等方面综合考虑，GRT 的结构也是一个不错的选择，但它的某些线路的容量要求达到系统额定容量，这个特点需要进一步的研究和提高。

最后以张北柔性直流电网工程为例稍作补充分析。张北柔性直流电网工程地理位置如图 4-14 所示，其 1 期为 4 站 4 线直流环网工程，即张北换流站、康保换流站两站汇集当地风电和光伏发电，丰宁抽蓄接入丰宁换流站，北京换流站接入当地 500kV 交流电网，张北、康保、丰宁与北京换流站形成 4 端直流环网。远期将建设御道口、唐山两个±500kV 换流站，分别连接到丰宁换流站和北京换流站，建设±500kV 蒙西换流站连接到张北换流站，形成泛京津冀的日字型 6 端±500kV 直流电网，实现大范围清洁能源调峰调频。该方案多点汇集、多点送出、柔直组网、多能互补，构建柔性直流环形电网，汇集风、光、储或抽蓄等多形态电源，并落点于北京、河北受端电网，实现多能互补，运行方式灵活。

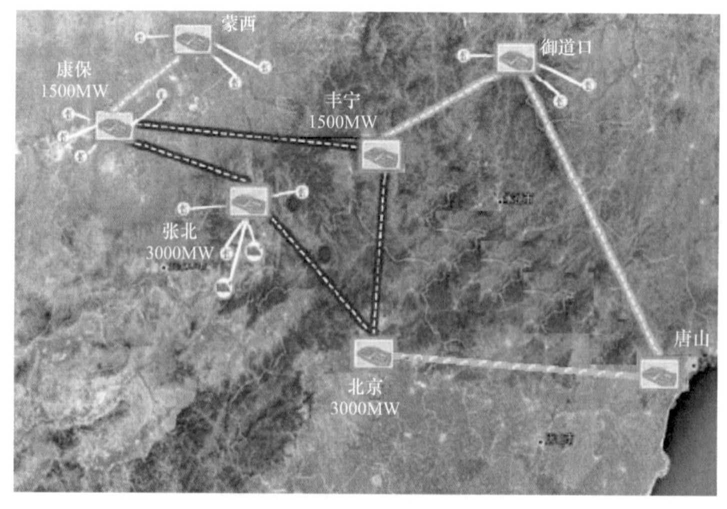

图 4-14　工程路线示意图

工程采用直流架空线技术，拓扑结构如图 4-15 所示。其中张北、康保、丰宁与北京或霸州换流站形成典型的四端直流环网。通过直流环网实现可再生能源的汇集、接入和送出，汇集方式灵活、易于潮流控制、可实现潮流转移、运行可靠性较高，多换流器之间的控制复杂程度较高。环形线路或换流站发生故障，则故障线路或换流站被切除，剩下线路和换流站继续运行在开环状态。在保证一定的控制灵活性和并网冗余性的前提下，可以使线路的长度减少到最小。

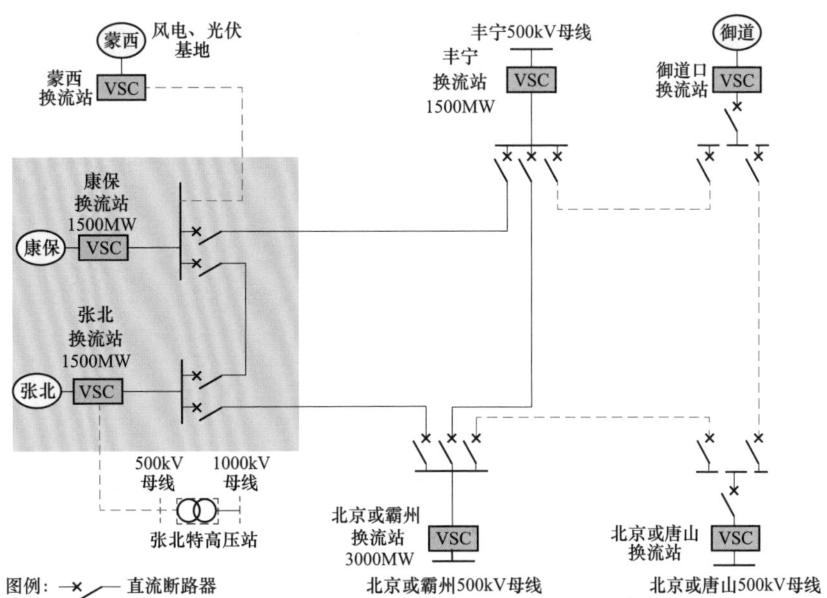

图 4-15　柔直电网拓扑结构

5

柔性直流电网的稳态控制

随着现代柔性直流电网规模的日益扩大，具有间歇性、随机性等特点的风电、太阳能等规模化可再生能源的接入、输送和消纳，要求直流电网更快速、更广域地和负荷、储能以及火电、水电等其他能源进行互联互补，使得直流电网的运行和控制复杂程度越来越高。现有方法技术难以满足电网安全稳定运行要求，为此必须研究适应新的电网环境的换流器潮流优化控制及交直流电网系统级控制体系。

直流电网的运行和控制必须考虑由于风、光等新能源、抽水蓄能电站的接入对电网的影响，如何在充分接收并网可再生能源的基础上利用不同能源特性为电网服务，将其弊端尽量减小甚至转换为优点成为一项有意义且充满挑战的工作。因此研究直流电网与新能源、抽水蓄能电站及交流主网的界面功率交换规律，并在换流阀应力阈值下研究如何充分利用柔性直流输电功率快速控制特性实现直流电网潮流快速控制成为本课题要点之一，如何在综合考虑继电保护、调度等影响因素的基础上研究换流站控制与电网调度的协调配合策略和直流电网分层协调控制体系是本课题最大的技术挑战。

针对以上技术问题，本章首先分析直流电网的运行特性，研究经典的换流器潮流快速控制及多换流器间协调控制方法，并对直流电网的典型运行方式进行仿真分析。通过建立直流电网各端换流站与交流主网的功率交换数学模型，分析直流电网与新能源、抽水蓄能电站及交流主网的界面功率交换规律。分别以减小直流网损和提升系统控制对直流网络潮流变化响应能力为目标，研究直流电网的潮流优化控制策略。同时，考虑直流电网各端换流站功率的快速可控性，在换流阀应力阈值下，探讨其改善系统紧急情况下潮流分布的快速潮流控制策略。通过对直流电网各换流器的控制功能进行分区与控制定位，进一步讨论直流电网换流站间的协调控制策略。综合考虑继电保护、调度等影响因素，探索换流站控制与电网调度的协调配合问题。最后，针对张北四端柔性直流示范工程，给出协调控制体系，进行案例分析。

5.1 换流器潮流快速控制及多换流器间的协调

5.1.1 提升互联系统频率稳定的直流电网潮流控制

换流站传输功率的变化会对互联交流系统频率产生影响，本节研讨一种能够提升互联系统频率稳定的直流电网快速潮流控制策略，并构建如图 5-1 所示的并联放射形 MMC-MTDC 互联系统加以验证。

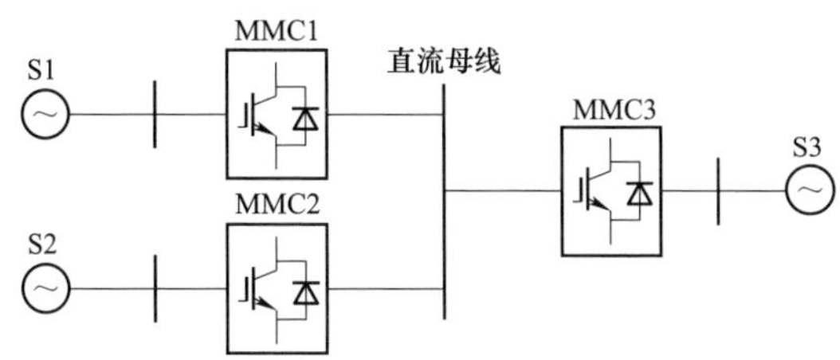

图 5-1 并联放射形 3 端 MMC-MTDC 系统

为了保持系统有功功率和直流电压的稳定，两端 VSC-HVDC 系统中通常一个 VSC 换流站控制有功功率，另一个 VSC 换流站控制直流电压。直流电网的主从控制是从两端 VSC-HVDC 系统控制方法直接发展而来。为了维持有功功率平衡，直流电网中必须有一端换流站采用定直流电压控制，相当于一个具有有限容量的功率平衡点，负责整个直流网络的有功功率平衡调节，称之为主控制端。因此，一般情况下应当选择换流站容量较大且所连接的电源容量也较大的端口作为直流电压控制端口。根据系统中其他换流站工作状态的不同，主控制端可能作为整流站，也可能作为逆变站。其余换流站均作为从控制端，一般采用定有功或定频率控制。在正常的运行模式下，主换流站控制直流系统的直流电压，以维持直流系统的直流电压稳定；而从换流站的工作模式有两种，当从换流站所连接的交流系统为有源系统时，从换流站可以采用定有功功率以及定无功功率控制，或者采用定有功功率以及定交流电压控制。主从控制有两个明显的缺点，一是当直流电压主控制站的功率达到极限或退出运行时，系统将失去直流电压的控制能力，将很难稳定运行；另一个是其他具有功率调节能力的换流站并未参与功率调节，没有充分利用到直流电网中多端系统换流站的调节容量。通常在 VSC-MTDC 系统中无合适后备定直流电压换流站时采用该控制策略。

相对于主从控制而言，直流电压下垂控制具有更好的灵活性，直流电压下垂控制策略不仅使多个换流器共同参与直流网络不平衡功率的调节，而且减缓了单主导换流站情况相连交流系统所承受的冲击。其他区域是禁止运行区。交流系统正常运行频率为49.8～50.2Hz。为使其他具有调频能力的交流系统可通过MMC-MTDC参与事故端系统的频率调整，在有功功率指令值中引入频率—有功功率指令（$f-P^{*}_{\mathrm{ref}}$）斜率特性，并通过设置上下限动作值抵抗系统控制器静态波动的干扰和避免附加控制策略的频繁切换。$f-P^{*}_{\mathrm{ref}}$斜率特性如图5-2所示。

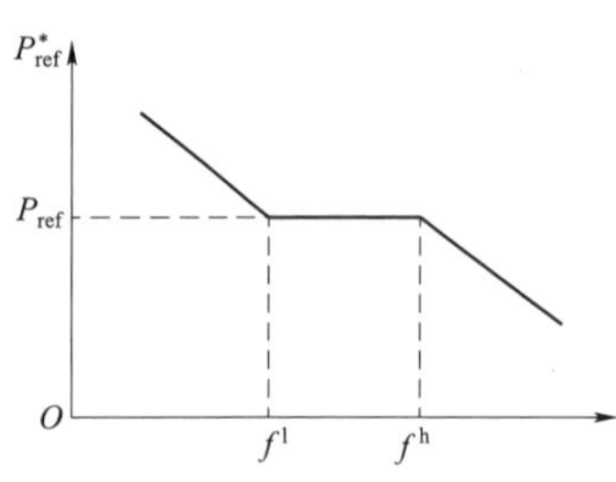

图5-2　$f-P^{*}_{\mathrm{ref}}$斜率特性

图5-2中f^{h}与f^{l}为控制器上下限动作值。动作值关系到控制器的响应特性，如果取值太小，则控制器响应过于灵敏，影响其稳态运行特性；如果取值过大，则控制器响应过于迟缓。一般情况下可以将频率上下限动作值定为50±0.1Hz。包含附加频率控制的直流电压下垂控制器结构如图5-3所示。

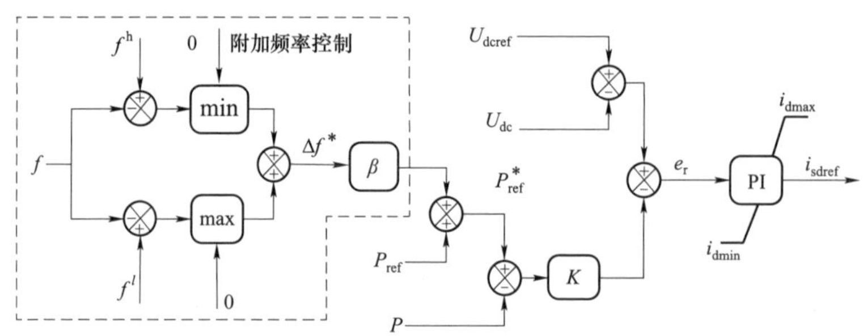

图5-3　包含附加频率控制的直流电压下垂控制器结构

图5-3所示控制器可表达为

$$U_{\mathrm{dcref}}-U_{\mathrm{dc}}=\begin{cases}K[P_{\mathrm{ref}}+\beta(f^{\mathrm{h}}-f)-P]+e_{\mathrm{r}},\ f>f^{\mathrm{h}}\\K(P_{\mathrm{ref}}-P)+e_{\mathrm{r}},\ f^{\mathrm{h}}\geqslant f\geqslant f^{\mathrm{l}}\\K[P_{\mathrm{ref}}+\beta(f^{\mathrm{l}}-f)-P]+e_{\mathrm{r}},\ f<f^{\mathrm{l}}\end{cases}\qquad(5-1)$$

5.1.2　多换流器间的协调控制

1. 考虑换流器功率裕度的多端MMC-HVDC自适应下垂控制

推导传统的根据换流器容量确定的下垂系数表达为

$$k=\frac{I_{\mathrm{dcmax}}}{\beta\,(U_{\mathrm{dcmax}}-U_{\mathrm{dcref}})}\qquad(5-2)$$

式中，β 为引入的调节常数，其作用是保证直流电压在不超出波动范围的前提下更具可调性，要求 $0 < \beta \leqslant 1$，本节取 $\beta = 0.75$。

当考虑换流器实时功率裕度时，需要在式（5－2）的基础上引入自适应规则。当换流器直流电流大于指令值时，说明此时系统产生了功率缺额，需要增加换流器直流电流以弥补缺额，此时换流器功率裕度对应为直流电流与最大值间的差值 $I_{\text{dcmax}} - |I_{\text{dc}}|$；当换流器直流电流小于指令值时，说明此时系统产生了功率盈余，需要减小换流器直流电流以分担盈余，此时换流器功率裕度对应为直流电流绝对值 $|I_{\text{dc}}|$。综上考虑换流器功率裕度的下垂控制系数为

$$k^* = \begin{cases} \dfrac{\alpha k(I_{\text{dcmax}} - |I_{\text{dc}}|)}{I_{\text{dcmax}}} &, |I_{\text{dc}}| \geqslant I_{\text{dcref}} \\ \dfrac{\alpha k |I_{\text{dc}}|}{I_{\text{dcmax}}} &, |I_{\text{dc}}| < I_{\text{dcref}} \end{cases} \tag{5-3}$$

式中，k 为由式（5－2）确定的初始下垂系数；α 为调节系数，通过调节 α 可以直接调节 k^* 的取值范围，以满足不同要求，本节取 $\alpha = 3$。

由式（5－3）可知，当确定 α 后，下垂系数 k^* 的值由换流器功率裕度决定。功率裕度较大的换流器 k^* 较大，分担的功率不平衡量较多；功率裕度较小的换流器 k^* 较小，分担的不平衡功率较少。另外，过小的 k^* 容易导致直流电压超过极限值 U_{dcmax} 继而导致系统失稳，过大的 k^* 意味着换流器对功率不平衡极不敏感，不利于换流器间协调控制。为防止出现以上情况，需要在式（5－3）的基础上根据应用经验增加限幅条件，以保证 k^* 始终位于合理的范围内，即

$$\begin{cases} k^*_{\min} \leqslant k^* \leqslant k^*_{\max} \\ k^*_{\min} = \dfrac{I_{\text{dcmax}} - |I_{\text{dcref}}|}{U_{\text{dcmax}} - U_{\text{dcref}}} \\ k^*_{\max} = 3k \end{cases} \tag{5-4}$$

式中，$k^*_{\min}$ 和 $k^*_{\max}$ 分别为 k^* 的上下限。在设定 $k^*_{\min}$ 时引入 I_{dcref} 以对功率参考值不同的换流站加以区分。

如图 5－4 所示为考虑功率裕度的自适应下垂控制器。下垂系数在某种程度上还决定着非直流电压控制端扰动对系统稳定性的影响，为使系统在实现不平衡功率分配的同时保持一定稳定性，将其与式（5－4）相结合，得到了基于下垂控制作用机理的下垂系数稳态误差约束。

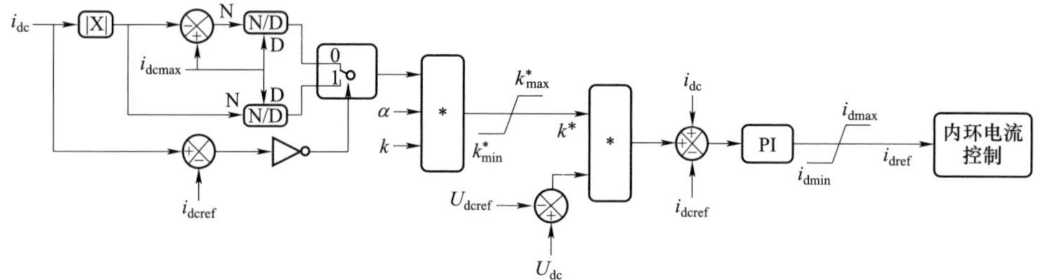

图 5-4　考虑功率裕度的自适应下垂控制器

2. 基于下垂控制作用机理的下垂系数稳态误差约束

多端 MMC-HVDC 系统具有多换流器特性，其控制问题实质是一个或多个多变量反馈控制问题，分析下垂系数等同于分析多变量系统中的反馈控制器参数。因此在研究对应的多变量反馈控制问题前需要建立多端 MMC-HVDC 系统的状态空间模型。

根据平均值等效模型可以得到一组描述多端 MMC-HVDC 系统运行特性的微分方程，也即系统的状态空间模型

$$\begin{cases}\dfrac{\mathrm{d}x}{\mathrm{d}t}=Ax+B_{\mathrm{u}}u+B_{\omega}\omega\\ y=C_{\mathrm{y}}x\\ z=C_{\mathrm{z}}x\end{cases}\tag{5-5}$$

式中，x 为状态变量；ω 为扰动变量；u 为控制变量；y 和 z 为输出变量；A，B_{ω}，B_{u}，C_{y}，C_{z} 为状态矩阵。

（1）状态变量。在对电气网络进行状态空间建模时，通常选择流过电感的电流和电容两端电压作为状态变量，因此在多端 MMC-HVDC 系统中状态变量选择为

$$x=[U_1,\cdots,U_i,\cdots,U_{\mathrm{n}},i_{\mathrm{L1}},\cdots,i_{\mathrm{Lk}},\cdots,i_{\mathrm{Lm}}]^{\mathrm{T}}$$

式中，n 为换流器数量；U_i 为第 i 个换流器等效模型中电容两端电压，也即换流器直流电压；m 为直流线路数量；i_{Lk} 为流过线路 L_{k} 的电流。

（2）输入变量。控制变量和扰动变量都为输入变量。为研究多端 MMC-HVDC 系统的下垂控制，选取各直流电压下垂控制端的直流电流为控制变量，非直流电压控制端的直流电流为扰动变量。系统的控制变量 u 和扰动变量 ω 为

$$\begin{cases}u=[i_1,i_2,\cdots,i_{\mathrm{nc}}]^{\mathrm{T}}\\ \omega=[i_1,i_2,\cdots,i_{\mathrm{nnc}}]^{\mathrm{T}}\end{cases}$$

式中，n_{c} 为直流电压控制端的数量；n_{nc} 为非直流电压控制端的数量。

（3）输出变量。与控制变量和扰动变量相对应，输出变量也由两个通道组成。令可反馈至控制器的变量 y 和不可反馈至控制器的变量 z 分别为直流电压控制端的直流电压和非直流电压控制端的直流电压

$$\begin{cases} y=[U_1,U_2,\cdots,U_{\mathrm{nc}}]^{\mathrm{T}} \\ z=[U_1,U_2,\cdots,U_{\mathrm{nnc}}]^{\mathrm{T}} \end{cases}$$

结合系统拓扑将各变量代入式（5－5）可得到多端 MMC-HVDC 系统的状态空间模型，在此基础上可以得到系统的传递函数矩阵

$$G(s)=\begin{bmatrix} G_{\mathrm{yu}}(s) & G_{\mathrm{y}\omega}(s) \\ G_{\mathrm{zu}}(s) & G_{\mathrm{z}\omega}(s) \end{bmatrix} \tag{5-6}$$

其中

$$\begin{cases} G_{\mathrm{yu}}(s)=C_{\mathrm{y}}(sI-A)^{-1}B_{\mathrm{u}} \\ G_{\mathrm{y}\omega}(s)=C_{\mathrm{y}}(sI-A)^{-1}B_{\omega} \\ G_{\mathrm{zu}}(s)=C_{\mathrm{z}}(sI-A)^{-1}B_{\mathrm{u}} \\ G_{\mathrm{z}\omega}(s)=C_{\mathrm{z}}(sI-A)^{-1}B_{\omega} \end{cases} \tag{5-7}$$

系统由四个传递矩阵组成，分别代表两个输入和两个输出之间的传递关系，其中 G_{yu} 为控制变量 u 和输出变量 y 之间的传递矩阵，也即狭义上的被控对象。

下垂控制器的矩阵表达为

$$K=\begin{bmatrix} k_3 & 0 \\ 0 & k_4 \end{bmatrix} \tag{5-8}$$

式中，k_3 为换流器 MMC3 的下垂控制系数；k_4 为换流器 MMC4 的下垂控制系数。当下垂控制端为功率流出换流器时下垂系数为正，反之为负。

加入下垂控制的闭环系统如图 5－5 所示。根据以上分析可以知道，闭环系统传递函数矩阵是由直流系统的拓扑决定的，当直流系统拓扑改变时系统的状态空间模型会发生相应变化，但当系统发生功率变化或短路故障时，基于该模型的分析仍然有效。

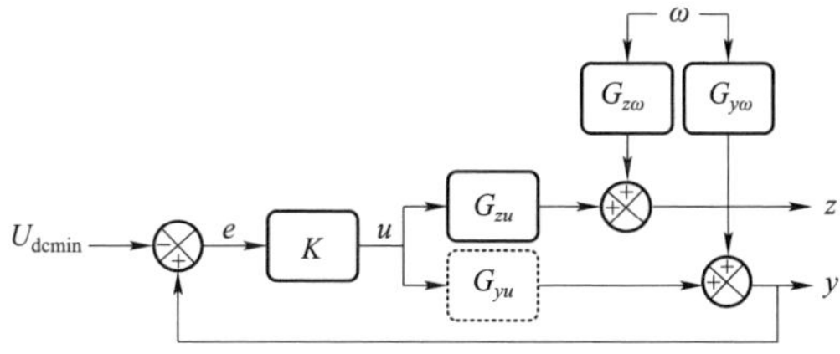

图 5－5　加入下垂控制器后的闭环系统

3. 下垂控制系数的稳态误差约束

定义稳态误差为稳态时输入变量传递至误差变量的能量大小，则下垂系数的稳态误差约束可表述为：在任意时刻，下垂控制系数都应满足稳态误差约束，以保证各输入变量传递至误差变量的能量保持在一定范围内，最终保证输出变量不越限。

由于直流电压控制端的电压稳定性更易受到关注，因此这里的稳态误差主要指 y 通道稳态误差，即输入变量对电压控制端直流电压的影响。

由图 5－5 得出误差变量表达式为

$$e(s)=y(s)-U_{\mathrm{dcmin}}(s)=[S(s)G_{\mathrm{y\omega}}(s)-S(s)]v(s) \tag{5-9}$$

式中，$v(s)=[\omega(s)\quad U_{\mathrm{dcmin}}(s)]^{\mathrm{T}}$ 为输入变量，包括扰动变量和控制变量最小值；$S(s)=(I-KG_{\mathrm{yu}}(s))^{-1}$ 为狭义被控对象 G_{yu} 的灵敏度函数。

引入范数概念来评估能量在变量间传输的增益，用变量的二范数之比来评估输入变量对输出变量和控制变量的影响，也即评估稳态误差的大小。

由于多输入输出系统在任意方向上的最大奇异值，因此有：

$$\max_{d\neq 0}\frac{\|y\|_2}{\|d\|_2}=\bar{\sigma}(G_{\mathrm{dy}}) \tag{5-10}$$

式中，d 为输入变量；y 为输出变量；G_{dy} 为 d 到 y 的传递函数。

根据式（5－10）可将稳态误差转换为传递函数矩阵的奇异值，下垂系数域的稳态误差约束继而转化为传递函数的奇异值约束。

5.1.3 直流电网的潮流快速控制

1. 无功电流动态限幅设计

一般情况下，$i_{\mathrm{dlim}}=i_{\mathrm{rated}}$，$i_{\mathrm{qlim}}=1.12i_{\mathrm{rated}}$，无功电流限幅的预设值会限制 MMC-HVDC 对交流系统的电压支撑能力，特别是在新能源并网场景，交流电压的稳定性至关重要。因此考虑设计动态限幅环节，其既可在稳态时保障额定有功功率输出，又可在故障时释放 MMC-HVDC 对交流系统的无功支撑潜力。

按照以上思路，设计动态电流限幅环节如式（5－11）、式（5－12）所示

$$i_{\mathrm{qlim}}=\begin{cases} i_{\mathrm{lim}}, & i_{\mathrm{lim}}\leqslant i_{\mathrm{q}} \\ -i_{\mathrm{lim}}, & i_{\mathrm{q}}\leqslant -i_{\mathrm{lim}} \end{cases} \tag{5-11}$$

$$i_{\mathrm{dlim}}=\begin{cases} \sqrt{i_{\mathrm{lim}}^2-i_{\mathrm{q}}^2}, & \sqrt{i_{\mathrm{lim}}^2-i_{\mathrm{q}}^2}<i_{\mathrm{d}} \\ i_{\mathrm{Dlim}}, & i_{\mathrm{d}}\leqslant i_{\mathrm{Dlim}} \end{cases} \tag{5-12}$$

式中，i_{Dlim} 为设定的有功电流最小值，且有 $-\sqrt{i_{\mathrm{lim}}^2-i_{\mathrm{q}}^2}\leqslant i_{\mathrm{Dlim}}$。式(5－11)、式(5－12)

的动态限幅作用机理可由图 5-6 的轨迹变化情况进行说明。即在稳态情况下，系统工作于图中的 I 点；在电压跌落不大的情况下，无功电流增加，但仍在限幅圆的范围内，系统平稳于新的运行工况的 M 点；在电压跌落较大时，系统根据动态限幅设置，尽可能增加无功电流，并保证最小有功电流，以输出要求的最小有功功率，最终沿限幅圆边稳定于 N 点。

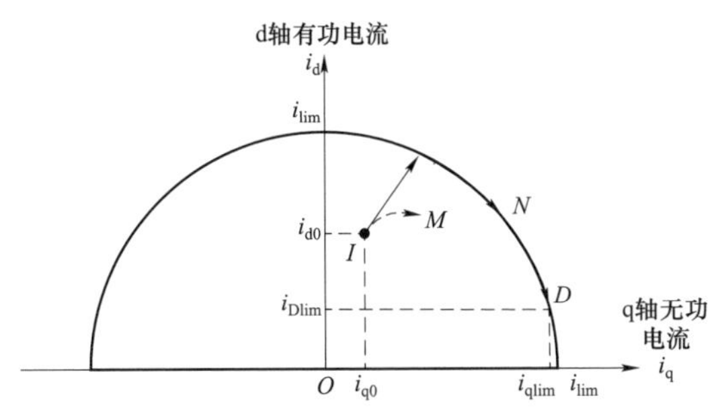

图 5-6　动态电流限幅示意图

2. 总体功率自适应下垂控制策略

（1）动态限幅的影响。根据先前方案，各主导换流站均设有无功电流动态限幅环节以发挥换流站电压支撑潜力。在设计各主导换流站自适应下垂控制策略时，必须考虑其与动态限幅环节的相互影响。

由前文知识可知，若 MMC-MTDC 系统中有 m 个换流站采用直流电压下垂控制，其余 n-m 个换流站采用定功率控制，直流网络中不平衡有功功率 ΔP 分配到第 i 个主导换流站的有功功率 ΔP_i 由其下垂系数决定，且有

$$\Delta P_i = \frac{\Delta P}{K_i \sum_{j=1}^{m} \frac{1}{K_j}} \tag{5-13}$$

考虑功率裕度的自适应下垂控制系数为

$$K_{i\text{adpt}} = K_i \left(\frac{1}{H_0 + H_i} \right)^2 \tag{5-14}$$

用式（5-14）的 $K_{i\text{adpt}}$ 替换式（5-13）中的 K_i，得

$$\Delta P_{i\text{adpt}} = \frac{\Delta P}{K_{i\text{adpt}} \sum_{j=1}^{m} \frac{1}{K_j}} = \frac{\Delta P (H_0 + H_i)^2}{K_i \sum_{j=1}^{m} \frac{1}{K_j}} \tag{5-15}$$

由于

$$H_i = P_{\mathrm{srated}} - P_{\mathrm{s}} = \frac{3}{2}u_{\mathrm{d}}i_{\mathrm{drated}} - \frac{3}{2}u_{\mathrm{d}}i_{\mathrm{d}} \tag{5-16}$$

式中，i_{srated}为额定功率时的有功电流，将式（5－16）代入式（5－15）中，有

$$\Delta P_{\mathrm{iadpt}} = \frac{\Delta P\left(H_0 + \frac{3}{2}u_{\mathrm{d}}(i_{\mathrm{drated}} - i_{\mathrm{d}})\right)^2}{K_i\sum_{j=1}^{m}\frac{1}{K_j}} \tag{5-17}$$

由式（5－17）可知，在忽略交流电压影响时，根据有功功率裕度设计的自适应下垂系数主要由运行有功电流与额定有功电流之差决定，此时的自适应下垂系数并没有考虑无功电流对有功电流的影响。

例如，引入动态限幅环节后，当无功电流达到限幅，即 $i_{\mathrm{q}} = i_{\mathrm{lim}}$ 时，根据式（5－11）及式（5－12）有

$$i_{\mathrm{d}} = 0 \tag{5-18}$$

则分配的不平衡有功功率达到最大，即

$$\Delta P_{\mathrm{iadpt}} = \Delta P_{\mathrm{iadpt\_max}} \tag{5-19}$$

而实际上换流站输出的总有功、无功功率有限，当 $i_{\mathrm{q}} = i_{\mathrm{lim}}$ 时，总体功率 S_{s} 已经达到最大值 S_{lim}，没有功率裕度可供分配，如式（5－20）所示

$$S_{\mathrm{s}} = \sqrt{P_{\mathrm{s}}^2 + Q_{\mathrm{s}}^2} = Q_{\mathrm{s}} = \frac{3}{2}u_{\mathrm{d}}i_{\mathrm{lim}} = \frac{9}{4}u_{\mathrm{d}}i_{\mathrm{rated}} = S_{\mathrm{slim}} \tag{5-20}$$

（2）总体功率自适应下垂控制设计。为实现换流站在动态无功支撑条件下有功功率的合理分配，从总体上考虑换流站的有功及无功功率裕度，设计总体功率自适应下垂控制策略，对功率裕度进行重新设计为

$$H_i = S_{\mathrm{slim}} - S_{\mathrm{s}} \tag{5-21}$$

式中，S_{slim}为总体功率限幅，且有

$$S_{\mathrm{slim}} = \sqrt{P_{\mathrm{slim}}^2 + Q_{\mathrm{slim}}^2} = \frac{3}{2}u_{\mathrm{d}}\sqrt{i_{\mathrm{dlim}}^2 + i_{\mathrm{qlim}}^2} = \frac{9}{4}u_{\mathrm{d}}i_{\mathrm{rated}} \tag{5-22}$$

将式（5－21）代入式（5－15）之中有

$$\Delta P_{i\mathrm{adpt}} = \frac{\Delta P\left[H_0 + \frac{3}{2}u_{\mathrm{d}}\left(\frac{3}{2}i_{\mathrm{rated}} - \sqrt{i_{\mathrm{d}}^2 + i_{\mathrm{q}}^2}\right)\right]^2}{K_i\sum_{j=1}^{m}\frac{1}{K_j}} \tag{5-23}$$

由式（5－21）可知，通过总体功率裕度设计，考虑了无功电流，避免了无功动态限幅环节对有功分配的影响，即可充分发挥换流站的无功支撑能力，又能使得不平衡有功功率得到合理分配。

最终设计出基于动态限幅的总体功率下垂控制如图 5-7 所示。为提高总体功率下垂控制的有效性及准确性，设置 Washout 触发环节。Washout 触发环节由 Washout 环节 $\dfrac{Ts}{1+Ts}$ 与采样保持环节 S/H 两部分构成。通过监测换流站有功信号的波动情况，触发是否采样自适应下垂系数。

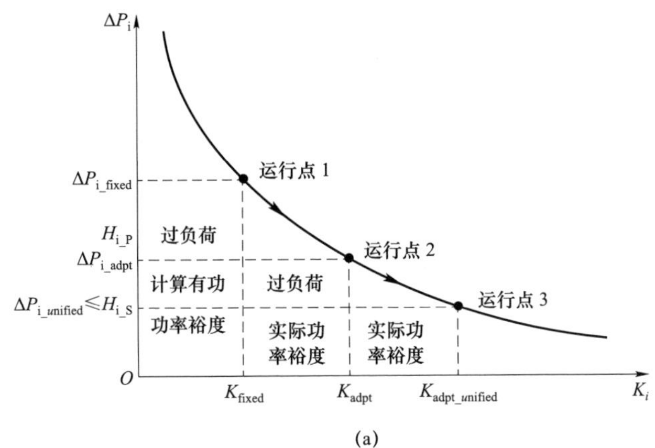

(a)

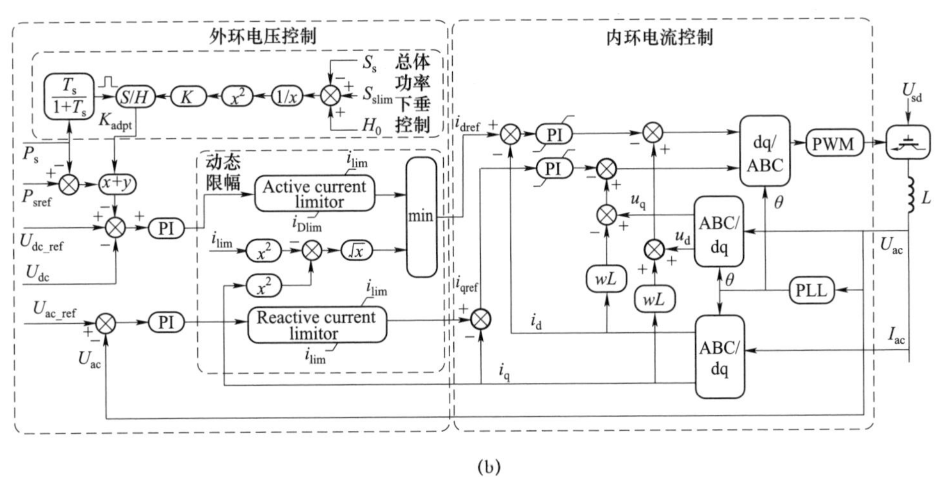

(b)

图 5-7 总体功率下垂控制原理及结构图

(a) 总体功率下垂控制原理图；(b) 基于动态限幅的总体功率下垂控制结构图

5.1.4 直流系统层内自治控制策略

1. 直流电网控制分层

一种直流电网分层协同自适应下垂控制策略，其分层方法如图 5-8 所示，假设直流电网中有 n 个换流站采用下垂控制方式，m 个换流站采用定有功功率的控制方式。直流电网的上层控制为系统控制层，由上层控制系统根据各换流站上传的电压功率信息进行最优潮流计算，结合各换流站的控制方式下发相应指令值，应用于稳态时或小扰动后直流电网的潮流优化以及下垂控制站功率与电压的精确控制，也称为稳态控制层。下层为换流站控制层，主要针对采用下垂控制的换流站，实现下垂系数的实时自适应优化，在直流电网发生大扰动情况下发挥的作用较大，也称为动态控制层。直流电网稳定运行时，上层控制系统定期执行采样–潮流优化–下发指令，当系统中发生较大扰动时，暂停上述命令，系统恢复稳定后重启潮流优化控制，而换流站控制层始终执行下垂系数的实时优化。系统控制层依赖于换流站与上层控制系统间的高速通信，而换流站控制层中各换流站仅依靠本地信号即可优化运行，如果通信中断，换流站就按中断前的指令值运行，即使系统中有较大的扰动发生，换流站控制层的自治控制方式仍然能保证系统的稳定过渡。

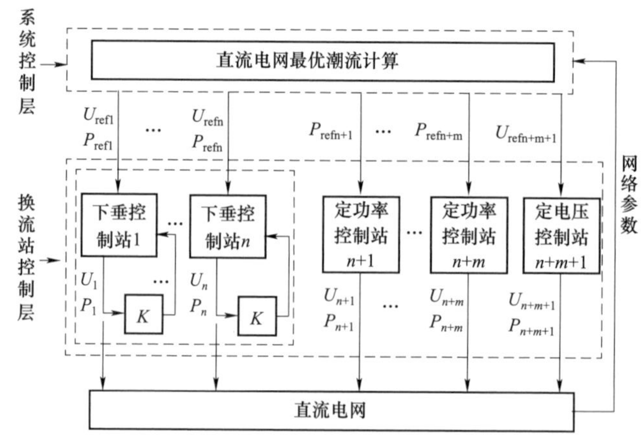

图 5–8　直流电网控制分层示意图

2. 直流电网分层协同自适应下垂控制

自适应下垂控制策略的焦点在于不平衡功率的合理分配，下垂系数 K'可能经历由 K'_{max} 到 K'_{min} 的跨度变化，下降速率较大，不利于直流电压的稳定，且易造成扰动期间直流电压相对于参考值的偏差较大，出现直流电压过低或过高的情况。因此，本节引入电压偏差影响因子 β，定义为

$$\beta = 1 - \frac{\left|\Delta U_{dc}\right|}{eU_{dci}^{ref}} = 1 - \frac{\left|U_{dci} - U_{dci}^{ref}\right|}{eU_{dci}^{ref}} \tag{5-24}$$

式中，e 为直流电压偏差系数，通常取直流电压参考值的 5%，即 $e=5\%$。为避免直流电压在参考值附近小幅度波动引起 β 的频繁变化，在直流电压偏差计算中加入比较器，引入电压偏差影响因子 β 作为下垂系数中功率自适应部分的指

数，即

$$K^* = \alpha K\left[\frac{P_i^{\max}+\mathrm{sign}(U_{\mathrm{dc}i}-U_{\mathrm{dc}i}^{\mathrm{ref}})P_i}{2P_i^{\max}}\right]^{\beta} \tag{5-25}$$

当 $U_{\mathrm{dc}i} \neq U_{\mathrm{dc}i}^{\mathrm{ref}}$ 且 K' 和 K^* 均在限幅范围内时，由 K' 与 K^* 的关系可知

$$K^* / K' = \left[\frac{P_i^{\max}+\mathrm{sign}(U_{\mathrm{dc}i}-U_{\mathrm{dc}i}^{\mathrm{ref}})P_i}{2P_i^{\max}}\right]^{\beta-1} > 1 \tag{5-26}$$

由式（5－26）可知，直流电压与参考值偏差越小，电压偏差影响因子 β 越接近于 1，优化自适应下垂系数 K^* 与自适应下垂系数 K' 越接近。随着电压偏差的增大，β 随之减小，K^* 逐渐增大，相当于提高了直流电压控制在下垂控制中的比重，与仅考虑功率裕度的自适应下垂控制相比，优化自适应下垂控制的电压稳定作用更强。固定斜率下垂控制、自适应下垂控制和本节中的优化自适应下垂控制的特性曲线对比如图 5－9 所示。优化自适应下垂控制框图如图 5－10 所示。

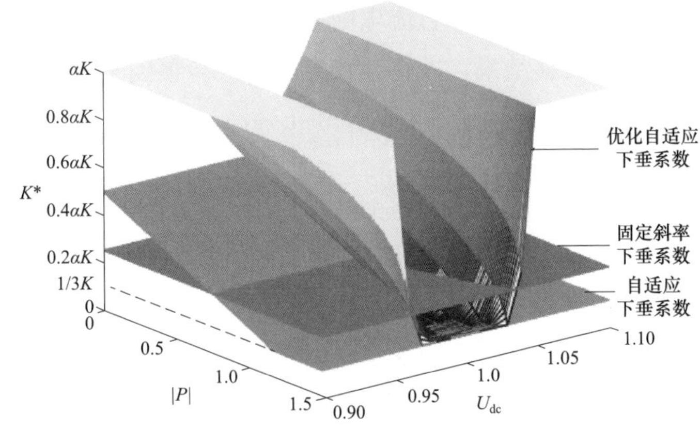

图 5－9　三种下垂控制的特性

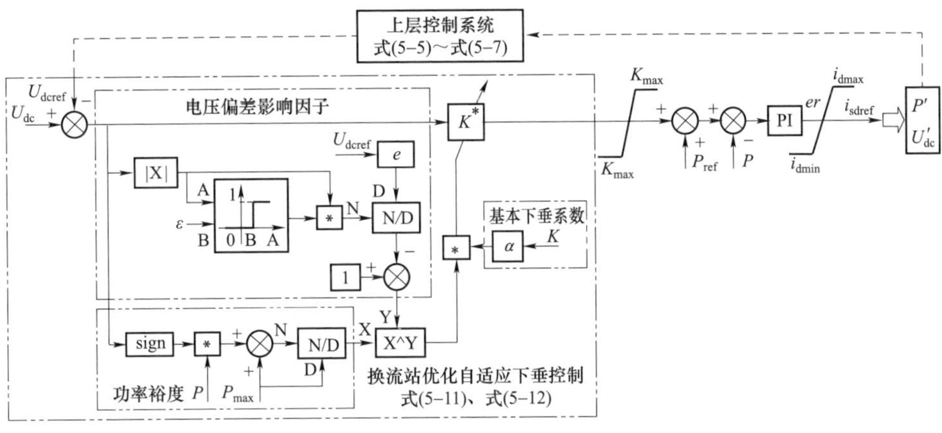

图 5－10　优化自适应下垂控制框图

5.2 交直流系统功率交换及潮流优化控制

5.2.1 交直流混联系统相互影响规律

交直流混联系统的静态安全分析十分必要，而交直流混联系统潮流转移是系统静态安全分析的基础，研究交直流混联系统潮流转移能为电网安全稳定运行提供指导作用。

本节首先分析直流混联系统的故障暂态特性；接着将交流电网计算潮流转移所采用的直流法推广至直流电网，构建直流电网的直流法模型，得到交流电网和直流电网的功率注入因子；然后基于功率注入因子推导出交直流混联系统的潮流转移因子，表征采用不同控制方式的换流站控制参数变化引起的支路潮流转移增量占原始潮流的百分比；最后采用改进含五端直流电网的 IEEE39 节点交直流混联系统测试算例，计算直流电网在主从运行方式和下垂运行方式的控制参数改变时的潮流转移结果，并将该结果与潮流转移因子计算的潮流转移结果进行对比，验证潮流转移因子的有效性和正确性。

1. 直流电网的功率注入因子

交直流混联系统的潮流转移为多个节点功率变化的潮流转移增量叠加，因此为了推导交直流混联系统的潮流转移因子，首先需推导单个节点功率变化的功率注入因子，以表征假定除平衡节点外的其他节点注入功率均不发生改变的情况下，单个节点功率变化引起的支路潮流转移增量占原始潮流的百分比，揭示其对系统线路传输功率造成的影响。功率注入因子通过对直流法原理延伸推导得到，既包含交流电网功率注入因子，也包含直流电网功率注入因子。

借鉴交流电网功率注入因子推导方式，推导直流电网功率注入因子。直流电网中连接节点 k 和 m 的直流传输线路的潮流表达式是一个依赖于直流电压的非线性函数，即

$$P_{km}=\frac{U_k^2-U_kU_m}{r_{km}} \tag{5-27}$$

式中，r_{km} 为直流节点 k、m 之间的电阻。

式（5-27）意味着需使用迭代法计算直流电压。为了得到直流电网的线性潮流模型，依据交流电网的直流潮流法，假设节点电压保持在额定直流电压，由此得到直流电网一种近似于直流潮流的“无损直流输电线路”表达式为

$$P_{km}=\frac{U_k-U_m}{r_{km}} \tag{5-28}$$

直流电网的线性模型表示为

$$\boldsymbol{P}=\boldsymbol{b}\boldsymbol{U}_{\mathrm{d}} \tag{5-29}$$

为便于讨论，令

$$\boldsymbol{A}=\boldsymbol{b}^{-1} \tag{5-30}$$

相似地，功率注入因子也适用于直流电网，假定直流节点 i 注入的有功功率由初始值 $P_i^{(0)}$变为 $P_i^{(1)}$，变化量为 $\Delta P_i=P_i^{(1)}-P_i^{(0)}$，除平衡节点外的其他节点注入有功功率均不变。与交流电网潮流转移因子推导类似，可得

$$\begin{aligned}P_{km}^{(1)}&=\frac{U_{\mathrm{d}k}^{(1)}-U_{\mathrm{d}m}^{(1)}}{x_{km}}=\frac{\boldsymbol{M}_{km}^{\mathrm{T}}\boldsymbol{U}_{\mathrm{d}}^{(0)}}{x_{km}}=\frac{\boldsymbol{M}_{km}^{\mathrm{T}}(\boldsymbol{U}_{\mathrm{d}}^{(0)}+\Delta\boldsymbol{U}_{\mathrm{d}})}{x_{km}}\\&=\frac{\boldsymbol{M}_{km}^{\mathrm{T}}\boldsymbol{U}_{\mathrm{d}}^{(0)}}{x_{km}}+\frac{\boldsymbol{M}_{km}^{\mathrm{T}}\boldsymbol{b}^{-1}\Delta\boldsymbol{P}}{x_{km}}=P_{km}^{(0)}+\Delta P_{km}\end{aligned} \tag{5-31}$$

进一步推导，可得任一直流支路 km 在节点 i 注入功率发生改变后传输的有功功率为

$$P_{km}^{(1)}=P_{km}^{(0)}+\frac{A_{ki}-A_{mi}}{x_{km}}\Delta P_i \tag{5-32}$$

定义 $\beta_{km,\,i}$ 为功率注入因子，表征直流节点 i 注入有功功率发生变化时，直流支路 km 潮流转移增量占原始潮流的百分比。即

$$\beta_{km,i}=(A_{ki}-A_{mi})x_{km}{}^{-1} \tag{5-33}$$

2. 交直流系统相互影响评价方法

稳态情况下，直流电网与交流电网间的交换功率由直流电网各端换流站控制方式决定。交流电网的拓扑和潮流变化对直流电网的功率传输没有影响。因此只需研究直流电网变化引起的功率转移。当研究直流电网换流站进行功率控制引起的交直流混联系统潮流转移时，考虑到直流换流站功率完全可控（既可以发出功率，也可以吸收功率），此时柔性直流换流站可当作发电机处理。将直流电网换流站等效为发电机后，可根据潮流转移因子定量分析换流站进行功率控制引起的潮流转移。

对于交流电网而言，当与 MMC 直接相连的直流节点发生功率改变时，可以视为该换流站的功率通过 MMC 转移到所连接的交流节点，即与该 MMC 连接的交流节点发生了相应的功率改变。因此将求解直流控制功率改变引起的交流线路潮流转移转化为交流电网功率注入因子的叠加问题。

对于直流电网而言，当 MMC 进行功率控制，将导致电网中直流功率重新分配，引起其他 MMC 传输功率同时改变。因此直流线路潮流转移也可看作是转化为直流电网功率注入因子的叠加。

交直流混联系统的潮流转移与直流电网运行方式和直流电网与交流电网的连接方式有关。直流电网运行方式主要分为主从运行方式和下垂运行方式。直流电网与交流电网的连接方式主要分为MMC连接同一交流电网和MMC连接于不同交流电网。接下来将就两种运行方式和两种拓扑结构下的潮流转移因子进行讨论。

（1）不同电源在主从运行方式下潮流转移因子。当直流电网采用主从运行方式时，主换流站采用定直流电压控制，保持直流电压恒定；从换流站一般采用定交流有功功率 P_s 控制或定直流功率 P_d 控制，由于 P_s 和 P_d 之间差异较小，本章讨论时将两种控制方式统一视为定直流功率 P_d 控制。

当直流电网采用主从运行方式且网络出现不平衡功率 ΔP 时，该不平衡量将导致定直流电压换流站注入功率发生相应的变化，以保持电网直流功率的平衡，故定直流电压换流站也称为平衡换流站。

记初始状态下和新的状态下换流站 i 的稳定点分别为 $(U_d^{(0)}, P_d^{(0)})$ 和 $(U_d^{(1)}, P_d^{(1)})$，功率变化量记为 $\Delta P_i = P_d^{(1)} - P_d^{(0)}$ 时，由于直流法不计直流网络损耗，则平衡换流站 j 的注入功率变化量为

$$\Delta P_j = -\Delta P_i \tag{5-34}$$

根据以上分析，对于交流电网而言，当定功率换流站 i 功率参考值变化 ΔP_i 时，可视为与换流站 i 和平衡换流站 j 连接的交流节点 a 和 b 分别发生了 ΔP_i 和 ΔP_j 的功率变化。

若换流站 i 与换流站 j 连接于同一交流电网 1 时，交流电网 1 支路 km 传输的有功功率：

$$\begin{aligned} P_{km}^{(1)} &= P_{km}^{(0)} + \alpha_{km,a}\Delta P_i + \alpha_{km,b}\Delta P_j \\ &= P_{km}^{(0)} + (\alpha_{km,ia} - \alpha_{km,b})\Delta P_i \end{aligned} \tag{5-35}$$

则潮流转移因子为

$$\gamma_{km,i} = \alpha_{km,a} - \alpha_{km,b} \tag{5-36}$$

若换流站 i 与换流站 j 连接于不同交流电网，换流站 i 连接于交流电网 2 时，交流电网 2 支路 km 传输的有功功率为

$$P_{km}^{(1)} = P_{km}^{(0)} + \alpha_{km,a}\Delta P_i \tag{5-37}$$

则潮流转移因子为

$$\gamma_{km,i}=\alpha_{km,a} \tag{5-38}$$

对于直流电网而言，当定功率换流站 i 功率参考值变化 ΔP_i 时，可视为与换流站 i 和平衡换流站 j 连接的直流节点 i 和 j 分别发生了 $-\Delta P_i$ 和 $-\Delta P_j$ 的功率变化。依据交流电网的推导，类似地，直流支路 km 传输的有功功率为

$$\begin{aligned}P_{km}^{(1)}&=P_{km}^{(0)}+\beta_{km,i}(-\Delta P_i)+\beta_{km,j}(-\Delta P_j)\\&=P_{km}^{(0)}+(\beta_{km,j}-\beta_{km,i})\Delta P_i\end{aligned} \tag{5-39}$$

则潮流转移因子为

$$\gamma_{km,i}=\beta_{km,j}-\beta_{km,i} \tag{5-40}$$

（2）不同电源在下垂运行方式下的潮流转移因子。当直流电网采用下垂运行方式且网络出现不平衡功率 ΔP 时，由采用下垂控制的各个换流站分担该功率。记初始状态和新的状态下垂换流站 i 的稳定点分别为 $(U_{\mathrm{d}}^{(0)},P_{\mathrm{d}}^{(0)})$ 和 $(U_{\mathrm{d}}^{(1)},P_{\mathrm{d}}^{(1)})$，则有

$$\begin{cases}P_{\mathrm{d}i}^{(0)}-P_{\mathrm{diref}}+K_i(U_{\mathrm{d}i}^{(0)}-U_{\mathrm{dref}})=0 & \text{初始状态}\\P_{\mathrm{d}i}^{(1)}-P_{\mathrm{diref}}+K_i(U_{\mathrm{d}i}^{(1)}-U_{\mathrm{dref}})=0 & \text{新的状态}\end{cases} \tag{5-41}$$

将初始状态和新的状态相减，可得

$$P_{\mathrm{d}i}^{(1)}-P_{\mathrm{d}i}^{(0)}=K_i(U_{\mathrm{d}i}^{(0)}-U_{\mathrm{d}i}^{(1)}) \tag{5-42}$$

当换流站 i 的功率变化量为 $\Delta P_i=P_{\mathrm{d}}^{(1)}-P_{\mathrm{d}}^{(0)}$ 时，直流网络出现的不平衡功率为

$$\Delta P=\sum_{j=1}^{m}(P_{\mathrm{d}j}^{(1)}-P_{\mathrm{d}j}^{(0)})=(U_{\mathrm{d}j}^{(0)}-U_{\mathrm{d}j}^{(1)})\sum_{j=1}^{m}K_j \tag{5-43}$$

不计直流电网网损时，所有直流节点电压相等。即 $U_{\mathrm{d}j}^{(0)}-U_{\mathrm{d}j}^{(1)}=U_{\mathrm{d}i}^{(0)}-U_{\mathrm{d}i}^{(1)}$，得

$$\Delta P=(U_{\mathrm{d}i}^{(0)}-U_{\mathrm{d}i}^{(1)})\sum_{j=1}^{m}K_j=\frac{\Delta P_i}{K_i}\sum_{j=1}^{m}K_j \tag{5-44}$$

得出换流站 i 所分担的功率为

$$\Delta P_i=\frac{\Delta PK_i}{\sum_{j=1}^{m}K_j} \tag{5-45}$$

由式（5-45）可知，网络出现不平衡功率 ΔP 时，各个换流站所分配的功率与下垂系数有关。由于在功率分配推导过程中，未考虑功率的方向问题，根据功率的平衡，换流站 j 所分担的功率实际应为 $-\Delta P_j$。

对于交流电网而言，当定功率控制换流站 i 功率参考值变化 ΔP_i 时，可视为与换流站 i 和下垂控制换流站 1–m 连接的交流节点 a 和 $b1$–bm 分别发生了 ΔP_i 和$-\Delta P_j(j\in m)$的功率变化。

若下垂控制换流站与换流站 i 连接于同一交流电网 1 时，交流电网 1 支路 km 传输的有功功率为

$$\begin{aligned}P_{km}^{(1)}&=P_{km}^{(0)}+\alpha_{km,a}\Delta P_i-\sum_{j=1}^{m_1}\alpha_{km,bj}\Delta P_j\\&=P_{km}^{(0)}+\left[\alpha_{km,a}-\sum_{j=1}^{m_1}\alpha_{km,bj}\left(K_j\frac{1}{\sum\limits_{k=1}^{m_1}K_k}\right)\right]\Delta P_i\end{aligned}\tag{5-46}$$

式中，m_1 为交流电网 1 中下垂控制节点的数目。

则潮流转移因子为

$$\gamma_{km,i}=\alpha_{km,a}-\sum_{j=1}^{m_1}\alpha_{km,bj}\left(K_j\sum_{k=1}^{m_1}\frac{1}{K_k}\right)\tag{5-47}$$

若下垂控制换流站与换流站 i 连接于不同交流电网，下垂控制换流站连接于交流电网 2 时，交流电网 2 支路 km 传输的有功功率为

$$\begin{aligned}P_{km}^{(1)}&=P_{km}^{(0)}+\sum_{j=1}^{m_2}\alpha_{km,bj}\Delta P_j\\&=P_{km}^{(0)}+\left[\sum_{j=1}^{m_2}\alpha_{km,bj}\left(K_j\sum_{k=1}^{m_2}\frac{1}{K_k}\right)\right]\Delta P_i\end{aligned}\tag{5-48}$$

则潮流转移因子为

$$\gamma_{km,i}=\sum_{j=1}^{m_2}\alpha_{km,bj}\left(K_j\sum_{k=1}^{m_2}\frac{1}{K_k}\right)\tag{5-49}$$

式中，m_2 为交流电网 2 中下垂控制节点的数目。

对于直流电网而言，当定功率换流站 i 功率参考值变化 ΔP_i 时，可视为与换流站 i 和下垂控制换流站 $1-m$ 连接的直流节点分别发生了$-\Delta P_i$ 和 $\Delta P_j(j\in m)$的功率变化。类似于交流电网的推导，直流支路 km 传输的有功功率为

$$\begin{aligned}P_{km}^{(1)}&=P_{km}^{(0)}-\beta_{km,i}\Delta P_i+\sum_{j=1}\beta_{km,j}\Delta P_j\\&=P_{km}^{(0)}+\left[\sum_{j=1}^{m_1}\beta_{km,j}\left(K_j\sum_{k=1}^{m_1}\frac{1}{K_k}\right)-\beta_{km,i}\right]\Delta P_i\end{aligned}\tag{5-50}$$

则潮流转移因子为

$$\gamma_{km,i}=\sum_{j=1}^{m_1}\beta_{km,j}\left(K_j\sum_{k=1}^{m_1}\frac{1}{K_k}\right)-\beta_{km,i} \tag{5-51}$$

综上，计及不同运行方式以及不同系统的潮流转移因子如表 5-1 所示。

表 5-1　　不同情况下的潮流转移因子表

控制方式	交流线路		直流线路
	同一系统	不同系统	
主从控制	$\alpha_{km,a}-\alpha_{km,b}$	$\alpha_{km,a}$	$\beta_{km,j}-\beta_{km,i}$
下垂控制	$-\alpha_{km,a}+\sum_{j=1}^{m_1}\alpha_{km,bj}\left(K_j\sum_{k=1}^{m_1}\frac{1}{K_k}\right)$	$\sum_{j=1}^{m_2}\alpha_{km,bj}\left(K_j\sum_{k=1}^{m_2}\frac{1}{K_k}\right)$	$-\beta_{km,i}+\sum_{j=1}^{m_1}\beta_{km,j}\left(K_j\sum_{k=1}^{m_1}\frac{1}{K_k}\right)$

（3）潮流转移的叠加。由于潮流转移因子是属于线性函数，因此主要运行方式确定后，当多个换流站同时发生控制参数变化时，可采用单个换流站的潮流转移因子计算得到潮流转移的叠加来进行总体的估算。

直流电网采用主从运行方式/下垂运行方式时，如果定功率换流站 i 功率参考值变化 ΔP_i，同时定功率换流站 j 功率参考值变化 ΔP_j，则支路潮流转移为

$$P_{km}^{(1)}=P_{km}^{(0)}+\gamma_{km,i}\Delta P_i+\gamma_{km,j}\Delta P_j \tag{5-52}$$

5.2.2　直流电网潮流优化控制

本小节中的控制框架基于直流电网最优潮流和下垂控制策略，实现方式如图 5-11 所示，调度中心上位机与各端由光纤进行连接通信，系统采样直流电网网络参数（注入功率、网络电阻等）进入第一控制层进行直流电网最优潮流计算，将得到的输出结果（即 P_{ref}、U_{ref}）输送给参数计算程序计算 α、β、γ 参数，该控制为全局控制，执行时间为秒级单位。第二控制层接收到参考值指令后，下发给各个下垂控制换流站，该控制为本地控制，执行时间为毫秒级单位。两个控制层调度指令定时（可根据需求修正定时周期）下发一次，指令未更新期间及通信故障时均保持各直流参数不变。

该控制框架实现从两个方面调节系统潮流的目的：① 由于进行了最优潮流计算，能保证系统网络损耗最小；② 通过调节下垂系数，保证直流电网功率按照期望值分布。

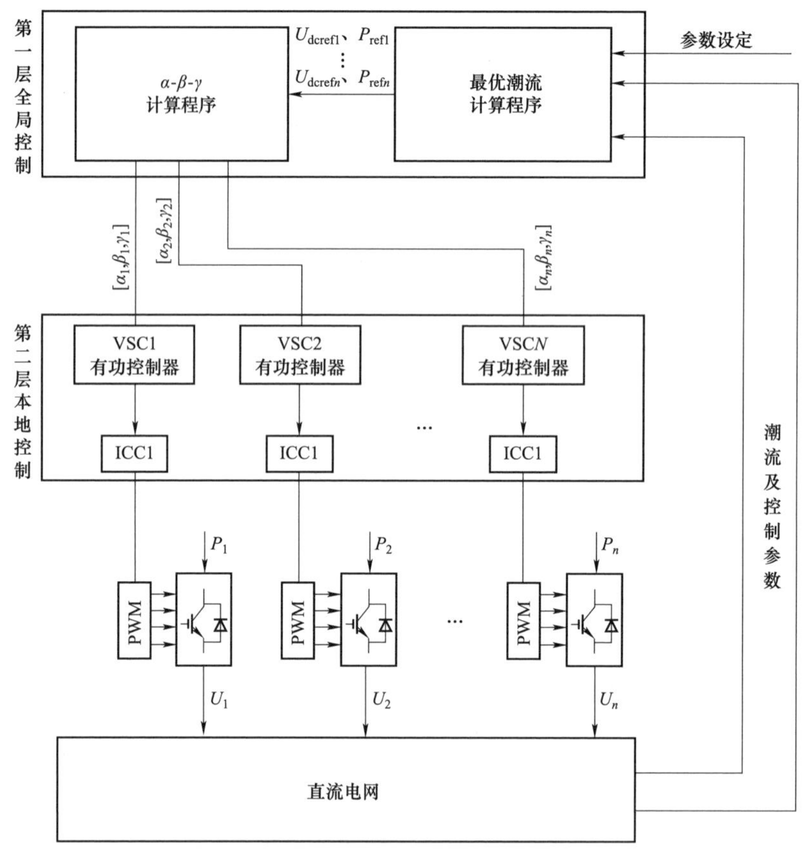

图 5-11　直流电网潮流优化控制框架

1. 计算最优潮流

将系统中不规定功率分配的一个下垂控制节点看作是平衡节点，其他下垂控制节点全部看作定功率节点，并且各换流站功率设定为期望值，即将含有下垂控制运行方式的直流电网看作是主从控制运行方式的直流电网。值得注意的是，由于在某一时刻，风电场和光伏电站采样得到功率保持不变，所以在本小节中，连接风电场的换流站节点（连接光伏的换流站节点同理）处理为恒正功率节点。此时，直流电网中只包含定功率节点和平衡节点，选定系统状态变量为定功率节点的直流电压，控制变量为平衡节点的直流电压。假设第 N 个节点为平衡节点，状态变量 x 和控制变量 u 为

$$\begin{cases} x = [U_1, U_2, \cdots, U_{N-1}]^{\mathrm{T}} \\ u = U_N \end{cases} \tag{5-53}$$

本小节 dcOPF 所选的目标函数为网络损耗最小。在最速下降法中，不等式约束的处理方式为

$$W(u,x)=\sum_{i=1}^{N}\omega_1(U_i-U_i^{\max})^2+\sum_{i=1}^{N}\omega_2(U_i-U_i^{\min})^2 \\ +\sum_{i=1}^{N}\omega_3(P_i-P_i^{\max})^2+\sum_{i=1}^{N}\omega_4(I_i-I_i^{\max})^2 \tag{5-54}$$

式中，ω_1、ω_2、ω_3、ω_4 分别为电压最大值限制、电压最小值限制、功率最大值限制和电流最大值限制的罚因子，可根据对不同功能限制的要求程度调整罚因子的变化大小；设系统直流电压的额定值为 U_{dcN}，$U_i^{\min}$、$U_i^{\max}$ 分别为节点 i 直流电压下限 $0.9U_{dcN}$ 和直流电压上限 $1.1U_{dcN}$；换流站输送功率的大小受换流站容量 S 的限制，即 $P_i^{\max}=S_i$。

2. 确定下垂系数

对于第 k 个下垂控制换流站，直流电网最优潮流输出的和必然存在于下垂特性曲线上，如图 5－12 所示。

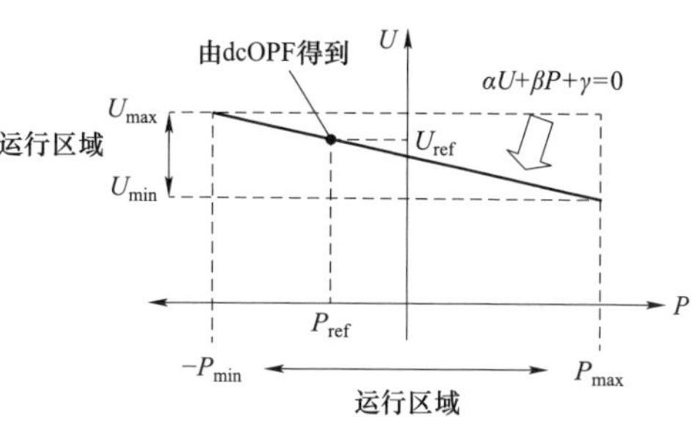

图 5－12　下垂控制特性

所表达的逻辑意义为

$$\alpha U_{\text{ref}}+\beta P_{\text{ref}}+\gamma=0 \tag{5-55}$$

式中，U_{ref}、P_{ref} 分别为 dcOPF 输出的直流电压和直流功率参考值。当参考值确定后，式（5－55）仍存在三个未知量 α、β、γ，因此，必须再提供额外两个等式才能确定这三个未知量。在交流系统的控制中，发电机的控制下垂系数往往保持恒定（5%左右）。仿照交流系统，在本小节中，也假设下垂控制系数 m_i 在运行过程中保持恒定并且是已知的，即

$$m_i=\frac{\beta_i}{\alpha_i},i=1,\cdots,n_k \tag{5-56}$$

式中，n_k 为下垂控制节点数目。

假设 $\alpha_i=1$，可计算出

$$\beta_i=m_i,i=1,\cdots,n_k \tag{5-57}$$

联立求解可知

$$\gamma_i=-U_{\text{ref},i}-m_iP_{\text{ref},i},i=1,\cdots,n_k \tag{5-58}$$

根据式（5－58）节下垂控制系数，可以保证直流电网按照直流电网最优潮流所计算的有效运行点运行。

3. 控制方法流程

图 5－13 给出了所提直流电网潮流优化控制的计算流程。其中，调度中心采

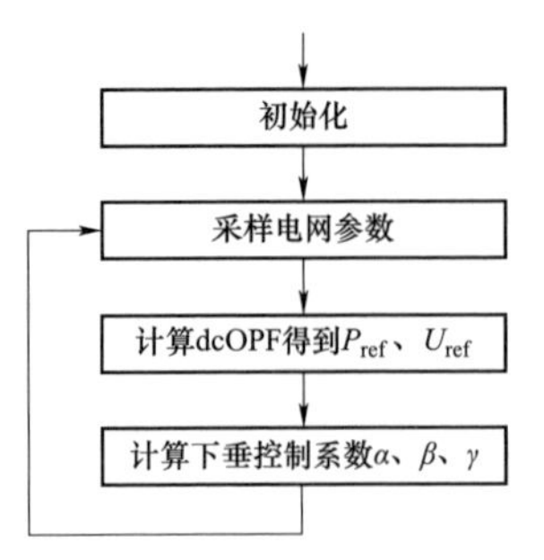

图 5－13　直流电网潮流优化控制计算流程

样系统本时刻电网参数，以保证在系统电网参数人工改变或意外改变后，该控制仍能有效实现。由直流电网最优潮流计算得到下个更新周期的 P_{ref} 和 U_{ref}，分别将这些参考值赋给下垂控制的换流站，下垂控制换流站根据参考值，计算出相关下垂系数。并且每隔一定周期，重新进行计算并下达控制指令，从而实现系统运行过程不断修正命令值和下垂系数，始终处于目标函数最优并且功率分配满足期望分布的状态。

5.3　换流站控制与交流电网的协调配合技术

5.3.1　调度对协调配合策略的影响

在柔性直流电网嵌入交流电网后，电网的调度计划将面临新的问题，对于稳态功率潮流控制，主要任务是保证各 MMC-MTDC 系统中各换流站传输的功率量与预定功率指令值相等或接近，这个过程可以通过消除下垂控制器中的直流电压稳态误差来实现。这意味着，在进行 MMC-MTDC 系统潮流分析时，选取合适的直流电压参考值尤为重要。在实际情况下，在不同运行方式下调度员会以不同的分配方式分配送端功率，对于大型 MTDC 输电系统，不同的运营商有各自的电力目标，因此常无法满足最优的电力调度模式。为满足用户侧实时对电能的需求，动态调整传输的功率，这将对电力系统输电的灵活性提出极大的要求，通过改变直流电压的下垂系数可以实现不同功率的传输，但是一般工程中下垂系数的选取在整个调度过程中保持不变，难以满足实时动态调整系统潮流的要求。

如图 5－14 所示，以一个四端柔性直流电网为例，可能存在的电力调度模式为如下三种。

（1）模式 1：主从调度模式。在该模式中，采用直流电压控制的换流站有一定的优先级参与电能的传输。假定 MMC3 为主换流站，MMC4 为备用换流站。在直流网络出现不平衡功率时，优先由 MMC3 进行不平衡功率的补偿，当 MMC3 输出的功率达到其极限值时，MMC3 进入限流模式或者定有功功率模式，剩余的不平衡功率由 MMC4 进行消纳。

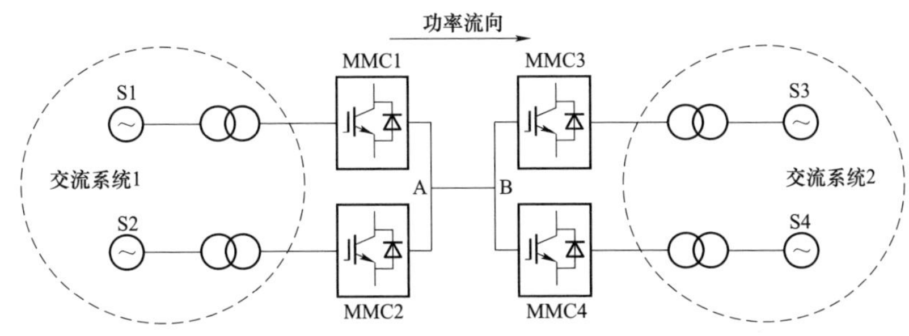

图 5－14 张北四端柔性直流电网结构图

（2）模式 2：既定比例调度模式。在该模式中，采用下垂控制的换流站共同来承担不平衡功率的消纳任务，根据负荷侧的不同需求，两个换流站所承担的不平衡功率也将不同，假定 MMC3 和 MMC4 为采用下垂控制的换流站，在某一时刻要求 MMC3 与 MMC4 间的电力调度比为 n，即 $n=I_3/I_4$。

（3）模式 3：先比例再主从模式。该模式是上述两种模式的结合，假定在直流网络出现不平衡功率时，MMC3 和 MMC4 按照一定的比例对不平衡功率进行传输，当 MMC3 输出的功率达到一定值（高于 MMC3 传输功率的极限值）时，剩余的不平衡功率将会由 MMC4 传输，以达到对不平衡功率的进一步消纳，从而使直流网络的直流电压稳定在正常波动范围内。

5.3.2 继电保护对协调配合策略的影响

1. 直流断线故障

对于直流环网来说，当一条输电线路发生断线故障后，环网中的整流站向直流网络注入的功率仍能通过其余的正常线路传输到网络中的逆变站。以下以张北四端柔性直流电网为基础，将对环网中的断线故障后的应对策略做出详细的分析。

本节针对张北直流电网一期工程数据，在 PSCAD 软件中搭建了一个如图 5－15 所示的直流电网模型。其中 MMC1、MMC2、MMC3、MMC4 对应康保站、张北站、丰宁站与北京站。设定丰宁采用定电压控制，额定直流电压 1000kV；康保站、张北站为送端，分别送出功率 1500MW 与 750MW；北京站为受端，接收功率为 3000MW。

现考虑丰宁站至北京站架空线发生正极断线故障，断线故障发生后，正极线路形成放射式结构，原本流经丰宁站至北京站正极线路的有功功率此时通过张北站至北京站的正极线路流入北京站。负极线路传输功率与故障发生前相一致。断线故障后正负极线路传输功率分布如图 5－16 所示。

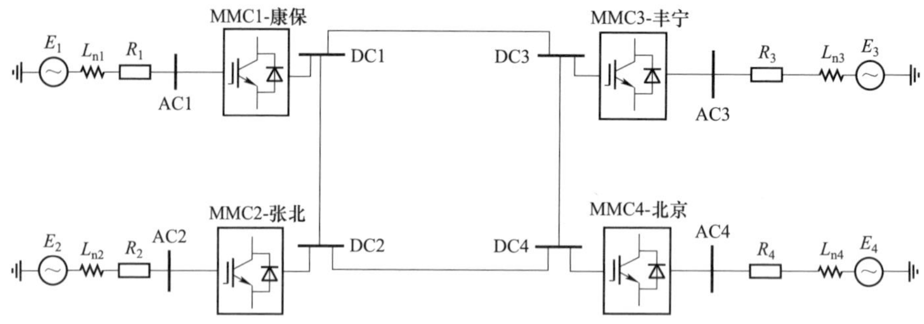

图 5－15　张北四端柔性直流电网模型

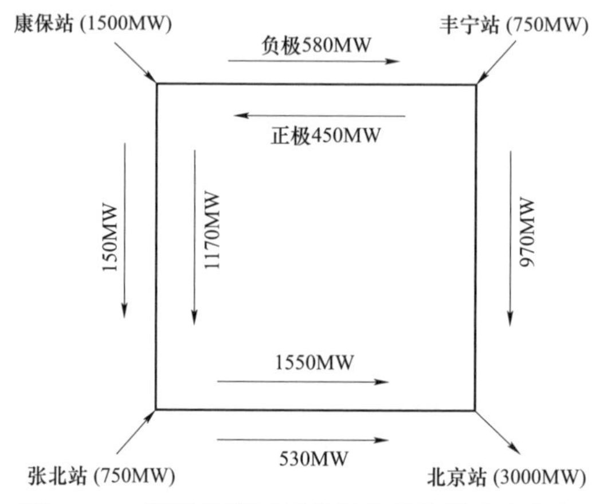

图 5－16　断线故障后正负极线路传输功率分布

目前，应对直流线路断线后线路过负荷的方法主要包括换流站速降功率和通过正常极转送功率两种。速降功率即是在断线发生后，判断是否会发生线路过载，并根据预估的过载程度快速降低整流站的功率。这种方法可以有效降低线路传输的稳态功率，但无法降低暂态过程中出现的功率峰值。功率转送即是通过正常一极增发功率，以减少故障一极线路的传输功率。这种方法最大的优点是可以保证逆变站维持原有功率大小，但需要负极线路具有一定的转送余量，且当直流网络结构复杂时，转送功率大小整定困难。本小节在两种方法的基础上，对调节方案进行了改进。

断线发生后，整流站与逆变站直流侧电压将会短时偏移额定值，随后在环网中承担定电压控制的换流站将会根据检测到的电压偏差来进行调节。以丰宁站为例，该站检测到直流电压升高后，视为负的电压偏差，外环控制器将会产生负的电流参考值增量，进而减少该站注入直流网络的功率。这将增加逆变站的功率缺额，迫使与逆变站相连的正常线路增加电流值。为加快系统恢复速度，可以在故障发生后小幅降低丰宁站的电压参考值，以增加丰宁站流入北京站的

功率。作为逆变站的北京站，断线故障后注入逆变站的功率减少，视为正的功率偏差，外环控制器将产生正的电流参考量增量，迫使与之相连的正常线路传输电流上升。为防止线路过流，可以采用短时降低逆变站功率参考值的方法，减少线路电流上升速度。同时为防止系统恢复稳定后，一部分线路过载，功率参考值不应恢复至原值，而是保证各条线路传输电流在安全范围之内。以上两种调节方法对线路过流程度的影响如图 5－17 所示。

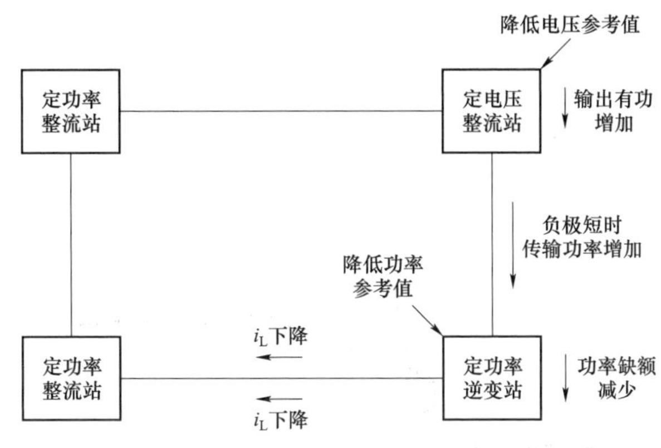

图 5－17　调节换流站控制特性的影响

断线发生后，直流功率流向的变化，可能会使线路承受断线前功率数倍的有功功率。对于张北四端系统，丰宁站至北京站发生断线故障后，张北站至北京站线路将会流通 3.5kA 的电流。现有直流断路器额定通流能力为 3.0kA，具备长期承受 1.05 倍过电流的情况。考虑到上述特点，可以不闭锁各换流站，转而改变各换流站额定运行点，以避免换流站重启动的过程，加快系统恢复稳定的速度。

断线故障线路两端换流站检测到故障发生后，使故障线路两端直流断路器动作，隔离故障线路，以便检修；预估断线后功率流向变化，随后定有功控制的逆变站和定电压控制的整流站按图 5－18 给出的方式调节系统级控制给定的电压和有功参考值。

t_1 时刻故障发生，故障线路两端换流站同时快速降低 P_{ref} 和 U_{dc_ref}。定电压换流站参考值降低至 U_{ref1}，仿真中取为 0.95；定功率换流站参考值降低至 P_{ref1}，降低幅度应不少于故障线路正常状态下传输功率所占逆变站总功率的比例，仿真中取为 0.65。t_2 时刻各换流站开始提升参考值，t_3 时刻定电压站恢复至 1.0 标幺值，t_4 时刻定功率站提升至 P_{ref2}，保证流经线路的功率在安全范围之内。系统恢复稳定后，定功率站减少的有功功率将由定电压站承担，因而当定电压站工作于逆变状态时，必须保证定电压站具有足够的容量裕度。故障方案效果对比如图 5－19 所示。

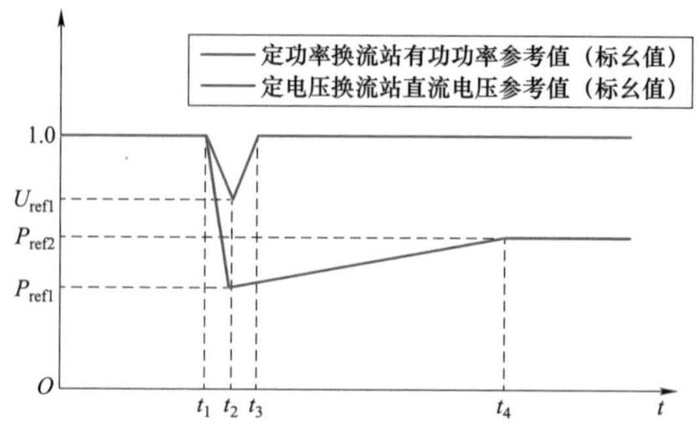

图 5－18　断线发生后故障线路两端换流站控制方案

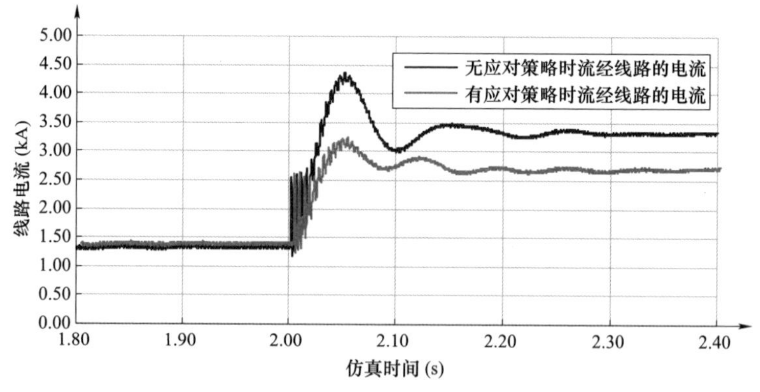

图 5－19　调节方案效果对比

通过快速调节断线故障两端换流站物理量参考值，可以使系统更快地恢复正常运行，同时将线路电流限制在安全范围之内，以保证系统能够安全持续运行。

2. 极间短路故障

MMC-HVDC 系统中直流线路双极短路是最严重的故障，一般是永久性故障，输电线路的双极短路连接，两站中的子模块电容快速放电，两站之间的传输功率将迅速停止，相当于发生三相短路故障。它将导致桥臂过电流以及换流站电压剧降。直流闭锁保护与直流断路器保护相配合可以降低故障带来的损失，在故障危及交流系统时还可以断开交流侧断路器。但直流闭锁会严重影响直流电网本身的功率分布。故采取直流断路器与调度指令相结合的方式，减轻直流双极短路带来的危害。

MMC-MTDC 系统如图 5－14 所示，设定在 MMC1 与 MMC4 间直流母线中点处发生双极短路故障。采取直流断路器与调度指令相结合的方式，针对 5.3.1 节中三种调度模式进行短路故障分析如下。

（1）主从调度模式。MMC1 采用定直流电压控制，MMC2 采用定直流功率控制，MMC3 和 MMC4 均采用直流电压协调下垂控制模式，以 MMC3 为主换流站。在故障发生后 100ms 断开直流断路器，直流线路的直流电流、换流站直流电压及换流站输送有功功率的仿真结果如图 5－20～图 5－22 所示。

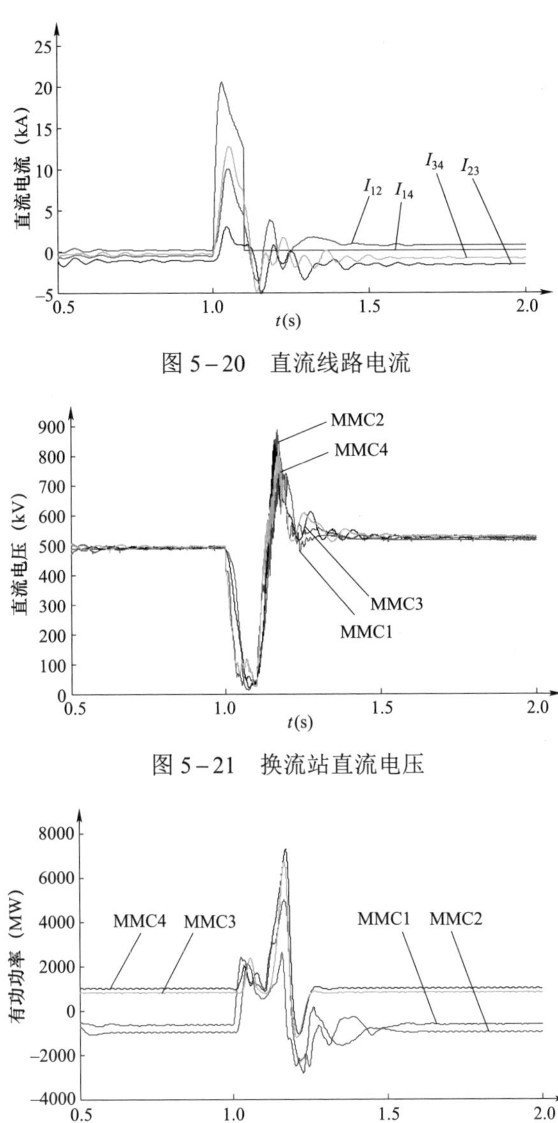

图 5－20　直流线路电流

图 5－21　换流站直流电压

图 5－22　换流站输送有功功率

与仅断开直流断路器相比，加入了调度指令后，直流线路上电流差距不大，直流电压略有提升，换流站功率振荡较小，恢复稳定的时间变快。在发生故障后，由于 MMC4 功率超出限额，MMC3 先进入定电压控制；在 MMC4 功率恢复后 MMC3 进入定功率控制模式。

（2）既定比例调度模式。MMC1 采用定直流电压控制，MMC2 采用定直流功率控制，MMC3 和 MMC4 均采用直流电压协调下垂控制模式。MMC3 与 MMC4 的电流与下垂系数如式（5-59）所示。

$$n=\frac{I_3}{I_4}=\frac{(U_3-U_{\mathrm{ref}})/K_3}{(U_4-U_{\mathrm{ref}})/K_4}=\frac{K_3}{K_4} \tag{5-59}$$

取 $K_3/K_4=0.8$，直流线路的直流电流、换流站直流电压及换流站输送有功功率的仿真结果如图 5-23～图 5-25 所示。

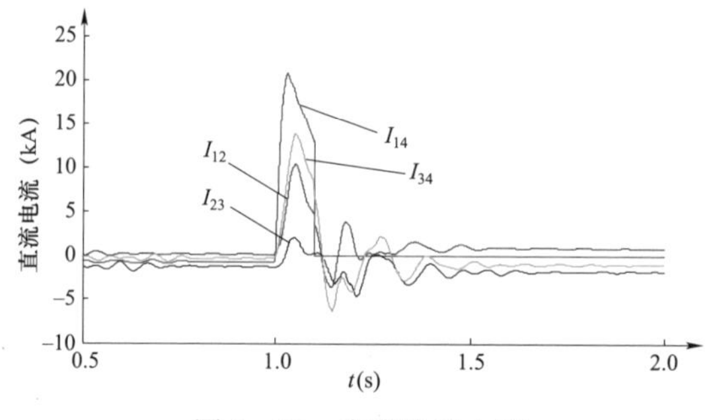

图 5-23　直流线路电流

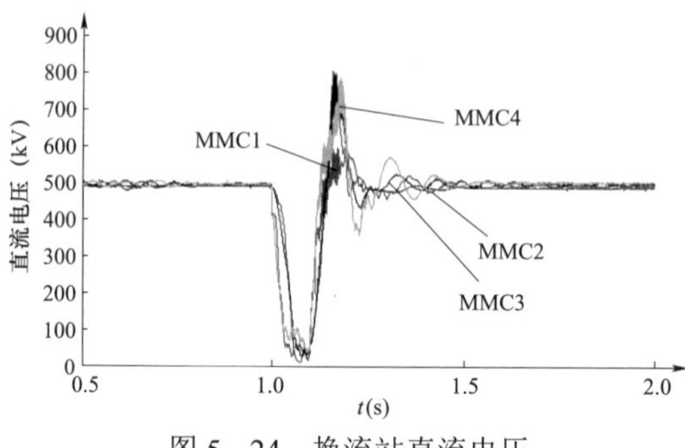

图 5-24　换流站直流电压

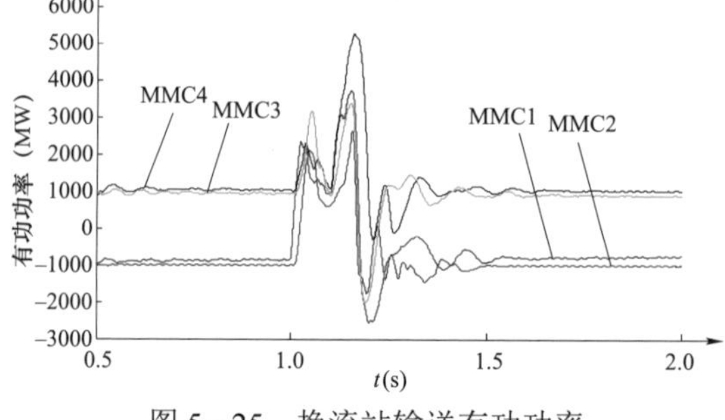

图 5-25　换流站输送有功功率

与主从调度模式相比，换流站直流电压保持稳定，没有较大幅度的提升。直流电流与换流站有功功率与主从调度模式相似。

（3）先比例再主从模式。换流站 MMC1 采用定直流电压控制，MMC2 采用定直流功率控制，MMC3 和 MMC4 均采用直流电压协调下垂控制模式。MMC3 为主换流站，MMC3 与 MMC4 下垂比例系数仍取 0.8。直流线路的直流电流、换流站直流电压及换流站输送有功功率的仿真结果如图 5－26～图 5－28 所示。

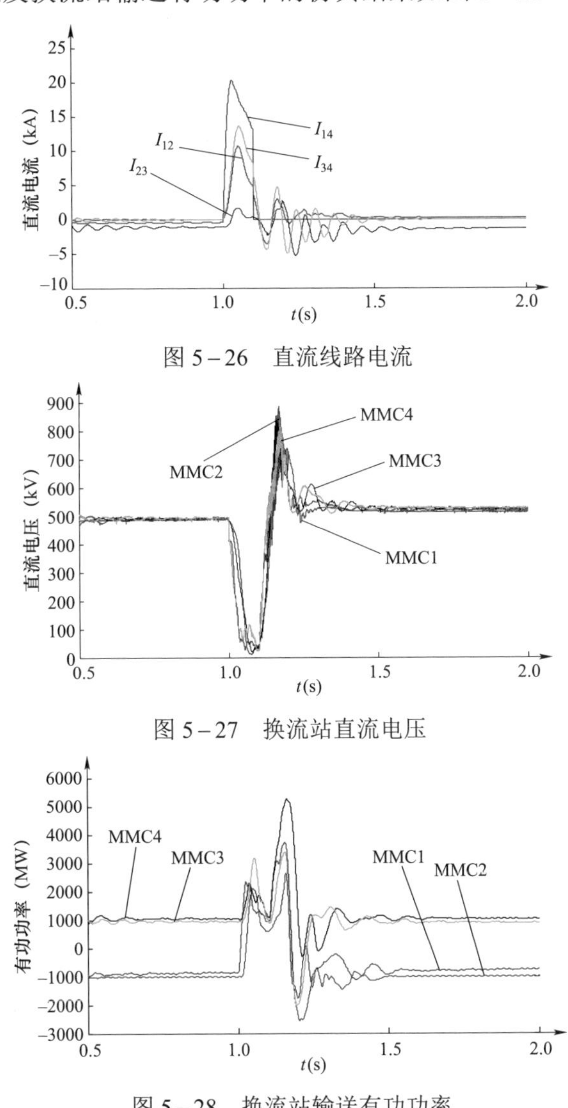

图 5－26　直流线路电流

图 5－27　换流站直流电压

图 5－28　换流站输送有功功率

先比例再主从模式与比例模式调度相差不大，换流站电压略有提升。在发生故障后，由于 MMC4 功率超出限额，MMC3 先进入定电压控制；在 MMC4

功率恢复后 MMC3 进入定功率控制模式。

综合考虑上述三种调度模式，比例调度模式恢复稳定时间短，且换流站稳态电压、有功功率恢复稳定后数值变化不大。

5.4 典型四端柔性直流电网稳态控制案例分析

5.4.1 张北四端柔性直流电网各站控制策略分析

1. 两种控制方式的运行特性

本节针对张北直流电网模型，在丰宁站交流系统处增设水轮机模拟抽水蓄能电站，如图 5－29 所示。康保站与张北站为送端换流站，分别送出功率 1500MW 与 3000MW；丰宁站与北京站为受端换流站，接受功率 1500MW 与 3000MW。额定直流电压±500kV。为方便展示，康保、张北站整流送出时功率设定为正，丰宁、北京站逆变送出时功率设定为正。以下从功率波动对交直流侧的影响，对含定直流电压后备站的主从控制与下垂控制进行比较分析。

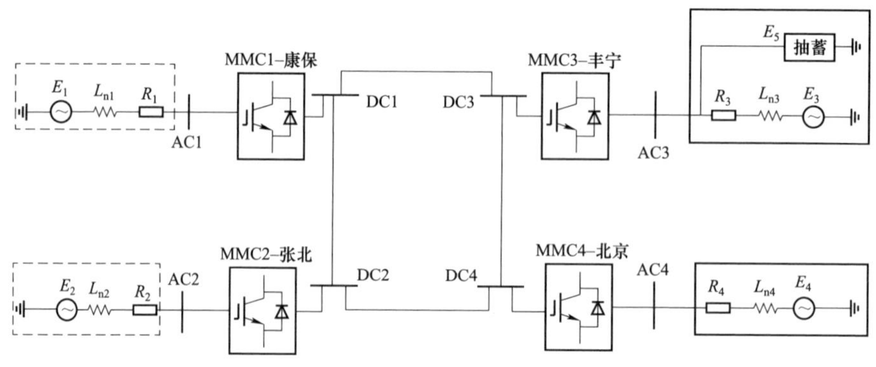

图 5－29　张北四端柔性直流电网

（1）功率波动较小时。首先针对两种控制策略在送端风电波动较小时，正常运行情况下的自身固有特性进行分析。考虑到抽水蓄能电厂的分钟级快速调节能力（紧急情况下 260s 内即可从抽水模式转为发电模式），默认其可以根据丰宁换流站的情况进行快速调节。为减少仿真时间，设定风电在 30s 内波动。

系统运行情况：3s 之前系统正常运行，送端康保站整流送出 750MW，张北站整流送出 1500MW；丰宁站整流送出 750MW，受端北京站逆变送出 3000MW。北京及丰宁站所连交流系统短路容量均为 21 000MVA，3s 之后送端张北站风电开始波动，设定功率波动幅度为不超过 750MW。图 5－30 给出了两种控制方式下各站有功功率曲线。

由图 5－30 可知，采用主从控制时，由于丰宁站为定直流电压站，直流电网功率波动均由丰宁站承担。采用下垂控制时，直流电网功率波动由各下垂站（丰宁站、北京站）根据自身下垂特性共同承担，一般根据各站额定容量按比例分担。实际上下垂控制将直流电网功率波动分散到各下垂站，因此丰宁站功率波动幅值在主从控制时较下垂控制更大。

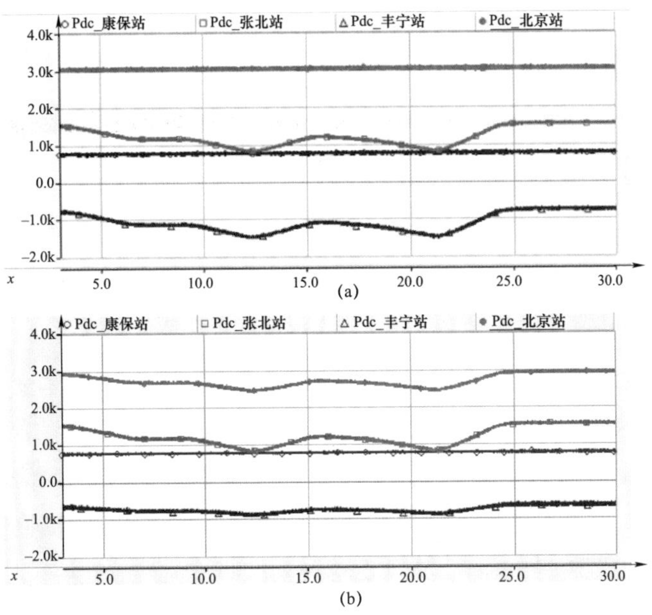

图 5－30　主从（a）、下垂（b）控制时各站有功功率

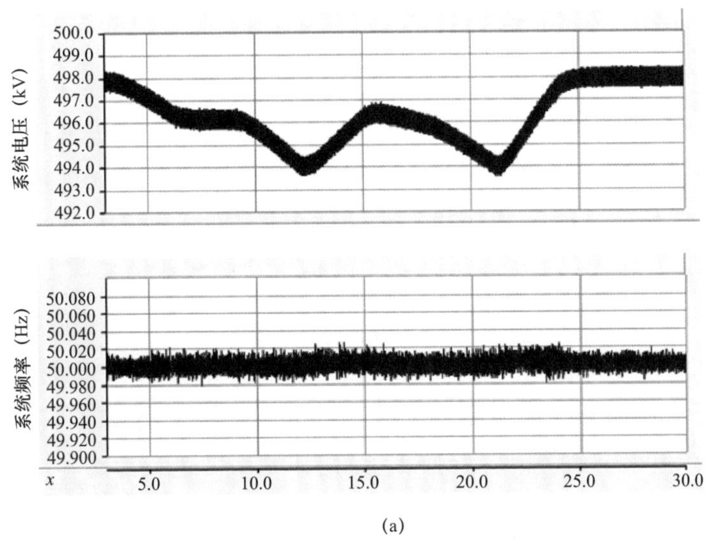

图 5－31　主从（a）、下垂（b）控制时丰宁站交流系统电压及频率（一）

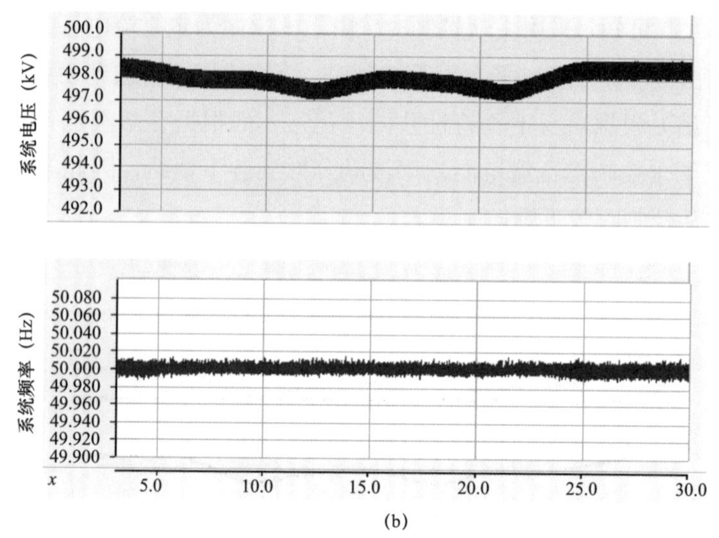

(b)

图 5－31　主从（a）、下垂（b）控制时丰宁站交流系统电压及频率（二）

图 5－31 给出了两种控制方式下丰宁站交流系统电压及频率变化曲线，可以看出，在不同控制策略时，丰宁站所连交流系统的电压频率波动范围有所不同。当采取主从控制时，丰宁站电压波动幅值约为 5kV，频率波动幅值约为 0.04Hz；当采取下垂控制时，丰宁站电压波动幅值约为 2kV，频率波动幅值约为 0.02Hz。这是由于下垂控制将 750MW 的风功率波动按照换流站额定容量比例分配给北京、丰宁两站，使得丰宁站风功率波动仅为 250MW，从而减小了丰宁站交流系统的电压频率波动，而主从控制时丰宁站承担全部 750MW 的功率波动。

图 5－32 给出了两种控制方式下北京站交流系统电压及频率变化曲线，可以看出不同控制策略引起北京站的交流系统波动具有很大差距。在主从控制策略下，北京站为定功率控制，因此电压频率较为平稳，电压维持在 1kV 波动幅度，频率维持在 0.04Hz 波动幅度。而当采用下垂控制策略时，北京站分担 500MW 有功功率波动，却导致交流系统电压波动范围达到约 5.5kV，频率波动幅度超过 0.08Hz。

可以看出，在各站所连交流系统短路容量相同的情况下，较小的换流站功率波动（主从控制时丰宁站 750MW 功率波动，下垂控制时北京站 500MW 功率波动）反而导致较大的交流系统电压频率波动。主要原因是由于北京站额定容量为 3000MW，在交流系统为 21 000MVA 短路容量情况下，其短路比 SCR＝7；但丰宁站额定容量为北京站的一半，在相同短路容量情况下，其短路比 SCR＝14，即北京站的交流系统强度仅为丰宁站的一半，从而导致电压波动较大。

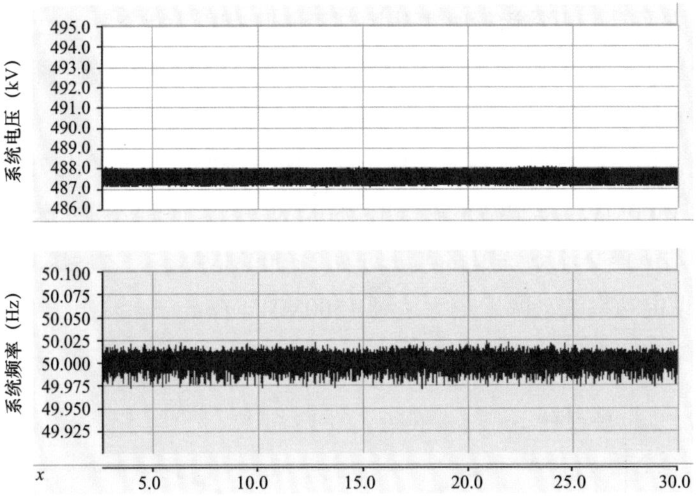

(a)

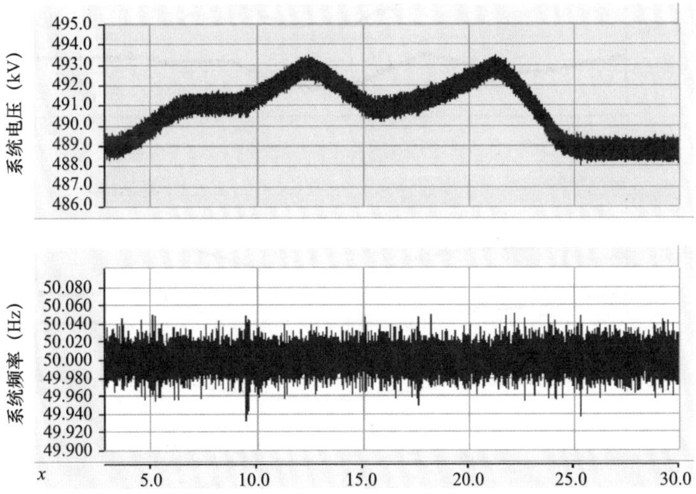

(b)

图 5-32 主从（a）、下垂（b）控制时北京站交流系统电压及频率

因此，若采用下垂控制策略，为增强北京站交流系统稳定性，以系统强度达到丰宁站水平为例，则需要使交流系统短路容量增加一倍，即达到 21 000MVA×2=42 000MVA。而下垂控制策略固有的功率频繁波动特性必然要求北京站达到较高的系统强度，以保证重要负荷的电能质量与供电可靠性。但根据前述分析，增加北京站的交流系统强度将付出双倍的代价，即使正常情况下能满足要求，但增加了特定运行方式下的失稳风险，且降低了系统稳定运行控制能力。因此，以张北工程为背景分析，为减少北京站的功率波动，从交流

系统稳定性方面看，正常运行时主从控制策略具有更大优势。

（2）功率波动较大时。进一步对送端风电波动较大的情况进行分析，设定风电在 30s 内波动。

系统运行情况：3s 之前系统正常运行，送端康保站整流送出 750MW，张北站整流送出 1500MW；丰宁站整流送出 750MW，受端北京站逆变送出 3000MW。北京及丰宁站所连交流系统短路容量均为 21 000MVA，3s 之后送端张北站风电开始波动，设定功率波动幅度最大达到 1500MW。图 5－33 给出了两种控制方式下各站有功功率曲线。

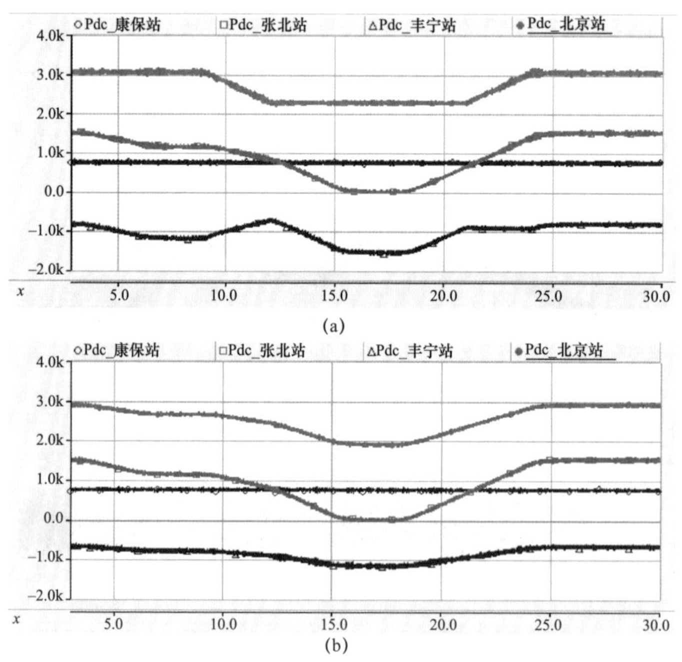

图 5－33　主从（a）、下垂（b）控制时各站有功功率

由图 5－33 可知，采用主从控制时，在第 15s～18s 期间由于风电功率大幅减少，因此在此期间必须降低北京站功率参考值（此时丰宁站已经达到 1500MW 最大值，无法继续提升外送功率）以保证系统正常运行。而当系统采用下垂控制时，可以不更改系统参考值而继续稳定运行。故从应对系统功率波动能力方面看，下垂控制具有优势。

图 5－34 给出了两种控制方式下丰宁站交流系统电压及频率变化曲线，可以看出，主从控制时电压波动幅值约为 7kV，频率波动幅值约为 0.04Hz，下垂控制时电压波动幅值约为 4kV，频率波动幅值约为 0.04Hz，差距不大。

图 5－35 给出了两种控制方式下北京站交流系统电压及频率变化曲线，可以看出，主从控制时电压波动幅值约为 6kV，频率波动幅值约为 0.075Hz，下垂控制时电压波动幅值约为 6kV，频率波动幅值却达到 0.225Hz。可见，下垂控制虽然能够自动应对系统功率波动，但同时也增加了对交流系统的扰动。因此在采取下垂控制策略站端，有必要增加交流系统强度以改善下垂控制带来的功率波动。

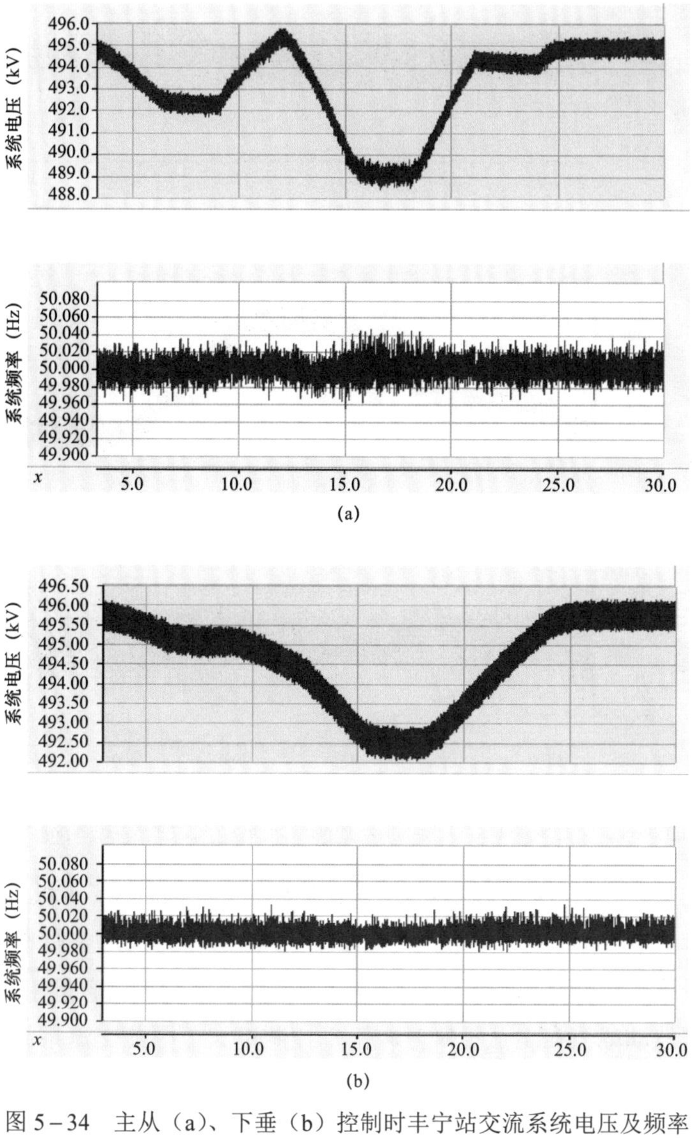

(a)

(b)

图 5－34 主从（a）、下垂（b）控制时丰宁站交流系统电压及频率

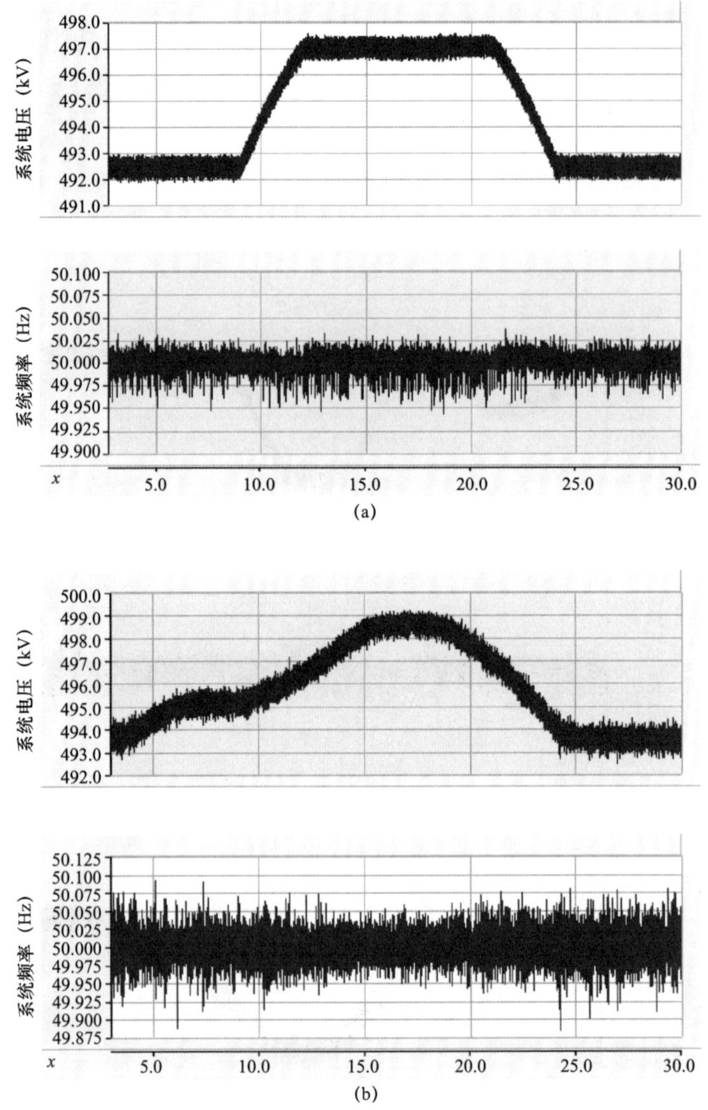

(a)

(b)

图 5－35　主从（a）、下垂（b）控制时北京站交流系统电压及频率

图 5－36 给出了两种控制方式下各站直流电压变化曲线，可以看出，在功率波动较大时，下垂控制时系统的直流电压质量明显不如主从控制。

综上所述，功率波动较小时，在各站所连交流系统短路容量相同的情况下，丰宁站功率波动幅值在主从控制时较下垂控制更大，因此交流系统波动较下垂控制大，系统较强时差距不大；但由于北京站额定容量是丰宁站的一倍，相同交流系统短路容量情况下的系统强度是丰宁站的一半，且加上主从控制时北京

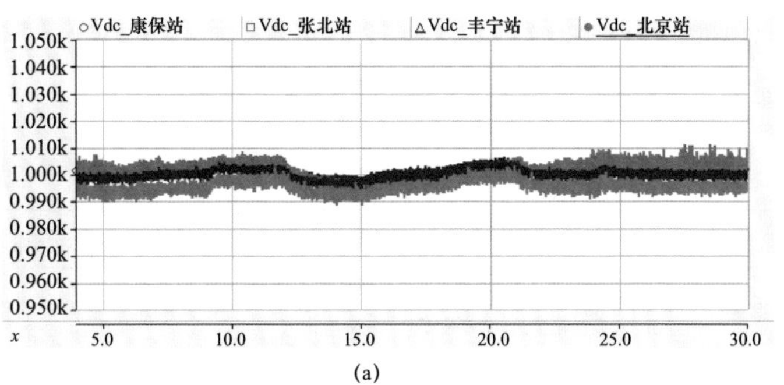

(a)

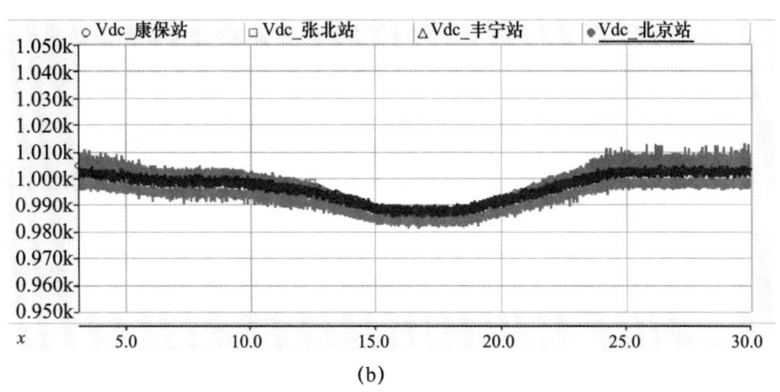

(b)

图 5－36　主从（a）、下垂（b）控制时各站直流电压

站功率基本不变，致使下垂控制策略下的功率波动导致北京站交流系统的电压频率波动相比主从控制十分明显。因此下垂控制策略需要以北京站交流系统较大强度为保证，才能得到满意的电能质量与供电可靠性，但这将付出双倍于丰宁站的代价，增加了特定运行方式下的失稳风险，且降低了系统稳定运行控制能力。以张北工程为背景分析，为减少北京站的功率波动，从交流系统稳定性方面看，正常运行时主从控制策略具有更大优势。

功率波动较大时，下垂控制可以自动适应系统变化情况，在无人工干预的条件下仍能实现直流电网平稳运行。此时主从控制则需要更改北京站的功率定值才能继续稳定运行。从这一方面看，下垂控制具有更大优势。但考虑到实际调度及运行情况，若失去通信，运行人员必然会采取相关措施，主从控制下北京站功率定值必然不会仍设定为额定功率（北京站定直流电压运行时后续再讨论），送端风电也不会随意送电，而下垂控制在此种情况下也无法预测及控制北京站的外送功率，因此下垂控制的优势不如预期。实际上，由于直流输电网高压大容量的特点，下垂控制带来的扰动与不可精确控制等特性对交流系统影响过大，增加了系统安全稳定运行风险。同时直流电压质量低的固有特性也使得增加了下垂控制劣势。

无通信时及丰宁站退出等情况的仿真分析在这里不再赘述，两种控制方式的运行特性如表 5－2 所示。

表 5－2　　两种控制方式的运行特性

运行特性	含定直流电压后备站的主从控制	下垂控制
无通信时直流稳定性	后备站通过检测直流电压切换控制模式，可保证直流电网稳定	可自动维持直流电网稳定
功率波动时交流稳定性能力	由额定容量较小的定直流电压（丰宁）站承担功率波动，系统强度易得到保障。	各下垂站（丰宁、北京）共同承担功率波动，对额定容量较大的北京站交流系统短路容量提出更高要求
直流电压特性	直流电压波动小	直流电压波动大
功率波动自适应范围	不改变运行参数的情况下，功率波动最大调节范围受限于定直流电压（丰宁）站额定容量	不改变运行参数的情况下功率波动最大调节范围为各下垂站额定容量之和，自适应性较强
功率分配控制能力	可精确控制定功率站外送电能	不改进下垂策略的情况下无法精确控制各下垂站外送功率
与丰宁抽蓄的协调配合	定直流电压（丰宁）站可自动更改整流、逆变模式，与丰宁抽水蓄能电站的发电、抽水模式配合	必须更改丰宁下垂站参考值切换整流、逆变模式，才能与丰宁抽水蓄能电站的发电、抽水模式配合

2. 康保及张北站控制策略（MMC1 与 MMC2）

由于康保站与张北站均为新能源送端换流站，因此这两端换流站的控制方式主要考虑适用于新能源接入时的控制方式。目前新能源经柔性直流并网的控制方式主要以孤岛（VF）控制、定功率控制、下垂控制为主，新能源具有随机波动性，使得下垂控制的定直流电压能力在康保站和张北站无法得到有效保障，因此本书在张北工程中视不同情况采取孤岛控制与定功率控制。

目前康保光伏与张北风电主要以孤岛运行方式为主，因此正常运行时考虑所连换流站采用孤岛控制模式，即定交流系统频率电压（VF）控制模式。同时若新能源采取交直流并联的联网运行方式，则考虑采取定功率控制方式。

3. 丰宁及北京站控制策略（MMC3 与 MMC4）

送端康保站及张北站主要承担可再生能源外送任务。由于可再生能源具有随机性及波动性，正常运行时不宜让康保站与张北站负责直流电网的定直流电压的功能，故直流电网中定直流电压的任务需由受端换流站承担。由于普通主从控制只有一个换流站具有定直流电压的能力，若直接应用于张北工程必然不可行，因此直流电网控制策略需要在直流电压裕度控制与下垂控制中进行选择。

本书制定站间通信失效的情况下的直流电压接管逻辑如下：后备换流站实

时监测系统直流电压的变化；当定直流电压换流站（丰宁站）故障退出运行后，后备换流站（北京站）能够检测到比较大的直流电压偏移，一旦直流电压偏移量达到设定的阈值 ΔU_{set}，后备换流站将按照设定的优先顺序转入定直流电压控制模式，此时该换流站直流电压指令 $U_{ref-new}=U_{ref\pm}\Delta U_{set}$；经过设定的时间延迟后，若直流电压仍不能恢复至额定电压，该换流站直流控制保护内部逻辑则认为直流电压控制主站失去对直流电压的无偏差控制，进而逐步将直流电压指令 $U_{ref-new}$ 调整至额定值 U_{ref}，最终也实现无偏差接管。如图 5－37 所示，控制策略也可根据远期规划增加多个后备站，如图 5－37 中后备站 2、3，目前张北直流电网示范工程只设计北京站为后备站。

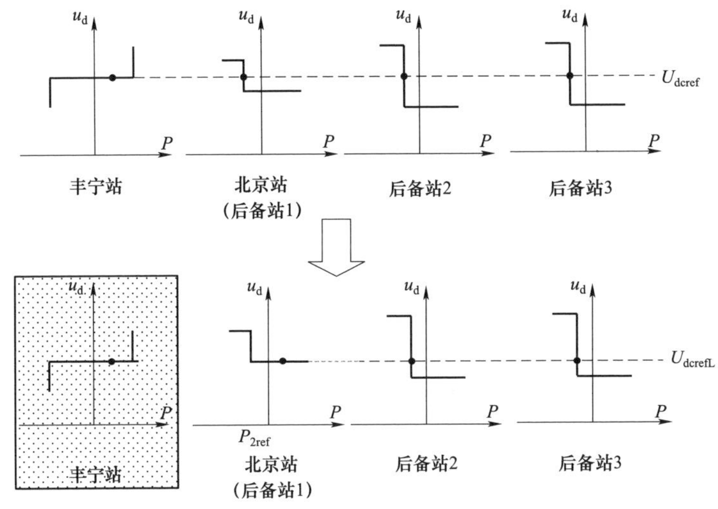

图 5－37　主从（左）、下垂（右）控制时各站有功功率

5.4.2　潮流快速控制案例设计与仿真分析

总体功率下垂控制触发流程图如图 5－38 所示。基于 5.1.3 节相关理论，利用 PSCAD/EMTDC 电磁暂态仿真软件搭建如图 5－39 所示的四端柔性直流电网。在仿真系统中，4 个换流站额定容量均为 300MW；其中 MMC1 与 MMC2 采用基于动态限幅的总体功率自适应下垂控制，MMC3 与 MMC4 采用定有功控制；额定正负极直流电压 $U_{dcref}=400$kV。假设直流电缆的平均阻抗为 0.01Ω/km，MMC1～MMC4 到直流母线的距离都为 25km，直流母线较短，忽略不计。换流站的损耗率约为 1.5%，交流侧电网是电压为 220kV 的等效系统。取 U_{dcref} 的±7.5%作为直流电压波动的极限值，并取 MMC1 与 MMC2 的初始固定斜率 $K_1=K_2=0.075$。

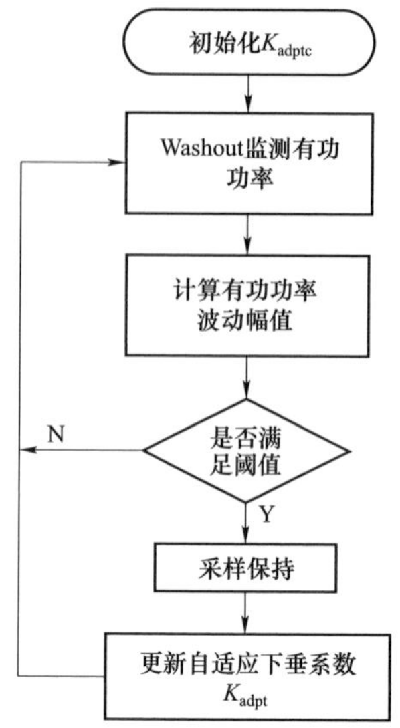

图 5－38　总体功率下垂控制触发流程图

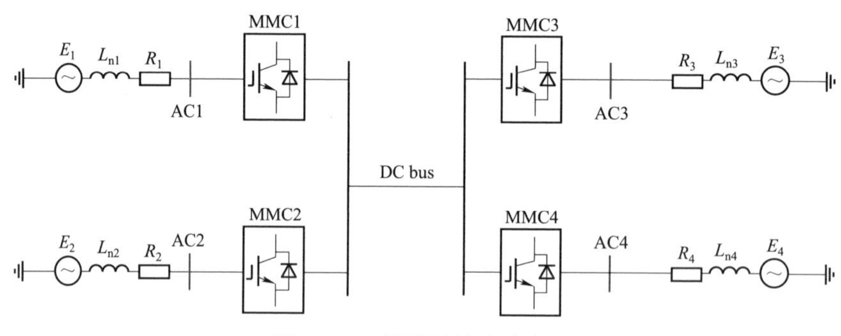

图 5－39　四端柔性直流电网

为证明控制策略的优越性，本节在三种不同控制方式下进行仿真验证，三种控制方式分别为：

（1）MMC1 与 MMC2 均采用常规下垂控制策略（定义其控制方式为 K_a），不设置无功动态限幅环节，下垂系数均设为初始固定斜率 $K_1=K_2=0.075$。

（2）MMC1 与 MMC2 均采用考虑有功功率裕度的自适应下垂控制策略（定义其控制方式为 K_b），均设置无功动态限幅环节，且初始固定斜率 $K_1=K_2=0.075$，设置式（5－12）中 $i_{Dlim}=-0.4$，式（5－14）中 $H_0=0.47$。

（3）MMC1 与 MMC2 均采用基于动态限幅的总体功率自适应下垂控制策略（定义其控制方式为 K_c），均设置无功动态限幅环节，初始固定斜率 $K_1=K_2=0.075$，设置式（5－12）中 $i_{Dlim}=-0.4$ 以保障最小有功功率，式（5－15）中 $H_0=0.51$。

仿真时设定 MMC1 发出有功 119MW、吸收无功 49Mvar，MMC2 发出有功 218MW、吸收无功 49Mvar，MMC3 吸收有功 150MW，MMC4 吸收有功 200MW。

1. 动态限幅无功支撑能力验证

仿真验证动态限幅环节的无功支撑能力有效性。对仿真系统设置故障为 1.3s 时 MMC2 交流侧无功负荷增加 220Mvar。对比控制 a 与控制方式 b 下交流侧系统电压与换流站发出的无功功率分别如图 5－40 和图 5－41 所示。

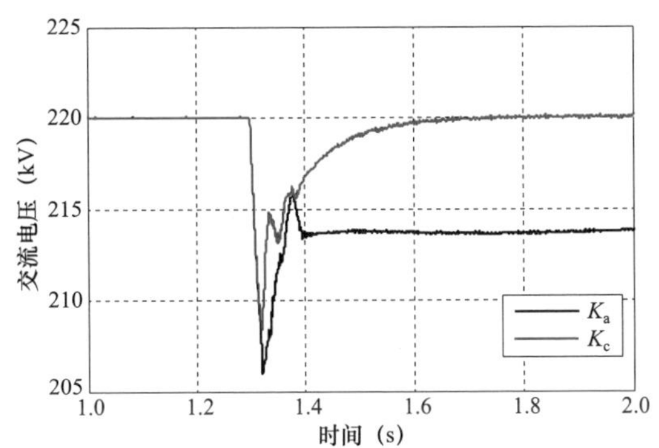

图 5－40 MMC2 交流侧系统电压

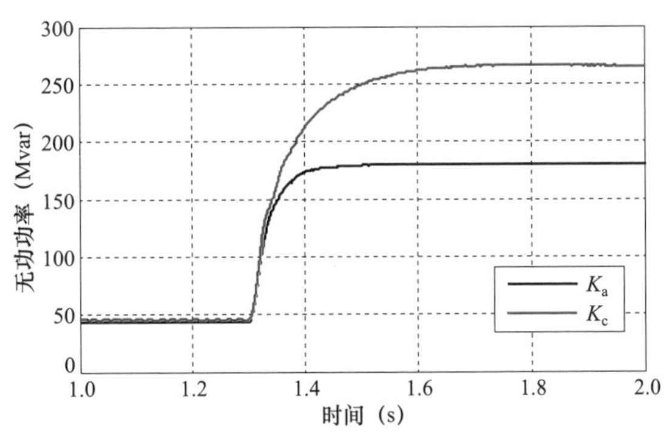

图 5－41 MMC2 发出无功功率

由图 5－40 可知，相比于常规固定限幅，动态限幅环节在暂态及稳态过程中均能有效支撑交流电压；由于具有动态限幅的功能，MMC 换流站较常规固定限幅换流站多发出约 90Mvar 的无功功率，能有效提高 MMC 的无功支撑能力。

2. 不平衡有功合理分配有效性验证

为验证所提策略在合理分配不平衡有功功率方面的有效性，设置故障为 1.3s

时换流站 3 有功功率由 150MW 增加到 250MW。对比三种控制方式下 MMC1 与 MMC2 有功功率变化情况分别如图 5－42 和图 5－43 所示。

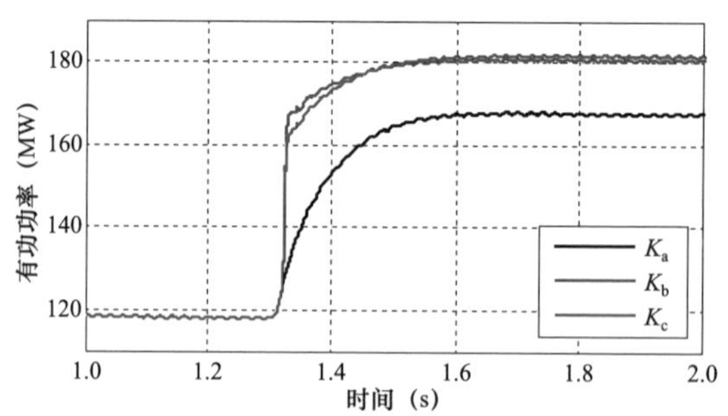

图 5－42　三种方式下 MMC1 有功变化情况

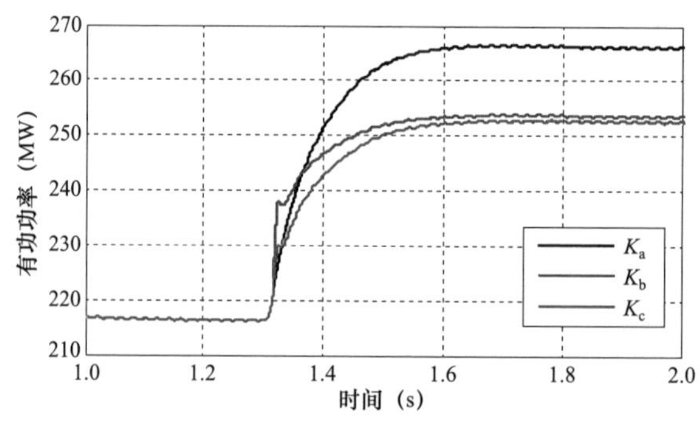

图 5－43　三种方式下 MMC2 有功变化情况

可以看出，固定斜率控制方式下，不平衡有功平均分配给换流站，导致 MMC2 接近满载运行。而两种考虑功率裕度的自适应下垂控制方式均能根据换流站的运行情况，将较多不平衡功率分配给 MMC1。

5.4.3　交直流系统潮流转移案例设计与仿真分析

为验证 5.2.1 节所提方法分析潮流转移规律的有效性及准确性，本节采用嵌入张北四端柔性直流电网的 IEEE39 节点交直流系统进行验证。在原系统中去掉交流线路 4－5，5－6，4－14，节点 4、5、6、14 处分别接入换流站 1、2、3、4，并增加四端环形相连的直流线路，其余系统参数不变，保持系统潮流基本不变。修改后的 39 节点系统如图 5－44 所示。

对整个交直流系统模型进行预处理分区之后如图 5－45 所示，系统被分为Ⅰ、Ⅱ、Ⅲ三个区域。图 5－45 中，短虚线表示不构成回路的省略支路，换流器节点等效为发电机节点，直流线路等效为不参与计算交流线路断开时的潮流转移因子的恒功率线路，图中用长虚线表示。

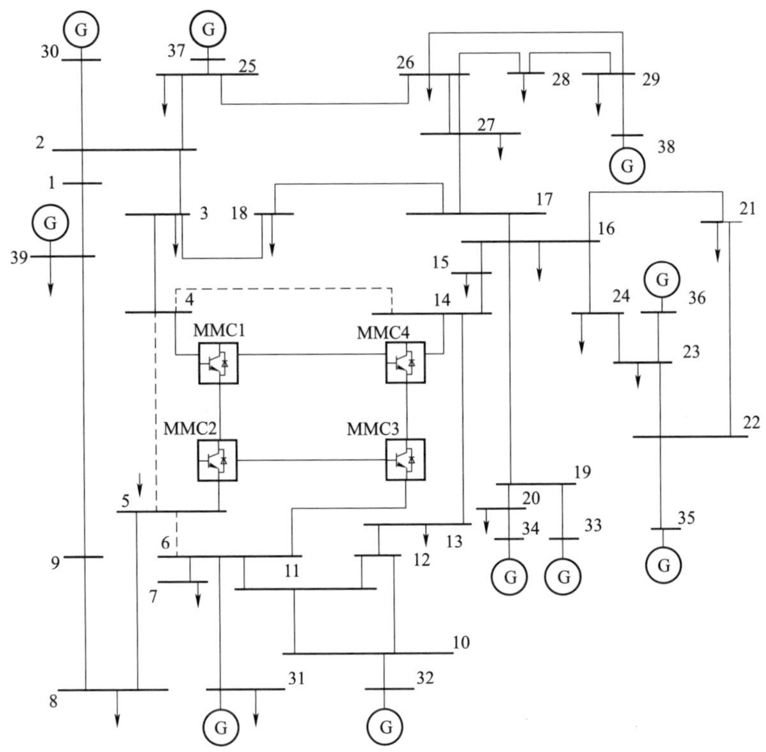

图 5-44 接入四端柔性直流电网的 39 节点系统

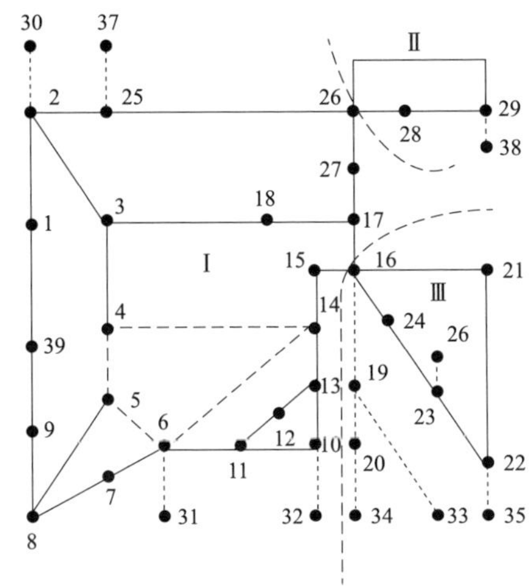

图 5-45 加入直流电网之后系统网络拓扑分区

以换流站 MMC2 退出运行为例对换流站退出引起的潮流转移进行分析。换流站 MMC2 退出运行，相当于需要将通过换流站 MMC3 到 MMC2 间的直流线路传输的功率通过交流通道进行转移。以换流站 MMC2 所连的 5 号交流节点为始节点，以换流站 MMC3 所连的 6 号交流节点为末节点，进行潮流转移前 2 条最短路径搜索的结果如表 5-3 所示。

表 5-3　　换流站 2 故障退出运行时潮流转移路径

路径	长度
5-8-7-6	0.025 0
5-8-9-39-1-2-3-18-17-16-15-14-13-10-11-6	0.242 1

根据搜索路径采用等效发电量转移分布系数法计算出换流站 MMC2 退出运行时前两条最短路径上线路的潮流分布情况，并与 PSASP 中计算实际潮流结果对比，具体数据如表 5-4 中所示。

表 5-4　　换流站 2 故障退出运行时潮流分布情况

线路	初始潮流（MW）	计算潮流（MW）	实际潮流（MW）	计算误差（MW）
5-8	316.38	-0.62	0.00	-0.62
7-8	192.85	490.97	489.48	1.49
6-7	427.88	726.00	726.59	-0.59
9-39	-14.06	-32.94	-33.80	0.86
1-39	118.22	137.10	138.02	-0.92
1-2	-118.22	-137.10	-138.02	-0.92
2-3	364.88	352.31	351.45	0.86
3-18	-35.83	-48.40	-49.15	0.75
17-18	194.14	206.71	207.50	-0.79
16-17	208.42	227.30	228.52	-1.22
15-16	-285.14	-266.26	-265.15	-1.11
14-15	34.88	53.76	54.90	-1.14
13-14	298.07	316.95	318.19	-1.24
10-13	304.55	321.73	322.96	-1.23
10-11	345.45	328.27	327.04	1.23
6-11	-341.67	-322.79	-321.65	-1.14

从表 5-4 结果可以看出，将 MMC 换流站等效为发电机进行开断模拟能反应出 MMC 换流站退出运行时系统的潮流转移情况。表中结果看出，采用本文方法的潮流转移计算结果和实际值误差非常小，本文基于等效发电量转移分布系数法的直流电网潮流转移量化分析具有较高的可靠性。

对比表 5－3 和表 5－4 可知，次最短路径与最短路径长度之比较大，次最短路径上支路潮流转移因子较小，在实际潮流转移快速搜索中可不计算次最短路径上支路潮流转移因子，可在保证可靠性的条件下大大提高效率，此处计算仅为验证基于等效发电量转移分布系数法的直流电网潮流转移量化分析的准确性。

6

柔性直流电网的暂态分析与短路电流抑制

阻碍柔性直流电网发展的关键技术瓶颈之一是直流短路故障的处理（包括直流故障电流的快速清除、隔离与恢复）。针对直流侧故障的处理方式出现了三种技术路线：第一种是利用交流侧断路器和直流侧隔离开关清除并隔离直流故障；第二种是在直流线路两端加装直流断路器，利用直流断路器快速切断并隔离直流故障；第三种是采用具备直流故障处理能力的 MMC 和直流开关（可采用直流隔离开关或者直流高速开关）。

第一种方案会造成功率传输短时中断，对交流电网造成大的冲击，可能导致交流电网失稳，因此不建议采用该方案。第二种方案利用高压直流断路器在故障发生 6～8ms 内清除并隔离故障，不会造成功率传输中断，对交流电网的影响最小，因此，加装高压直流断路器对于构建高度网格化的复杂直流电网是必然的选择。另外，为了降低直流电网总体的成本，可采用第三种方案构建端数较少、较简单的多端直流输电系统，然后再将多个简单的直流系统利用高压直流断路器连接在一起形成复杂的直流电网。

本章针对无故障处理能力的半桥型 MMC＋直流断路器构建的直流电网，对直流电网的故障进行分析，探讨直流电网直流限流电抗器的配置方案，分析换流器对断路器的适配需求，并通过系统暂态电流计算，明确相应的直流电网关键设备技术参数要求。针对采用具有直流故障处理能力的 MMC＋直流开关的简单直流电网，首先从成本、损耗、直流故障限流能力、控制和设计及产业实现复杂度五个方面，综合比较采用不同类型子模块的换流器，得出混合采用半桥、全桥子模块的 MMC 具有产业化优势。进而综合考虑暂态和稳态工况，研讨全桥与半桥子模块的混合比例及子模块电容容值的优化，建议混合型 MMC 全桥与半桥的比例设计为 60%，等容量放电时间常数为 19.1ms。最后，针对上述两种直流电网的典型案例，进行分析验证。

6.1 直流故障电流分析

6.1.1 MMC直流侧故障电流分析

1. 直流双极短路子模块不闭锁故障电流分析

直流双极短路故障是柔性直流电网最严重的故障类型，MMC 的上下桥臂直流母线直接短接构成短路回路。图 6－1 所示为半桥型 MMC 系统直流双极短路故障示意图。

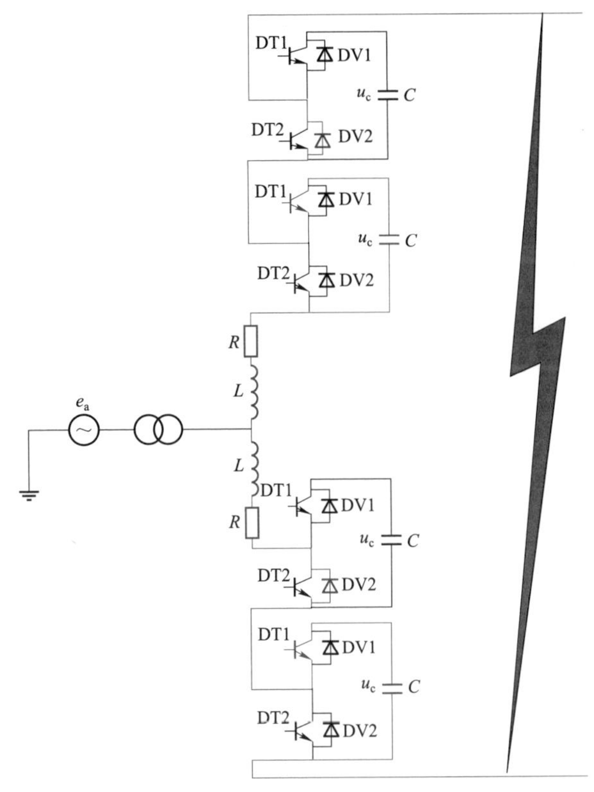

图 6－1 半桥型 MMC 直流双极短路故障示意图

在具有直流断路器的应用场景中，当其中一条直流线路发生直流短路故障后，可由高压直流断路器快速动作来切除直流故障，故障切除之前换流器可以不闭锁，此时故障电流在换流阀中的流通路径如图 6－1 所示。图 6－2 为故障后换流器不闭锁时的故障电流等效电路，电容 $2C/N$ 的等效原理如图 6－3 所示。

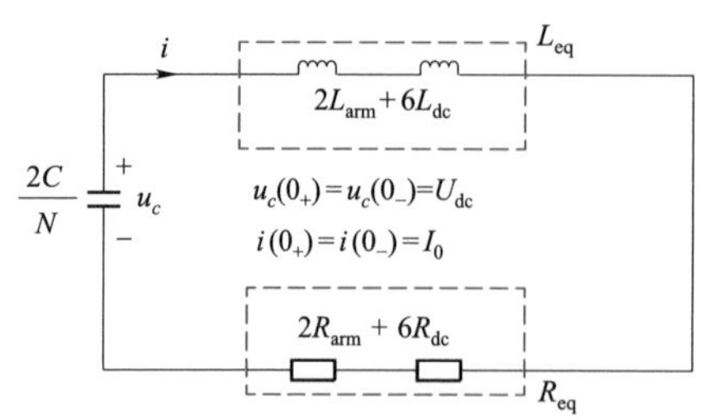

图 6－2　不闭锁故障电流等效电路

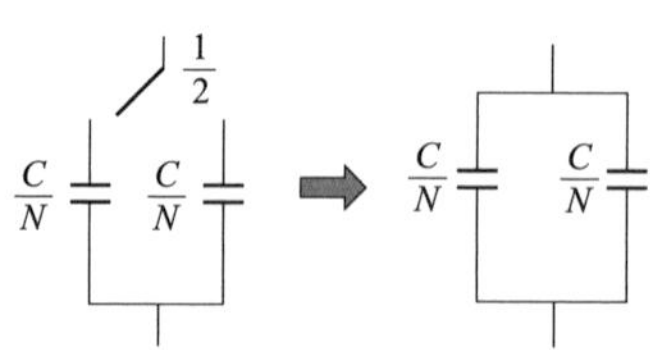

图 6－3　等效电容选取原理图

由图 6－2 所示的等效电路可得二阶故障方程为

$$u_c''(t)+\frac{R_{eq}}{L_{eq}C_{eq}}u_c'(t)+\frac{1}{L_{eq}C_{eq}}u_c(t)=0 \tag{6－1}$$

初始条件为

$$\begin{cases}u_c(0_+)=u_c(0_-)=U_{dc}\\ i(0_+)=i(0_-)=I_0\end{cases} \tag{6－2}$$

电容电压和故障电流为

$$\begin{cases}u_c=\mathrm{e}^{-\frac{t}{\tau}}\left[\dfrac{U_{dc}\omega_0}{\omega}\sin(\omega t+\varphi)-\dfrac{I_0}{\omega C_{eq}}\sin(\omega t)\right]\\ i=\mathrm{e}^{-\frac{t}{\tau}}\left[U_{dc}\sqrt{\dfrac{C_{eq}}{L_{eq}}}\sin(\omega t)+I_0\cos(\omega t)\right]\\ \tau=\dfrac{2L_{eq}}{R_{eq}}\\ \omega_0=\sqrt{\dfrac{1}{L_{eq}C_{eq}}}\\ \omega=\sqrt{\dfrac{1}{L_{eq}C_{eq}}-\left(\dfrac{R_{eq}}{2L_{eq}}\right)^2}\\ \varphi=\arctan(\omega\tau)\end{cases} \tag{6－3}$$

故障电流峰值及峰值时间为

$$\begin{cases}i_p=\mathrm{e}^{-\frac{t_p}{\tau}}\left(U_{dc}\sqrt{\dfrac{C_{eq}}{L_{eq}}}+\dfrac{I_0^2\omega_0L_{eq}}{U_{dc}}\right)\sqrt{\dfrac{U_{dc}^2}{I_0^2\omega_0^2L_{eq}^2+U_{dc}^2}}\\ t_p=\dfrac{1}{\omega_0}\arctan\left(\dfrac{U_{dc}}{I_0}\sqrt{\dfrac{C_{eq}}{L_{eq}}}\right)\end{cases} \tag{6－4}$$

等效电阻 R_{eq}、电感 L_{eq} 和电容 C_{eq} 分别为

$$\begin{cases} R_{eq} = 2R_{arm} + 6R_{dc} \\ L_{eq} = 2L_{arm} + 6L_{dc} \\ C_{eq} = \dfrac{2C}{N} \end{cases} \tag{6-5}$$

由式（6－3）可得故障电流与桥臂电感、直流侧电感及子模块电容的关系如图 6－4 所示。

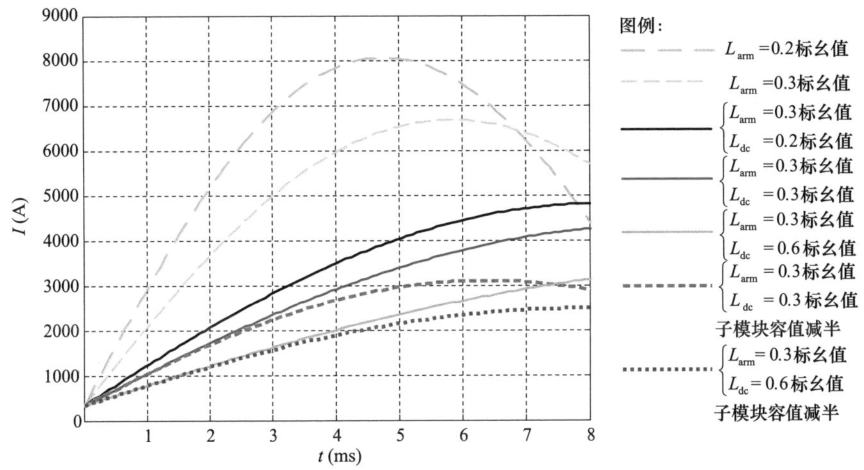

图 6－4　故障电流与无源元件的关系

由式（6－3）结合图 6－4 可得在不同桥臂电感、直流侧电感及子模块电容容值情况下，故障电流峰值及峰值时间如表 6－1 所示。

表 6－1　故障电流峰值及峰值时间与无源元件的关系

参数情况	峰值时间（ms）	电流峰值（A）
1	4.9	8084
2	6	6670
3	8.4	4811
4	9.3	4326
5	11.6	3455
6	6.4	3067
7	8	2453

由式（6－3）结合表 6－1 可知，增大桥臂电感及直流侧电感可以减小直流电流的故障上升速度及故障电流峰值，减小子模块电容可以减小故障电流的峰值。其物理意义是子模块电容存储的电场能量转化为存储在电感中的磁场能量。电容越小存储的电场能量越小，电感越大存储一定量磁场能量时电流越小。

2. 直流双极短路换流器闭锁时的故障电流

为了减小过电流对换流阀的冲击，发生直流短路故障时很多情况下需要换流器闭锁。换流器闭锁后，故障电流需要分阶段进行分析。图 6－5 所示为变换器闭锁后等效电路，每个桥臂等效为串联的二极管，如果桥臂无电感则电路为标准的二极管不控整流电路，任何一个时刻都有三个二极管导通，三个二极管不导通，该电路的短路电流计算可参考 IEC61660－1。当桥臂中存在电感时，由于电感续流电流与交流电网馈入的电流耦合在一起，会导致等效电路发生变换，存在多种电路形式，有可能六个二极管全部导通，或者五个二极管导通，或者四个二极管导通，也可能是三个二极管导通。下面针对不同的电路形式逐一进行分析。

（1）六个二极管导通。图 6－6 所示为换流器闭锁后六个二极管导通时的等效电路，此时等效电路可以进一步分解为图 6－7 所示的交流侧等效电路和直流侧等效电路。

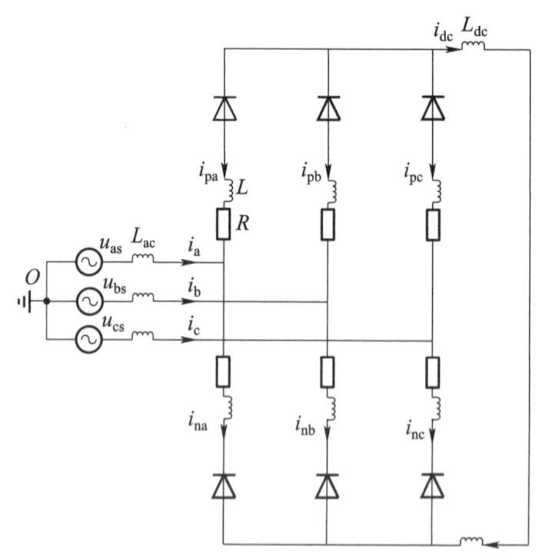

图 6－5　换流器闭锁后等效电路

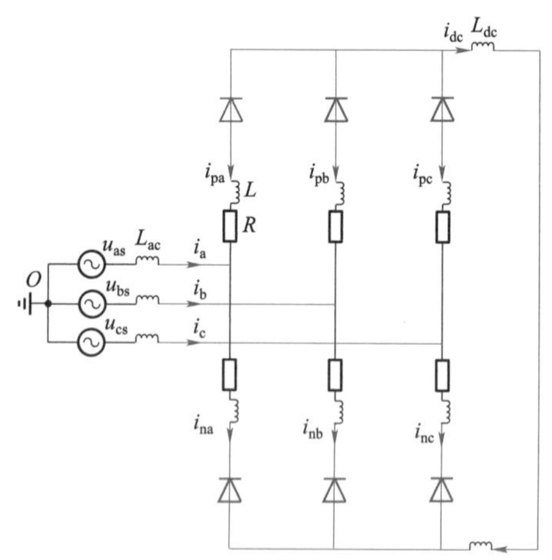

图 6－6　六个二极管同时导通时电流途径

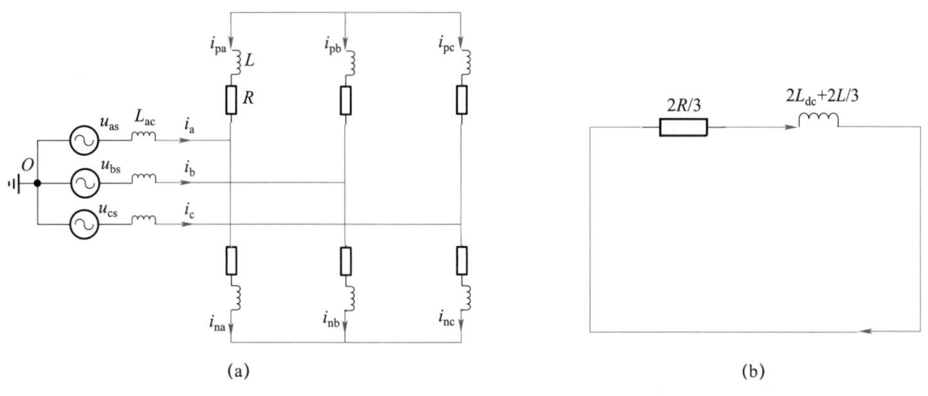

图 6－7　六个二极管同时导通的等效电路

（a）交流侧等效电路；（b）直流侧等效电路

由图 6－7 可得直流电流的解析表达式为

$$i = I_1 \mathrm{e}^{-(t-T)\Big/\left(\frac{2L_{dc}+2L/3}{2R/3}\right)} \tag{6-6}$$

（2）三个二极管导通。图 6－8 所示为换流器闭锁后三个二极管导通时的等效电路，此时可进一步得到等效电路如图 6－9 所示。

由图 6－9 可得直流电流的解析表达式为

$$i = \frac{3u_m / 2}{\omega[3(L_{ac}+L)/2+2L_{dc}]} + I_2 \tag{6-7}$$

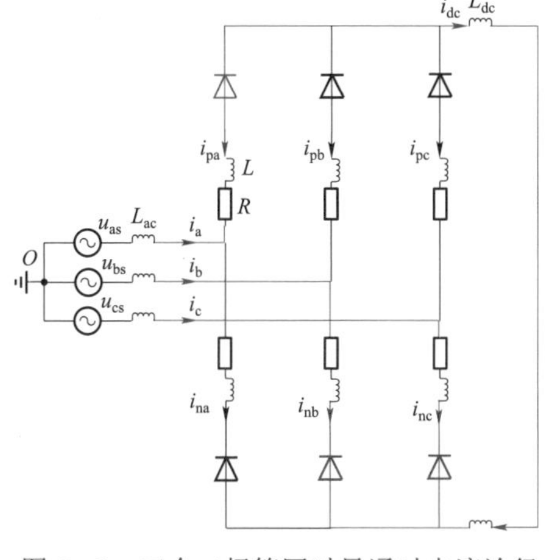

图 6－8　三个二极管同时导通时电流途径

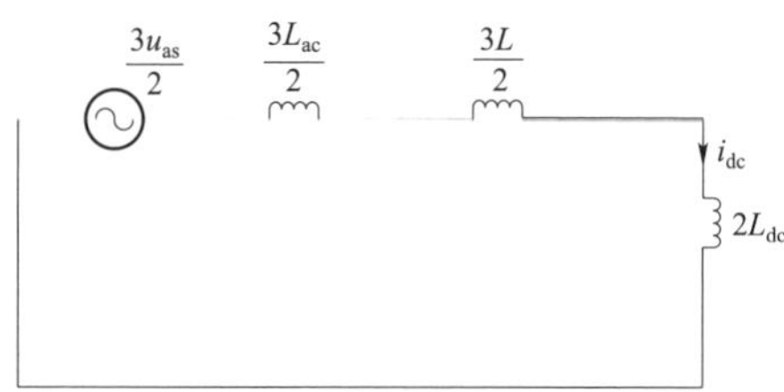

图 6－9　三个二极管同时导通的等效电路

（3）四个二极管导通。图 6－10 所示为换流器闭锁后四个二极管导通时的等效电路，此时可进一步得到等效电路如图 6－11 所示。由图 6－11 可得直流电流的解析表达式为

$$i=\frac{\sqrt{3}u_{\mathrm{m}}L/2}{\omega\,(L_{\mathrm{ac}}+2L)\,[2L//2(L_{\mathrm{ac}}+L+L_{\mathrm{dc}})]}+I_3 \tag{6-8}$$

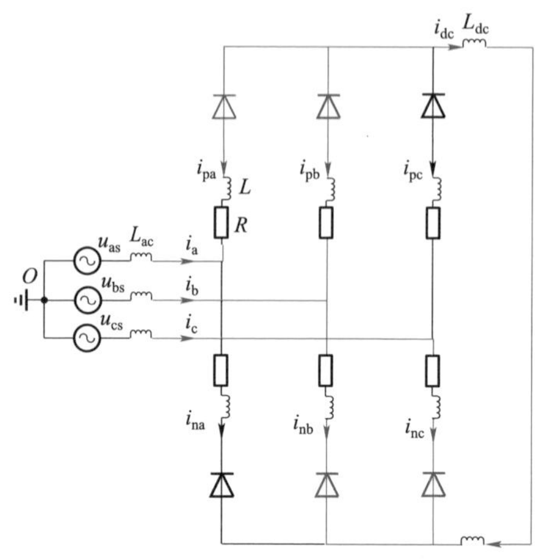

图 6－10　四个二极管同时导通时电流途径

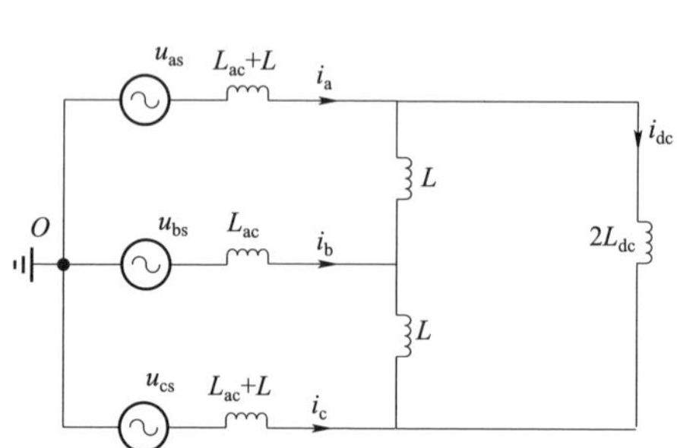

图 6－11　四个二极管同时导通的等效电路

（4）五个二极管导通。图 6－12 所示为换流器闭锁后等效电路，DT1－DT4 5 个二极管导通时的等效电路，此时可进一步得到等效电路如图 6－13 所示。由图 6－13 可得直流电流的解析表达式为

$$i=\frac{u_{\mathrm{m}}L}{2\omega(L_{\mathrm{thd}}+2L_{\mathrm{dc}})(L_{\mathrm{a}}+L)}+I_4 \tag{6-9}$$

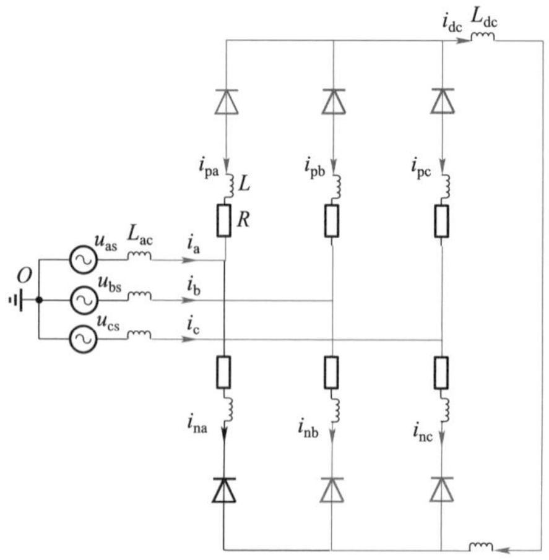

图 6－12　五个二极管同时导通时电流途径

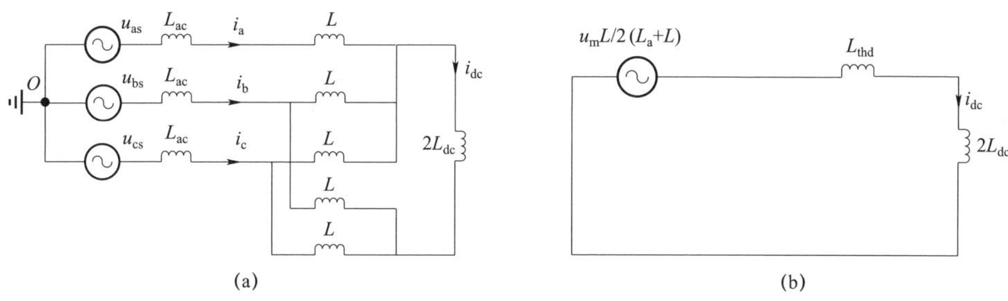

图 6－13 五个二极管同时导通的等效电路分解

（a）交流侧等效电路；（b）直流侧等效电路

6.1.2 直流电网故障电流分析

MMC 直流侧发生双极短路故障后，换流器闭锁前，子模块电容将迅速通过故障点发生放电，在直流侧形成上升率极高的短路电流。设闭锁前各子模块电容平均电压下降速度相同，均为 u_c，则正负极间任一相桥臂产生的直流电压分量为 Nu_c，而上下桥臂电压的基频交流分量大小相等、方向相反，对于直流端口的等效电路可消去。而任一相上桥臂电流的直流分量均为直流母线电流的 1/3。

从换流器储能的角度分析换流器内电容电压的动态方程。单个换流器各桥臂上电容的总储能为

$$W_c = 3NCu_c^2 \tag{6-10}$$

为简化分析，假设子模块电容电压下降不严重，控制系统发出的调制波信号保持不变，则换流器在交流侧输出的等效交流电压与故障前相同，交流系统向换流器注入的功率与故障前相同，设为 P_0。换流器流出的功率 P_{dc} 为

$$P_{dc} = Nu_c i_{dc} \tag{6-11}$$

可得

$$\frac{dW_c}{dt} = P_0 - P_{dc} \tag{6-12}$$

即

$$6C\frac{du_c}{dt} = \frac{P_0}{Nu_c} - i_{dc} \tag{6-13}$$

以张北工程（单极）为例，当故障发生在张北－北京段，定义直流电网的正极线路上流过的电流分别为 I_{dc1}（康保－丰宁电流）、I_{dc2}（丰宁－北京电流）、I_{dc3}（北京－故障点电流）、I_{dc4}（张北－故障点电流）以及 I_{dc5}（康保－张北电流）。如图 6－14 所示。

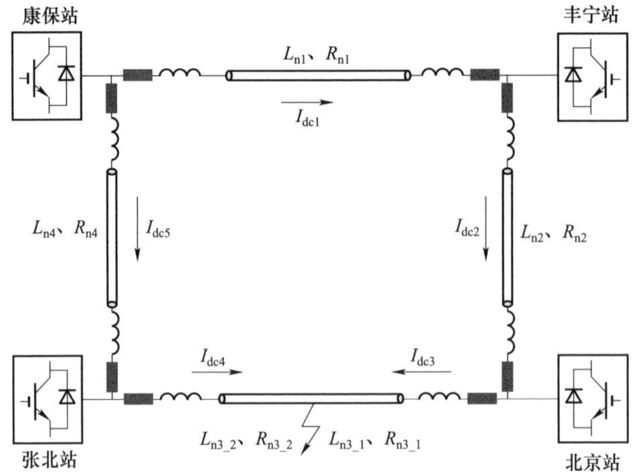

图 6－14　张北直流电网（单极）故障示意图

对于图 6－14，根据 KVL，可得

$$\begin{cases} L_{n1}\dfrac{\mathrm{d}I_{dc1}}{\mathrm{d}t}+R_{n1}I_{dc1}=u_{dc\_kb}-u_{dc\_fn} \\ L_{n2}\dfrac{\mathrm{d}I_{dc2}}{\mathrm{d}t}+R_{n2}I_{dc2}=u_{dc\_fn}-u_{dc\_bj} \\ L_{n3\_1}\dfrac{\mathrm{d}I_{dc3}}{\mathrm{d}t}+R_{n3\_1}I_{dc3}=u_{dc\_bj} \\ L_{n3\_2}\dfrac{\mathrm{d}I_{dc4}}{\mathrm{d}t}+R_{n3\_2}I_{dc4}=u_{dc\_zb} \\ L_{n4}\dfrac{\mathrm{d}I_{dc5}}{\mathrm{d}t}+R_{n4}I_{dc5}=u_{dc\_kb}-u_{dc\_zb} \end{cases} \tag{6-14}$$

对于图 6－14，根据 KCL，可得

$$\begin{cases} I_{dc\_kb}=I_{dc1}+I_{dc5} \\ I_{dc\_fn}=I_{dc2}-I_{dc1} \\ I_{dc\_bj}=I_{dc3}-I_{dc2} \\ I_{dc\_zb}=I_{dc4}-I_{dc5} \end{cases} \tag{6-15}$$

因此可知任意换流器直流母线电压可表示为

$$\begin{cases} u_{dc\_kb}=Nu_{c\_kb}-\dfrac{2L_{arm\_kb}}{3}\dfrac{\mathrm{d}I_{dc\_kb}}{\mathrm{d}t}-\dfrac{2R_{arm\_kb}}{3}I_{dc\_kb} \\ u_{dc\_fn}=Nu_{c\_fn}-\dfrac{2L_{arm\_kb}}{3}\dfrac{\mathrm{d}I_{dc\_fn}}{\mathrm{d}t}-\dfrac{2R_{arm\_fn}}{3}I_{dc\_kb} \\ u_{dc\_bj}=Nu_{c\_fn}-\dfrac{2L_{arm\_bj}}{3}\dfrac{\mathrm{d}I_{dc\_bj}}{\mathrm{d}t}-\dfrac{2R_{arm\_bj}}{3}I_{dc\_bj} \\ u_{dc\_zb}=Nu_{c\_zb}-\dfrac{2L_{arm\_zb}}{3}\dfrac{\mathrm{d}I_{dc\_zb}}{\mathrm{d}t}-\dfrac{2R_{arm\_zb}}{3}I_{dc\_zb} \end{cases} \tag{6-16}$$

根据上述表达式，求解所示微分方程组在任一时刻的数值解，可得到任一时刻时（如故障发生后 6ms）的直流线路（也即直流断路器）上的电流。

直流电网由于运行方式复杂，无法像两端柔性直流输电系统一样解得直流侧故障电流的解析表达式，一般的做法是采用电磁暂态仿真工具（如 PSCAD/EMTDC 等）进行分析。由于采用电磁暂态仿真具有速度慢、运算量大等缺点，为提高计算直流侧暂态电流的效率，基于上文的系列微分方程，可基于 MATLAB 进行暂态电流计算。

基本思想是在 MATLAB 下求解微分方程组，得到任一时刻微分方程组的数值解。对微分方程组进行处理，可将其写成矩阵形式

$$\boldsymbol{A}\dot{\boldsymbol{X}} = \boldsymbol{B}\dot{\boldsymbol{X}} + \boldsymbol{C}\boldsymbol{X} + \boldsymbol{D} \tag{6-17}$$

式中

$$\boldsymbol{X} = [u_{\mathrm{ckb}}\ u_{\mathrm{cfn}}\ u_{\mathrm{cbj}}\ u_{\mathrm{czb}}\ I_{\mathrm{dc1}}\ I_{\mathrm{dc2}}\ I_{\mathrm{dc3}}\ I_{\mathrm{dc4}}\ I_{\mathrm{dc5}}]$$

在 MATLAB 下，可将式（6－17）变换为如下形式

$$\dot{\boldsymbol{X}} = (\boldsymbol{A}-\boldsymbol{B})^{-1}\boldsymbol{C}\boldsymbol{X} + (\boldsymbol{A}-\boldsymbol{B})^{-1}\boldsymbol{D} \tag{6-18}$$

变换后，即可在 MATLAB 下求解该微分方程组。

6.2 不含直流断路器的直流故障处理方法

6.2.1 具有故障处理能力的功率模块

半桥子模块（HBSM）由于低损耗和低成本的特点，在柔性直流输电领域得到了广泛的应用。然而，HBSM 只能输出正电平和零电平，无法输出负电平。因此，当输电系统直流侧发生短路故障时，即使这种换流器闭锁，故障电流仍能通过二极管流通，无法通过换流器自身将其清除。

为了解决上述问题，需采用具备直流故障处理能力的子模块来构建 MMC 换流器。图 6－15 所示为典型的具备直流故障处理能力的子模块拓扑，其中图 6－15（a）、图 6－15（b）、图 6－15（c）、图 6－15（d）、图 6－15（e）和图 6－15（f）分别为全桥子模块（Full-Bridge Submodule，FBSM）、单极全桥子模块（Unipole Full-Bridge Submodule，UFBSM）、半全桥连接子模块（Semi-Full-Bridge Submodule，SFBSM）、钳位双子模块（Clamped-Double Submodule，CDSM）、五电平交错连接子模块（Five-level Cross-connected Submodule，FCSM）和单极五电平交错连接子模块（Unipole Five-level Cross-connected Submodule，UFCSM）。上述六种子模块之所以具备直流故障处理能力，是因为它们均可以输

出负电平，当直流侧发生短路故障时，子模块输出的负电压可作为反电动势来清除故障电流。

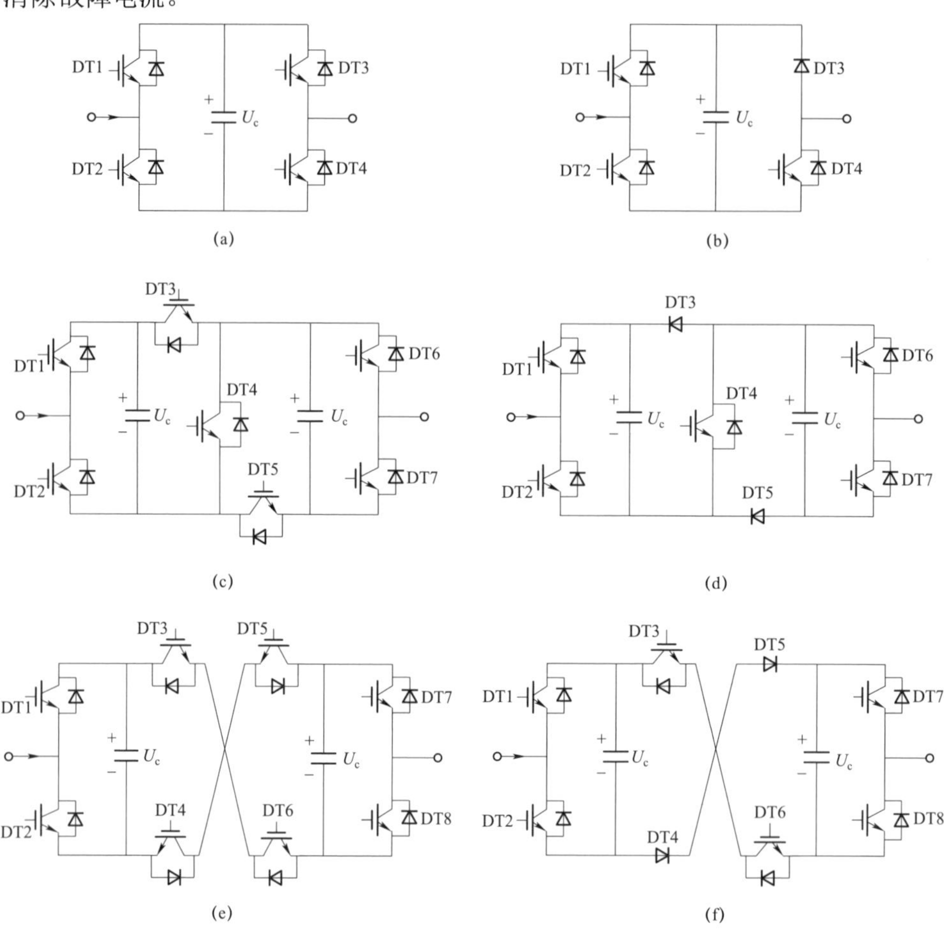

图 6－15　具备直流故障处理能力的子模块拓扑

（a）全桥子模块；（b）单极全桥子模块；（c）半全桥连接子模块；（d）钳位双子模块；（e）五电平交错连接子模块；（f）单极五电平交错连接子模块

对于上述具备直流故障处理能力的子模块来说，负电平产生的方式可分为两种：一种是不能主动地输出负电平，仅能通过闭锁被动地产生负电平来阻断故障电流；另外一种是能主动的输出负电平，在不闭锁的情况下通过主动控制将故障电流控制为零。如图 6－15（b）、图 6－15（d）和图 6－15（f）所示，UFBSM、CDSM 和 UFCSM 仅能在第一种方式下产生负电平，将其称为具备直流故障阻断能力的子模块，基于该类子模块构建的 MMC 可通过闭锁所有的 IGBT 来阻断故障电流，但是失去了对交流侧电流的控制能力，无法在直流故障期间为交流电网提供必要的无功支撑和控制。而 FBSM、SFBSM 和 FCSM，如图 6－15（a）、

图 6-15（c）和图 6-15（e）所示，在上述两种方式下均可产生负电平，将其称为具备直流故障限流能力的子模块，基于该类子模块构建的 MMC 可通过主动控制负电平输出来将故障电流控制为零，没有失去对交流侧电流的控制能力，在直流故障期间能持续的为交流电网提供无功支撑和必要的控制。图 6-16 为子模块输出负电平时功率开关（IGBT）的触发状态。

为了选择最优的子模块拓扑来构建具备直流故障处理能力的 MMC，首先需对图 6-15 所示的六种子模块拓扑进行对比分析。本节将从成本、损耗、直流故障限流能力、控制复杂程度和设计及封装复杂度等方面对其进行综合比较。

以相同的最大电压输出能力、相同的电容器数量为前提条件。假设电容器的数量均为 $2n$，根据图 6-15 可计算得到不同子模块拓扑所需的 IGBT 数量和二极管数量如表 6-2 所示。根据表 6-2 的数据可以得到基于不同子模块方案构建的 MMC 成本，结果如图 6-17 所示（以半桥子模块的成本为基准值进行比较），可以看出 CDSM 的成本最低，FBSM 和 FCSM 的成本最高。

主动输出负电平					
T_1	T_2	T_3	T_4	u_o	i_{arm}
0	1	1	0	$-U_c$	—
闭锁输出负电平					
0	0	0	0	$-V_c$	<0

（a）

闭锁输出负电平					
T_1	T_2	T_3	T_4	u_o	i_{arm}
0	0	0	0	$-U_c$	<0

（b）

主动输出负电平								
T_1	T_2	T_3	T_4	T_5	T_6	T_7	u_o	i_{arm}
0	1	1	0	1	1	0	$-U_c$	—
闭锁输出负电平								
0	0	0	0	0	0	0	$-V_c$	<0

（c）

闭锁输出负电平								
T_1	T_2	T_3	T_4	T_5	T_6	T_7	u_o	i_{arm}
0	0	0	0	0	0	0	$-U_c$	<0

（d）

主动输出负电平									
T_1	T_2	T_3	T_4	T_5	T_6	T_7	T_8	u_o	i_{arm}
0	1	1	0	0	1	0	1	$-U_c$	—
1	0	1	0	0	1	1	0	$-U_c$	—
0	1	1	0	0	1	1	0	$-2U_c$	—
闭锁输出负电平									
0	0	0	0	0	0	0	0	$-2U_c$	<0

（e）

闭锁输出负电平									
T_1	T_2	T_3	T_4	T_5	T_6	T_7	T_8	u_o	i_{arm}
0	0	0	0	0	0	0	0	$-2U_c$	<0

（f）

图 6-16　子模块输出负电平开关触发状态

（a）全桥子模块；（b）单极全桥子模块；（c）半全桥连接子模块；（d）钳位双子模块；（e）五电平交错连接子模块；（f）单极五电平交错连接子模块

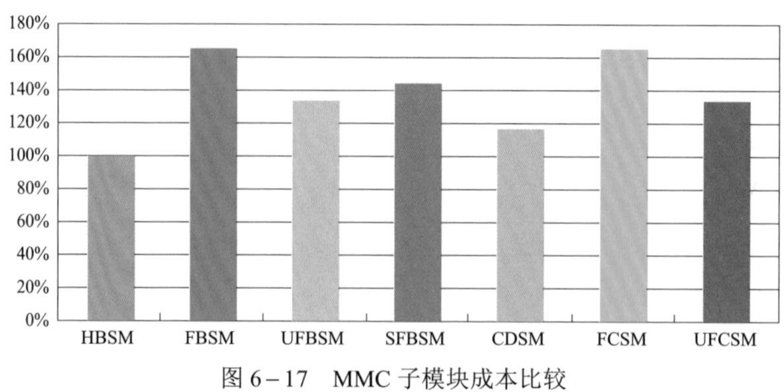

图 6－17　MMC 子模块成本比较

根据图 6－15、表 6－2 和子模块的运行原理（正常态工况下均无需输出负电平），可计算得到基于不同子模块方案构建的 MMC 损耗，如图 6－18 所示（以半桥子模块的损耗为基准值进行比较），可以看出 CDSM 和 SFBSM 的损耗最低，比 HBSM 高出 35%左右，FBSM、UFBSM、UFCSM 和 FCSM 的损耗最高，比 HBSM 高出 70%左右。

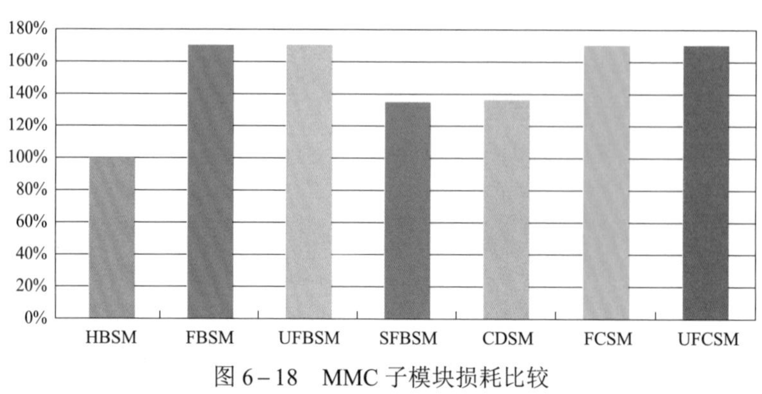

图 6－18　MMC 子模块损耗比较

表 6－3 为不同子模块的直流故障限流能力、控制复杂度和设计及封装复杂度的比较结果。多端柔性直流电网对直流故障电流的清除速度、功率恢复时间以及对交流电网的支撑能力等要求高。因此，具备直流故障限流能力的子模块从系统功能需求的角度要优于具备直流故障阻断能力的子模块。由图 6－17 和图 6－18 可知，SFBSM 相比 FBSM 和 FCSM 具有成本和损耗低的优势，但是，其控制复杂度高，主要原因是当进行故障限流时，并联的电容会产生电流尖峰，为了限制电流尖峰的幅值，需要极为精确的电容电压测量和极为精细的开关序列设计。另外，SFBSM 和 FCSM 的设计及封装复杂度也较高。

表 6-2 子模块器件数量比较

子模块	数量	IGBT 数量	二极管数量	电容数量
HBSM	$2n$	$4n$	$4n$	$2n$
FBSM	$2n$	$8n$	$8n$	$2n$
UFBSM	$2n$	$6n$	$8n$	$2n$
SFBSM	n	$7n$	$7n$	$2n$
CDSM	n	$5n$	$7n$	$2n$
FCSM	n	$8n$	$8n$	$2n$
UFCSM	n	$6n$	$8n$	$2n$

根据表 6-2、图 6-17、图 6-18 和表 6-3，综合考虑成本、损耗、直流故障限流能力、控制复杂度和设计及封装复杂度五个方面，可以得出 SFBSM 和 FBSM 相比其他子模块更有一定的优势。然而，SFBSM 控制、设计和封装复杂限制了其工程应用的前景；FBSM 过大的损耗和成本是限制其广泛应用的根本原因。为了降低基于 FBSM 构建的 MMC 的损耗和成本并保留其直流故障限流能力，可将 HBSM 和 FBSM 组合使用。

表 6-3 不同子模块比较

子模块	故障阻断能力	故障限流能力	控制复杂度	设计及封装复杂度
HBSM	否	否	低	低
FBSM	是	是	低	低
UFBSM	是	否	低	低
SFBSM	是	是	高	高
CDSM	是	否	低	高
FCSM	是	是	低	高
UFCSM	是	否	低	高

6.2.2 子模块混合型MMC设计

综合考虑成本、损耗、直流故障限流能力、控制复杂度和设计及封装复杂度五个方面，本节将对基于 HBSM 和 FBSM 构建的混合型 MMC 进行优化设计。

1. 子模块电容容值设计

混合型 MMC 的子模块电容容值按照第三章所提的优化方法进行设计，即在注入二倍频环流和三倍频共模电压且额定调制比设定为 0.95 的情况下进行设

计，具体设计过程在此不再赘述，根据第三章可得 HBSM 和 FBSM 的电容值均应选取为

$$C_{\min}=\frac{1.99S_{\mathrm{pccn}}}{\omega NU_c^2} \tag{6-19}$$

混合型 MMC 等容量放电时间常数为

$$H_{\mathrm{ucc}}=\frac{3C_{\min}NU_c^2}{S_{\mathrm{mmcn}}}=\frac{3C_{\min}NU_c^2}{S_{\mathrm{pccn}}}=19.1\,(\mathrm{kJ/MVA})=19.1\,(\mathrm{ms}) \tag{6-20}$$

2. 子模块数量及比例设计

为了满足多端柔性直流电网系统对快速清除故障电流、快速恢复功率传输以及为交流电网提供支撑能力的高要求，混合型 MMC 必须具备直流故障限流能力，即在直流侧电压为零时仍能与交流电网进行无功交互，为交流电网提供支撑。在直流侧短路故障期间，可将桥臂中的 HBSM 切除，利用桥臂中的 FBSM 来输出桥臂期望的电压，使换流器作为 STACOM 运行。因此，每个桥臂 FBSM 的数量须满足（下文以 A 相上桥臂为例进行分析）

$$N_{\mathrm{f}}U_c\geqslant\left|u_{\mathrm{paref}}\right| \tag{6-21}$$

式中，$\left|u_{\mathrm{paref}}\right|$ 为桥臂电压期望值的绝对值。

发生直流故障后，换流器仍注入三倍频共模电压，然而，由于直流侧电压接近为零，直流故障期间不再注入二倍频环流。因此，暂不考虑故障的暂态过程，故障期间换流器进入稳态运行时，桥臂电压的期望值 u_{paref} 为

$$u_{\mathrm{paref}}=-e_{\mathrm{aref}}=-\frac{0.5mU_{\mathrm{dc}}}{\sqrt{3}/2} \tag{6-22}$$

需要说明的是，尽管换流器的额定调制比 m 设为 0.95，但是在设计子模块数量时仍需按最大调制比 $2/\sqrt{3}$ 进行计算，因为需要考虑交流侧等效电感压降、共模电压注入和动态工况的影响。结合式（6-21）～式（6-22），可得每个桥臂 FBSM 的数量应满足

$$N_{\mathrm{f}}\geqslant\frac{\left|u_{\mathrm{paref}}\right|}{U_c}=\frac{0.5U_{\mathrm{dc}}}{U_c}=0.5N \tag{6-23}$$

为了减小换流器的损耗和成本，在满足式（6-23）的基础上，FBSM 的数量应取最小值

$$N_{\mathrm{f}}=ceil(0.5N) \tag{6-24}$$

式中，$ceil$ 为取整函数，返回大于或者等于指定表达式的最小整数值。

若混合型 MMC 桥臂中 FBSM 的数量按式（6-24）设计后，在发生直流故

障时，为确保不发生过调制，桥臂参考值中的直流电压需设为零。此时，换流器尽管能继续为交流电网提供无功支撑，但是直流侧故障电流是自然衰减的，因此故障电流的清除速度很慢。为加快故障电流的清除速度，在发生直流故障时，桥臂应可输出负电压，将直流侧等效电感存储的能量快速回馈到交流电网中，进而快速地熄灭电弧、清除故障电流。因此可得

$$N_{\mathrm{f}}U_c \geqslant \left|u_{\mathrm{paref}} + m_{\mathrm{dc}}\frac{U_{\mathrm{dc}}}{2}\right| \tag{6-25}$$

式中，m_{dc}为桥臂直流电压系数。

为了使换流器在不发生过调制的前提下快速地清除直流故障电流，且考虑后文功率恢复时需先注入较小直流电压的需求，本节将m_{dc}的最小值取为-0.2，即混合型 MMC 在满足 STACOM 运行的基础上，还至少能够输出$0.2U_{\mathrm{dc}}$的负电压。此时结合式（6－22）和式（6－25），可得每个桥臂 FBSM 的数量应选取为

$$N_{\mathrm{f}} \geqslant \frac{\left|-0.5U_{\mathrm{dc}} - 0.1U_{\mathrm{dc}}\right|}{U_c} = 0.6N \tag{6-26}$$

为了减小换流器的损耗和成本，FBSM 的数量应取最小值，即

$$N_{\mathrm{f}} = ceil(0.6N) \tag{6-27}$$

在正常工况下，为了使换流器能够稳定运行，桥臂中电容电压之和在任意时刻都不能小于桥臂电压的期望值。因此，桥臂总的子模块数量应满足（调制比按最大值进行设计）

$$N \geqslant \frac{\dfrac{U_{\mathrm{dc}}}{2} + \dfrac{mU_{\mathrm{dc}}/2}{\sqrt{3}/2}}{U_c} = \frac{U_{\mathrm{dc}}}{U_c} \tag{6-28}$$

由式（6－17）和式（6－28）可知，桥臂中 HBSM 的数量应选取为

$$N_{\mathrm{h}} = ceil(0.4N) \tag{6-29}$$

按照式（6－27）～式（6－29）设计得到的混合型 MMC，其成本相比 SFBSM 要低，损耗与 SFBSM 相当，且控制复杂度和设计及封装复杂度比 SFBSM 低。因此，在多端柔性直流电网场合中有较好的应用前景。

6.2.3 直流故障穿越控制策略

1. 直流故障电流清除控制

与传统的电压源型换流器相比，MMC 的一项根本性进步是直流侧无集中布置的电容且提供了直接快速控制直流侧电压和电流的自由度，这一独特的特点

为其快速清除直流故障电流提供了基础。

与传统电压源型换流器的直流侧等效电路完全不同，MMC 的直流侧等效电路如图 6－19 所示，由受控电压源和电感串联而成，其兼具电压源和电流源特性。需要特别说明的是，该可控电压源与斩波电路（例如 buck 电路）得到的电压是不同的，不是 PWM 波，而是由多个子模块电压叠加合成的，只存在非常小的高频电压纹波（例如几百个子模块合成的直流电压的高频纹波幅值最大为一个子模块电容电压的幅值，即高频纹波幅值与恒定直流量之比小于 1%）。因此，直流侧无需额外的滤波器，可利用新的自由度 n_{dc}（插入指数的直流分量）来更快、更好地控制直流侧电压和电流，这对于直流故障电流的快速清除和有功功率的快速恢复至关重要。

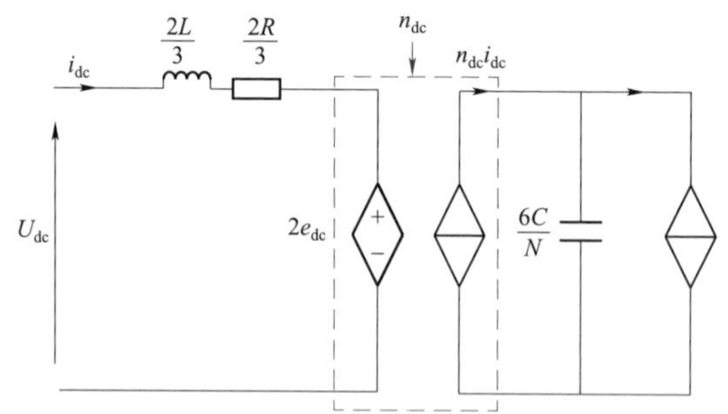

图 6－19　MMC 直流侧等效电流

当输电系统发生直流侧短路故障时，为了快速地清除故障电流，首先需要快速、可靠地检测到故障，本节通过监测传输线每一端的直流电压和直流电流来判断是否发生故障。若直流电压下降到额定值的 0.75 倍以下则认为发生了短路故障。考虑故障传播、信号处理和其他可能的延时，故障检测通常在 2ms 以内完成。

由于混合型 MMC 直流侧兼具电压源与电流源特性，因此，当检测到直流短路故障后，无论是定电压还是定功率控制的混合型 MMC 均应立即将直流侧控制由正常态控制切换为故障电流清除控制，分别如图 6－20 和图 6－21 所示。此时混合型 MMC 直流侧进入电流源控制模式，故障电流的参考值设为零，通过 PI 调节器将故障电流主动控制为零。为了更快、更好地清除短路故障电流，可适当增大 PI 调节器的比例系数，减小 PI 调节器的积分系数，高比例增益可加快故障电流的清除速度，低积分增益可避免暂态响应期间的振荡。

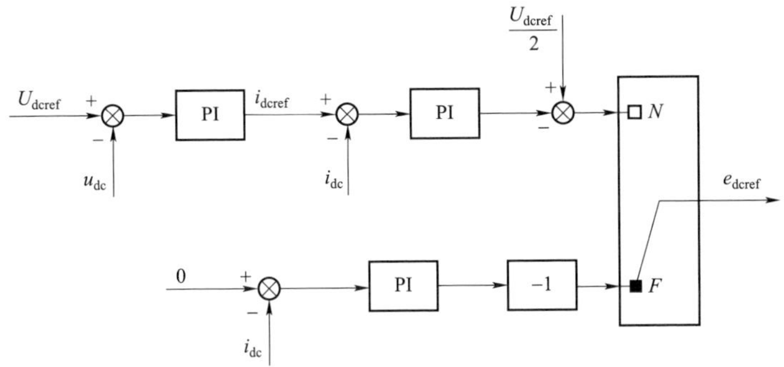

图 6－20　定直流电压控制混合型 MMC 的故障电流清除控制

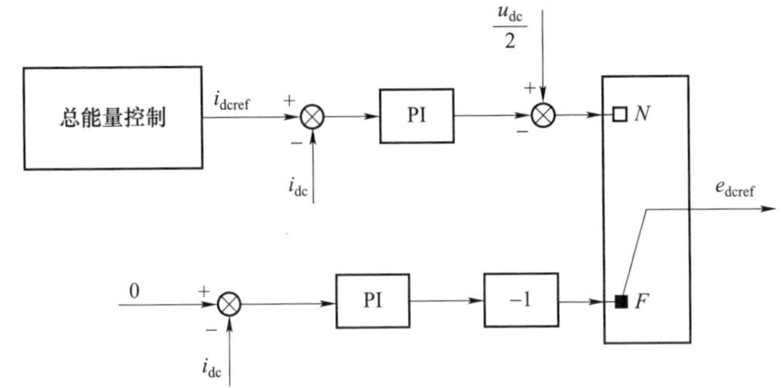

图 6－21　定功率混合型 MMC 的故障电流清除控制

2. 直流故障下混合型 MMC 电容电压优化控制

MMC 在没有发生直流短路故障时，相单元间的电容电压平衡可通过调节直流环流来实现。然而，在发生直流短路故障时，MMC 直流侧电压接近为零，此时无法依靠调节直流环流来平衡相单元间的电容电压。为解决该问题，本节提出了基于基频共模电压注入的相单元间电容电压平衡控制策略。在直流侧电压为零、注入基频共模电压且完全抑制负序交流侧电流的情况下，混合型 MMC 相单元间能量的动态方程为

$$\begin{cases}\dfrac{\mathrm{d}w_{\alpha\Sigma\mathrm{dc}}}{\mathrm{d}t}=-u_{\mathrm{com1}}i_{\alpha}=u_{\mathrm{sum}\alpha}\\\dfrac{\mathrm{d}w_{\beta\Sigma\mathrm{dc}}}{\mathrm{d}t}=-u_{\mathrm{com1}}i_{\beta}=u_{\mathrm{sum}\beta}\end{cases} \tag{6-30}$$

式中，u_{com1} 为注入的基频共模电压。

根据式（6－30）可知，可利用基频共模电压来平衡相单元间的电容电压。通过定义辅助控制输入 $u_{\mathrm{sum}\alpha}$ 和 $u_{\mathrm{sum}\beta}$，从而得到如式（6－31）所示的基频共模电压的参考值。

$$u_{\text{com1ref}} = -\frac{\underbrace{u_{\text{sum}\alpha}}_{feedback} + \underbrace{u_{\text{sum}\beta}}_{feedback}}{i_\alpha + i_\beta} \tag{6-31}$$

然而，由式（6－31）可知，在某些时刻分母会等于零，使得 u_{com1ref} 的幅值为无穷大，从而导致换流器无法正常运行。因此，需要对基频共模电压参考值产生的方式进行改进。

将式（6－30）的两端同乘以正序交流侧电流的 $\alpha\beta$ 轴分量可得

$$\begin{cases} \dfrac{\mathrm{d}w_{\alpha\Sigma\text{dc}}}{\mathrm{d}t} i_\alpha = -u_{\text{com1}} i_\alpha^2 = u_{\text{sum}\alpha} i_\alpha \\ \dfrac{\mathrm{d}w_{\beta\Sigma\text{dc}}}{\mathrm{d}t} i_\beta = -u_{\text{com1}} i_\beta^2 = u_{\text{sum}\beta} i_\beta \end{cases} \tag{6-32}$$

根据式（6－32），可得改进后的基频共模电压的参考值为

$$u_{\text{com1ref}} = -\frac{\underbrace{u_{\text{sum}\alpha} i_\alpha}_{feedback} + \underbrace{u_{\text{sum}\beta} i_\beta}_{feedback}}{i_\alpha^2 + i_\beta^2} \tag{6-33}$$

根据式（6－33）可设计得到如图 6－22 所示的直流故障下基于基频共模电压注入的混合型 MMC 相单元间能量平衡控制框图。为实现对参考值无静差地跟踪，可采用基于 PI 调节器的控制器。需要说明的是，相单元间能量反馈值 $w_{\alpha\Sigma}$ 和 $w_{\beta\Sigma}$ 除了含有直流量外还包含二倍频交流波动分量，为消除交流波动分量对控制系统的影响，需在反馈环节加入 100Hz 陷波器。PI 调节器的输出量按照式（6－33）的方式得到基频共模电压的参考值。

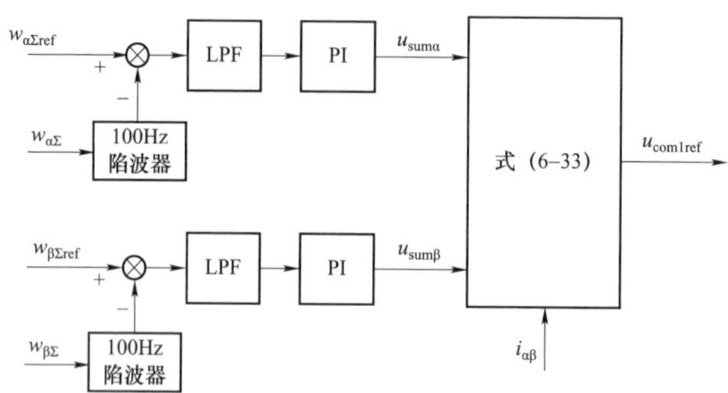

图 6－22　基于基频共模电压注入的相单元间能量平衡控制

3. 直流故障期间混合型 MMC 整体控制策略

基于应对直流短路故障的混合型 MMC 直流故障电流清除控制和直流故障下电容电压优化控制策略，本节给出直流故障期间混合型 MMC 的整体控制策

略，如图 6－23 所示。当检测到直流故障后，定功率和电压控制的混合型 MMC 的直流侧控制均切换为故障电流清除控制和电容电压优化控制，此时 HBSM 暂时切除，只有 FBSM 投入运行。另外，在直流故障期间，仍然注入三倍频共模电压，但不再注入二倍频环流。

直流故障期间的整体控制策略能够快速、可靠地清除故障电流，与此同时可向交流电网提供无功支持，并确保混合型 MMC 中的子模块电容不过压，半导体器件不过流。

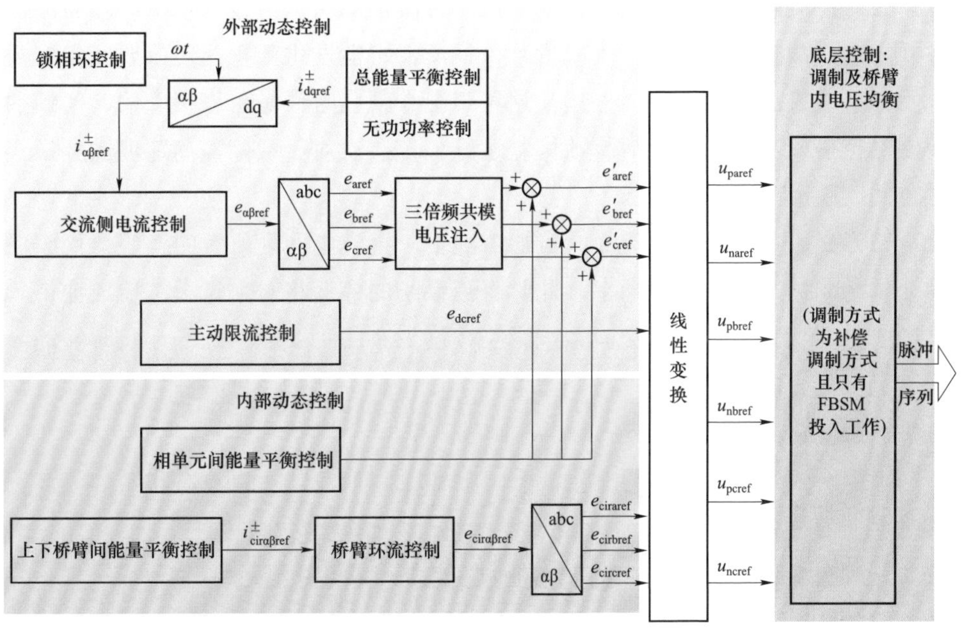

图 6－23　直流故障期间混合型 MMC 的控制策略

6.3　含直流断路器的多端直流电网短路电流抑制

6.3.1　换流器对断路器的适配需求分析

在采用基于半桥子模块 MMC 的直流电网中，当发生直流侧故障时，换流阀不具备故障电流阻断能力，需要直流断路器快速切断故障线路。因此，直流电网的运行与保护需要柔性直流换流阀、直流断路器等多种设备的共同参与，换流阀、断路器等关键设备的技术参数需要满足不同层次的限制与要求。在满足系统安全、可靠、经济运行的前提下，提出合理的关键设备技术参数要求，实现换流阀、断路器等关键设备间的合理匹配。

根据不同的系统需求，直流电网的保护往往需要满足三个不同层次的限制。

（1）器件的过流能力。换流器及断路器往往由大量的电力电子器件构成，其过流耐受能力有限。而直流电网的故障发展速度极快，为了保证系统的可靠性和持续运行能力，在故障被隔离之前，所有的电力电子设备不应超出其电流耐受能力，即不出现换流器闭锁现象。这就需要迅速地完成故障检测、定位以及断路器动作，整个过程往往需要控制在数个毫秒以内，对设备、保护提出了较高的要求。

（2）直流电网的稳定运行。鉴于目前直流电网保护的技术水平，在断路器跳开之前，故障点附近的一个或者几个换流器可能发生闭锁。但只要闭锁的数量不会造成直流电网的整体停运，这种工况在某些时候是可以接受的，闭锁的换流器也可以在故障清除后解锁恢复运行。该层次对于故障隔离速度的要求相对较低，通常在 10ms 以上。

（3）交流系统的稳定运行。极端情况下，直流电网内所有的换流器均因保护动作而闭锁，无法传输功率，此时直流系统的停运将对交流系统造成冲击，停运的时间长短是决定对交流系统影响程度大小的主要因素之一，长时间的停运可能影响交流系统的稳定性，需要在系统保护设计时予以充分考虑。该层次对保护速度要求最低，但造成后果往往最严重。

综上所述，在直流电网发生故障时，对柔直换流器、直流断路器等关键设备的要求为：

（1）换流阀具备一定的故障电流耐受能力，尽可能不闭锁；

（2）保护系统应能快速检测与定位直流故障；

（3）直流断路器在尽可能少的换流器闭锁前，切断故障暂态电流。

为满足以上要求，确定合理的柔直换流器、直流断路器的技术参数要求，达到直流电网关键设备间适配的目的，需要对直流电网的故障特性进行分析，结合故障特性，对采用直流电抗器的限流措施进行研究，优化电抗器配置方案，有效抑制故障期间的暂态电流上升。

6.3.2 限流电抗选取及优化配置

1. 直流电抗器配置方案

柔性直流电网对暂态电流抑制的需求，有两种直流电抗器配置方式，一种是集中式配置，另一种是分散式配置。以张北直流电网示范工程为例，两种电抗器配置方案中，电抗器布置的位置及远端换流站放电路径如图 6－24 所示。

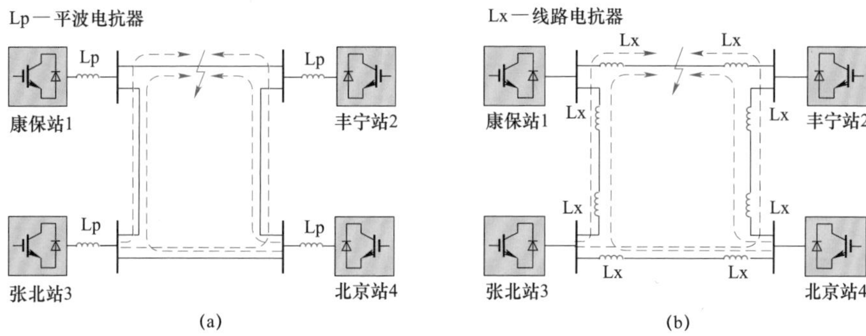

图 6–24　直流电抗器配置方案

（a）集中式；（b）分散式

在集中式电抗配置方案中，直流电抗器 Lp 配置在换流站出口，如图 6–24（a）所示；而在分散式电抗配置方案中直流电抗器 Lx 配置在环形直流线路的两端，如图 6–24（b）所示。以图 6–24 中所示的康保–丰宁线路中间故障为例，从两种配置方案在故障下远端换流站的放电路径可以看出，分散式远端换流站放电回路电抗更大，故其故障扩散速度应更慢，采用分散式可抑制远端换流站闭锁。

2. 暂态电流计算

根据前面的分析，直流电网发生直流双极短路故障时，系统暂态电流水平最为苛刻。因此，以下以张北直流电网为例，针对双极短路故障进行分析。

首先采用 PSCAD 建立基于半桥子模块 MMC 的张北柔性直流电网四端环形结构的仿真模型，线路长度和换流器参数分别如表 6–4 和表 6–5 所示，其中 1500MW 换流器采用通流能力为 1.5kA 的 IGBT 器件，3000MW 换流器采用通流能力为 3kA 的 IGBT 器件。

表 6–4　　架 空 线 长 度

线路名称	线路长度（km）	线路名称	线路长度（km）
康保—丰宁	207	北京—张北	189.6
丰宁—北京	176.5	张北—康保	49.5

表 6–5　　换 流 器 参 数

换流器参数	北京	康保	张北	丰宁
有功功率（MW）	3000	1500	3000	1500
直流电压（kV）	±500			
变压器漏抗（%）	15	15	15	15

分别对集中式电抗配置和分散式电抗配置下的直流双极短路故障进行仿真。针对不同直流电抗布置方式，分别在直流架空线路和换流站出口处等 16 个故障点进行直流双极短路故障仿真分析，故障位置如图 6－25 所示。

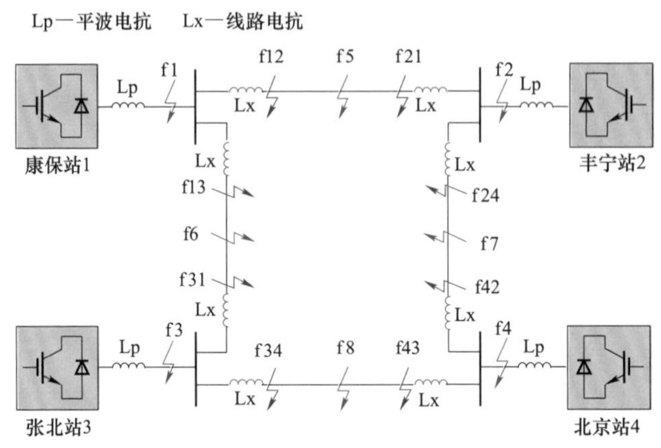

图 6－25　短路故障位置

（1）集中式电抗配置暂态电流仿真。首先，对集中式电抗配置进行暂态电流仿真。当直流电抗取值为 100mH 时，康保—丰宁线路发生双极短路时的暂态电流仿真波形如图 6－26 所示，故障时刻为 1s。

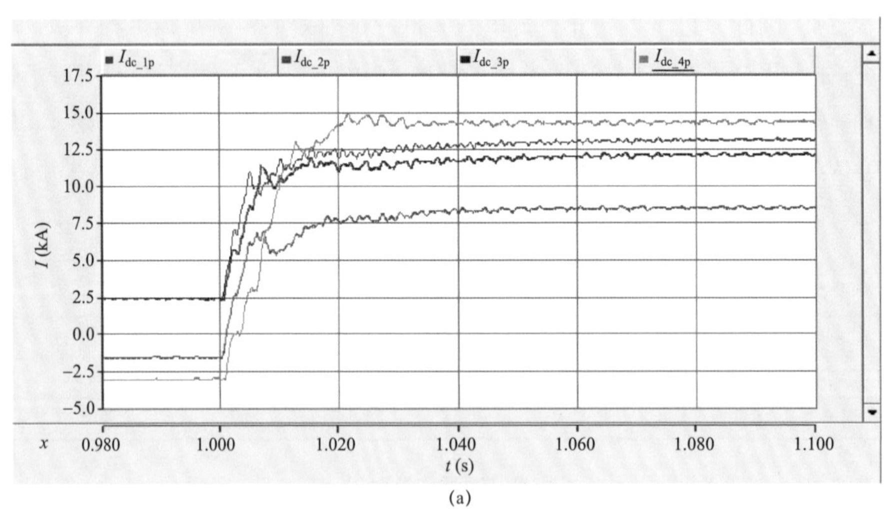

(a)

图 6－26　康保—丰宁线路发生双极短路的暂态电流仿真波形（集中式－100mH）（一）

（a）换流站出口电流

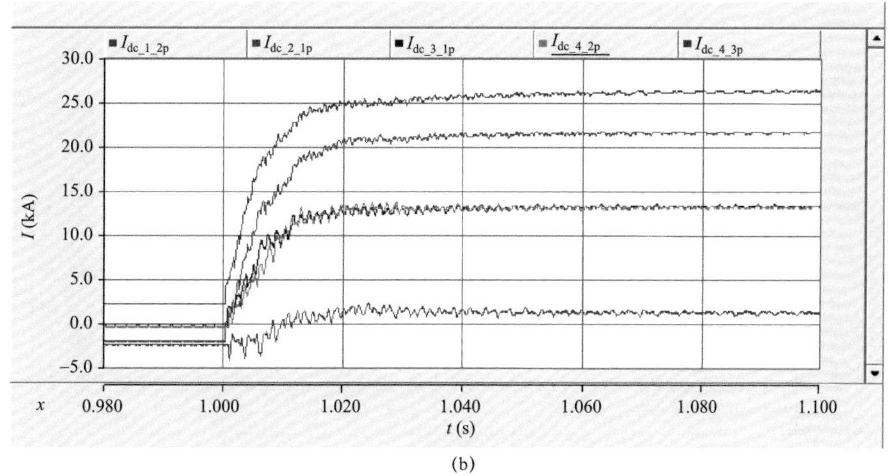

(b)

图 6－26　康保—丰宁线路发生双极短路的暂态电流仿真波形（集中式－100mH）（二）

（b）线路电流

（2）分散式电抗配置暂态电流仿真。在分散式配置方案中，当直流电抗取值为 100mH 时，康保－丰宁线路发生双极短路时的仿真波形如图 6－27 所示，故障时刻设置为 1s。

通过多个故障点的仿真可知，选取 100mH 直流电抗器，集中式配置 10ms 内的暂态电流为 34.401kA，若将其增大至 200mH，该最大暂态电流将下降至 31.264kA。

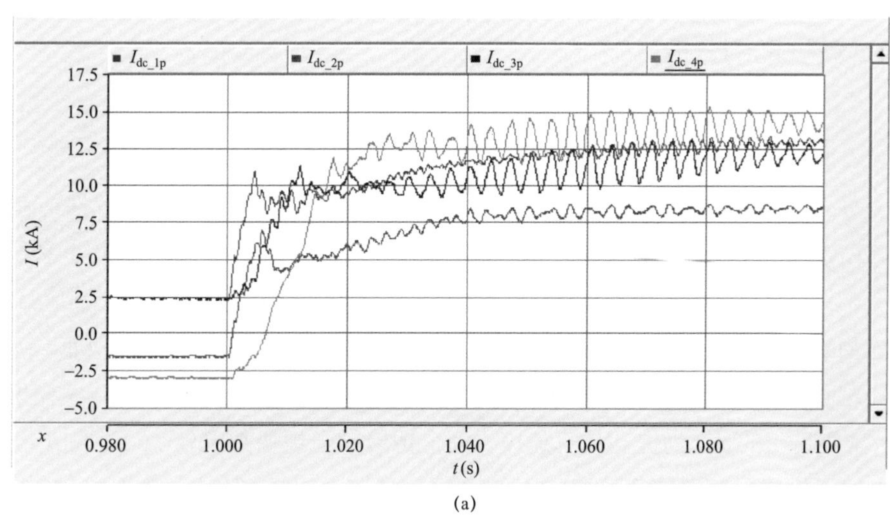

(a)

图 6－27　康保—丰宁线路发生双极短路的暂态电流仿真波形（分散式－100mH）（一）

（a）换流站出口电流

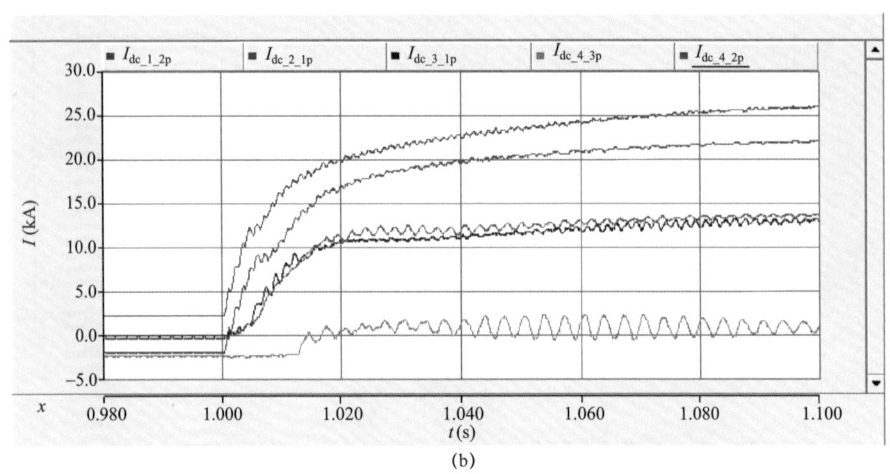

(b)

图 6-27　康保—丰宁线路发生双极短路的暂态电流仿真波形（分散式-100mH）（二）
（b）线路电流

同样选取 100mH 直流电抗器，分散式配置 10ms 内的暂态电流为 22.38kA，若将其增大至 200mH，该最大暂态电流将下降至 18.02kA。

由此可见，增加直流电抗取值，能够有效抑制发生双极短路之后的暂态电流，而且分散式配置下的暂态电流抑制能力更显著。从仿真结果来看，在暂态电流抑制方面，分散式配置方案优于集中式配置方案。

6.4　典型案例分析

6.4.1　三端输电系统设计案例与仿真分析

为了验证混合型 MMC 的优化设计与直流故障穿越控制的有效性，基于 MATLAB/Simulink 搭建了基于混合型 MMC 构建的多端直流电网最小系统，如图 6-28 所示，主要包括换流站、直流高速开关、架空传输线和交流电网。混合型 MMC1、MMC2 和 MMC3 的仿真参数分别如表 6-6 和表 6-7 所示。

为适用于直流短路故障穿越的验证，每个混合型 MMC 均采用开关模型搭建。需要说明的是，为提高仿真速度，每个桥臂的子模块数量较少，设为 $N=10$。较少的子模块尽管会使直流电压中的高频分量较为明显，但对于混合型 MMC 优化设计以及直流故障穿越控制的验证没有影响。

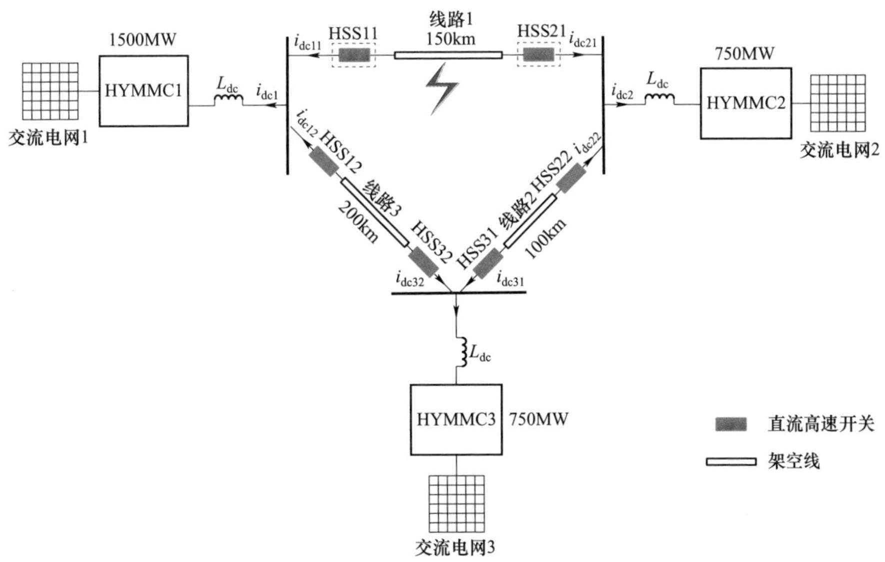

图 6－28　基于混合型 MMC 构建的三端电网系统

表 6－6　MMC1 仿真参数

参数	符号	数值
额定视在功率	S_n	1680MVA
额定有功功率	P_n	1500MW
额定直流电压	U_{dc}	500kV
额定交流电压	U_{ac}	230/291kV
交流系统频率	f	50Hz
桥臂半桥子模块数	N_h	4
桥臂全桥子模块数	N_f	6
子模块电容	C	0.425mF
子模块电容电压	U_c	50kV
桥臂电感	L	13mH
桥臂电阻	R	0.5Ω
变压器漏感	L_{ac}	22.5mH
交流侧电阻	R_{ac}	0.25Ω
直流限流电感	L_{dc}	10mH

表 6-7　MMC2 和 MMC3 仿真参数

参数	符号	数值
额定视在功率	S_n	840MVA
额定有功功率	P_n	750MW
额定直流电压	U_{dc}	500kV
额定交流电压	U_{ac}	230/291kV
交流系统频率	f	50Hz
桥臂半桥子模块数	N_h	4
桥臂全桥子模块数	N_f	6
子模块电容	C	0.213mF
子模块电容电压	U_c	50kV
桥臂电感	L	26mH
桥臂电阻	R	1Ω
变压器漏感	L_{ac}	45mH
交流侧电阻	R_{ac}	0.5Ω
直流限流电感	L_{dc}	10mH

图 6-29 所示为多端电网瞬时性直流故障穿越仿真波形，在 $t=0.35$s 时刻，线路 1 的中点处发生了瞬时性短路故障，故障持续时间为 130ms。图 6-29（a）所示的 3 个混合型 MMC 的直流端口电压均在 1ms 以内跌落到 0.75 标幺值以下，换流器检测到故障后，通过故障线路电流清除控制在 $t=0.36$s 时刻将故障线路电流 i_{dc11} 和 i_{dc21} 控制为零。经过 140ms 的去游离时间，在 $t=0.5$s 时刻，系统开始尝试恢复功率传输。混合型 MMC1 快速建立起 0.1 标幺值的直流电压，从图 6-29（c）可以看出，故障线路电流 i_{dc11} 和 i_{dc21} 在 5ms 内不持续上升，而是在 100A 以下保持不变，因此系统判定故障为瞬时性故障且已被清除，于是混合型 MMC1 利用自由度 n_{dc} 快速将直流电压建立为额定值，混合型 MMC2 和 MMC3 按 10 标幺值/s 的速度将功率传输恢复到故障前的水平，在 $t=0.605$s 时刻多端直流电网完成瞬时性直流故障穿越。在整个直流故障穿越过程中，有功功率传输会出现短时的中断，而无功功率不受影响，3 个混合型 MMC 持续向交流电网提供 0.3 标幺值的无功功率。

图 6-30 所示为多端直流电网永久性直流故障穿越仿真波形，在 $t=0.35$s 时刻，线路 1 的中点处发生了永久性短路故障。图 6-30（a）所示的三个混合型

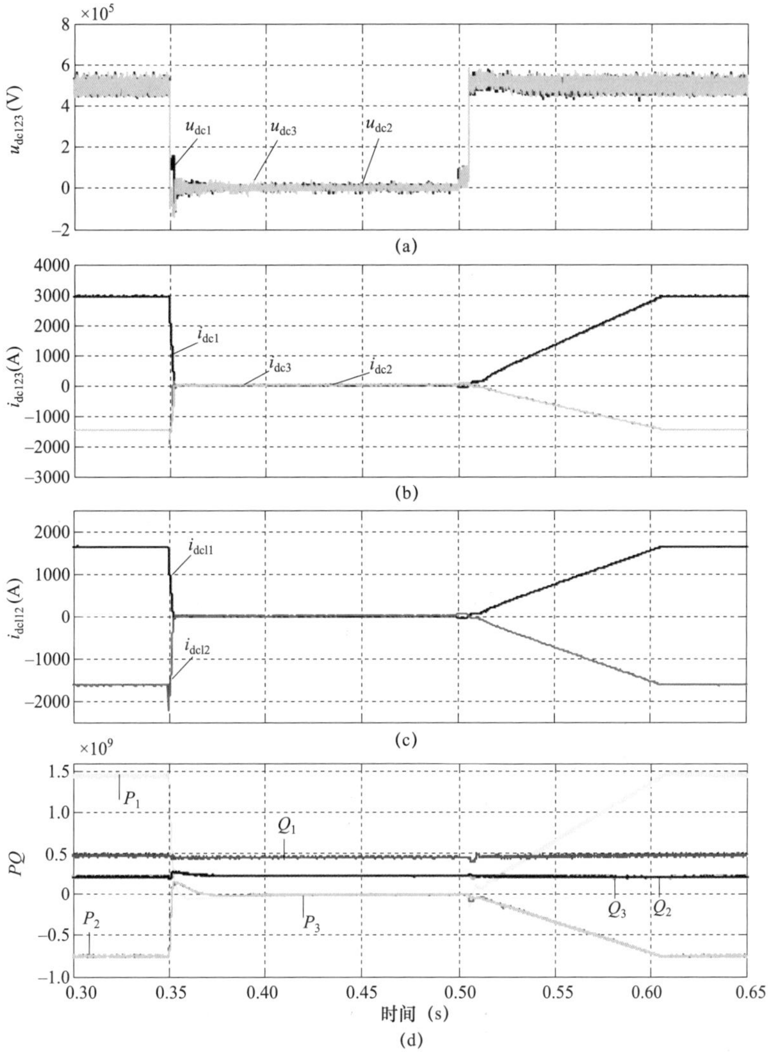

图 6-29　三端电网瞬时性直流故障穿越仿真波形

（a）直流端口电压；（b）直流端口电流；（c）故障线路电流；（d）有功无功功率

MMC 的直流端口电压均在 1ms 以内跌落到 0.75 标幺值以下，换流器检测到故障后，通过故障线路电流清除控制在 $t=0.36$s 时刻将故障线路电流 i_{dc11} 和 i_{dc21} 控制为零。经过 140ms 的去游离时间，在 $t=0.5$s 时刻，系统开始尝试恢复功率传输，混合型 MMC1 快速建立起 0.1 标幺值的直流电压，从图 6-30（c）可以看出，故障线路电流 i_{dc11} 和 i_{dc21} 在 5ms 内持续上升，系统判定故障仍存在，于是混合型 MMC1 立即将直流侧控制切换回故障线路电流清除控制，在 $t=0.515$s 时刻将故障线路电流 i_{dc11} 和 i_{dc21} 控制为零。经过 140ms 的去游离时间，在 $t=0.655$s

时刻再次尝试恢复功率传输，由于故障仍然存在，尝试恢复再次失败。连续三次失败后，系统判定故障为永久性故障。在 $t=0.815\text{s}$ 时刻，混合型 MMC1 再次切换回故障线路电流清除控制，并在 $t=0.825\text{s}$ 时刻将 i_{dc11} 和 i_{dc21} 控制为零。此时线路 1 两端的直流高速开关 HSS11 和 HSS21 动作，在 $t=0.835\text{s}$ 时刻将故障线路隔离。经过 5ms 的通信时间，混合型 MMC1 利用自由度 n_{dc} 快速将直流电压建立为额定值，混合型 MMC2 和 MMC3 按 10 标幺值/s 的速度将功率传输恢复到故障前的水平，在 $t=0.94\text{s}$ 时刻多端直流电网完成永久性直流故障穿越。在整个直流故障穿越过程中，有功功率传输会出现短时的中断，而无功功率不受影响，三个混合型 MMC 持续向交流电网提供 0.3 标幺值的无功功率。

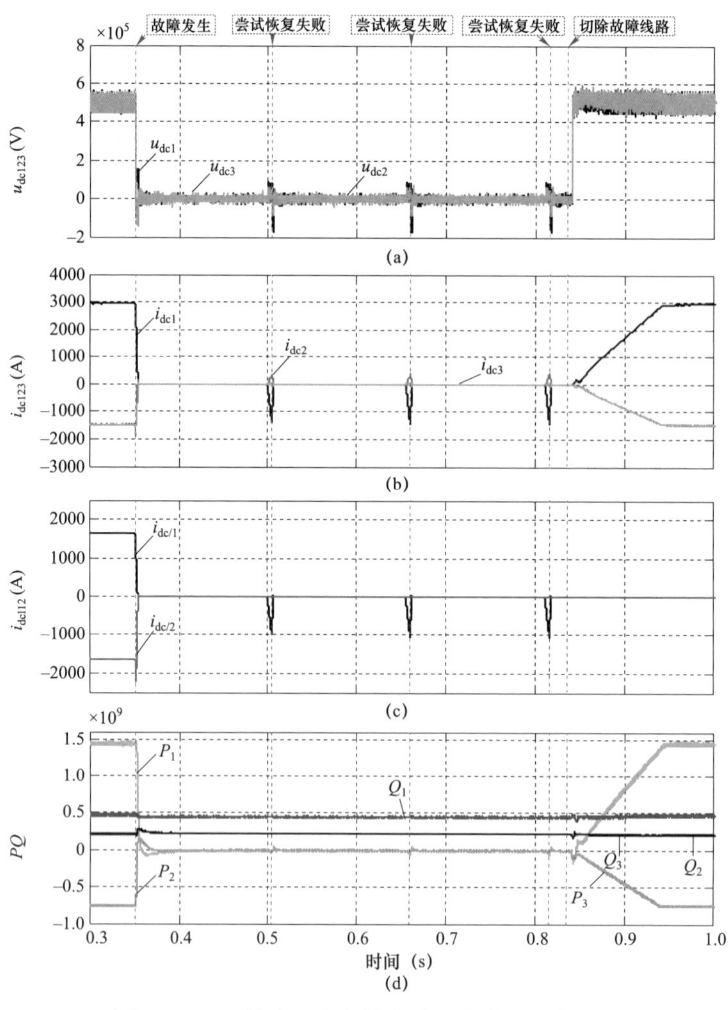

图 6-30　三端电网永久性直流故障穿越仿真波形

（a）直流端口电压；（b）直流端口电流；（c）故障线路电流；（d）有功无功功率

6.4.2 四端直流电网设计案例与仿真分析

由 6.3.2 节分析可知，对于张北四端柔性直流电网，采用分散式布置的限流电抗较优，如图 6-31 所示。采用分散式配置且直流限流电抗器取值为 200mH 时，发生直流双极短路故障后直流电网中各换流站的闭锁情况如表 6-8 所示。

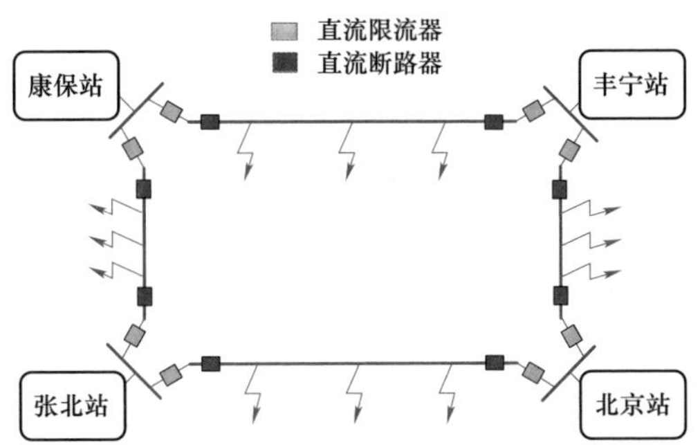

图 6-31 张北四端柔性直流电网案例

表 6-8 换流站闭锁情况

故障位置	换流阀闭锁情况（ms）					
	3	4	5	6	7	8
康保—丰宁线路	0	0	0	1	2	2
康保—丰宁末端（左）	0	1	1	1	1	1
康保—丰宁末端（右）	0	0	1	1	2	2
张北—北京线路	0	0	0	0	1	1
张北—北京末端（左）	0	0	1	1	1	1
张北—北京末端（右）	0	0	0	0	0	1
康保—张北线路	0	0	0	1	2	2
康保—张北末端（左）	0	0	0	1	1	2
康保—张北末端（右）	0	0	0	0	2	2
丰宁—北京线路	0	0	0	0	1	1
丰宁—北京末端（左）	0	0	1	1	1	1
丰宁—北京末端（右）	0	0	0	0	0	0

由表 6-8 可见，故障发生后 3ms 内无换流站闭锁情形发生；4～6ms 内最多有 1 个换流站闭锁；7ms 开始出现 2 个换流站闭锁。可以看出，在分散式配置 200mH 线路直流电抗，能够明显改善双极短路故障引起的换流站闭锁情况，满足直流电网稳定运行的要求。

采用半桥 MMC + 直流断路器方案时，为进一步明确张北直流电网对直流断路器的技术要求，对不同故障位置下，安装在各线路两端的直流断路器的最大暂态电流进行分析，最大暂态电流值曲线如图 6-32 所示。

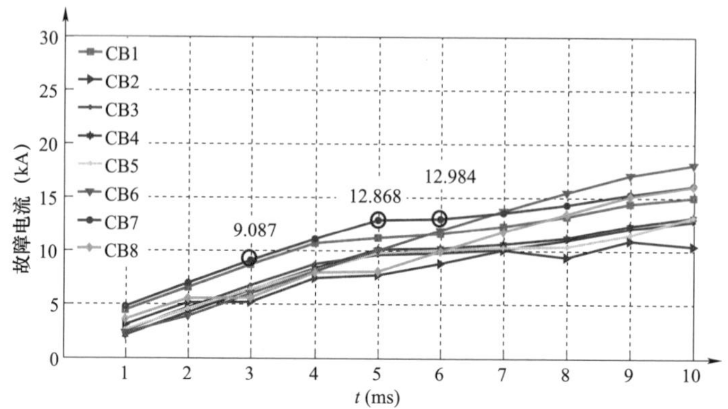

图 6-32　各条线路直流断路器暂态电流最大值

根据图 6-32 可知，对于加装在直流线路上的高压直流断路器，3ms 内的最大暂态电流为 9.078kA，6ms 内的最大暂态电流为 12.984kA。综合考虑安全可靠性后，选取的直流断路器分断能力宜不低于 3ms/20kA。

7 柔性直流电网的故障保护

直流电网控制保护技术难度大。首先，是缺少行之有效的故障限流装置。直流电网在直流线路发生短路故障时，换流器的子模块电容通过故障点“瞬间”放电，电流上升速度快、峰值高，在数毫秒就会传播至整个直流网络。柔性直流系统电力电子器件脆弱，而目前唯一在实际工程有应用的电感限流装置，也无法有效抑制故障电流峰值。因此，需要具有快速抑制故障电流上升速率和峰值的经济、有效的限流措施。

其次，电力电子器件可承受电气应力弱与直流系统故障冲击强之间有着深刻的矛盾。直流系统故障时，故障电流瞬间达到 IGBT 的过流保护阈值，换流器立刻闭锁进入不控整流状态，失去电能传输能力，大大降低了直流系统可靠性。换流器闭锁后，交流系统通过 IGBT 续流二极管构成故障回路，二极管电流耐受能力具有反时限特性，最高可以承受额定电流 5 倍左右的瞬时冲击电流，耐受 2 倍额定电流的时间也只有 10ms。为了提高直流电网可靠性和设备安全性，需要直流电网保护在几个毫秒内切除故障。

综上，直流电网对保护速动性要求极高，而直流保护速动性发展已达极限。以架空线为主要传输形式的直流电网，故障概率急剧增加，将进一步激化这一矛盾。保护速动性与电网需求之间的矛盾越发突出，成为直流电网保护的核心难题。

7.1 直流电网保护时空区域

7.1.1 保护时空区域划分

直流电网是基于直流传输形式的由换流站、交流系统、新能源基地、储能装置、调度中心和控制保护装置汇集而成的电力系统，是一个交直流混合广域传输网络。系统主要包括直流传输线路、换流站、交流电网、新能源基地和储能系统五个区域。换流站是直流电网各个单元的联接枢纽，交流电网、新能源和储能系统都是以交流电形式，经过交流联络线与换流站交流侧相联，换流站直流侧通过直流传输线路互联成直流网络，实现各个单元之间电能的传输。直流电网结构示意图如图 7-1 所示。

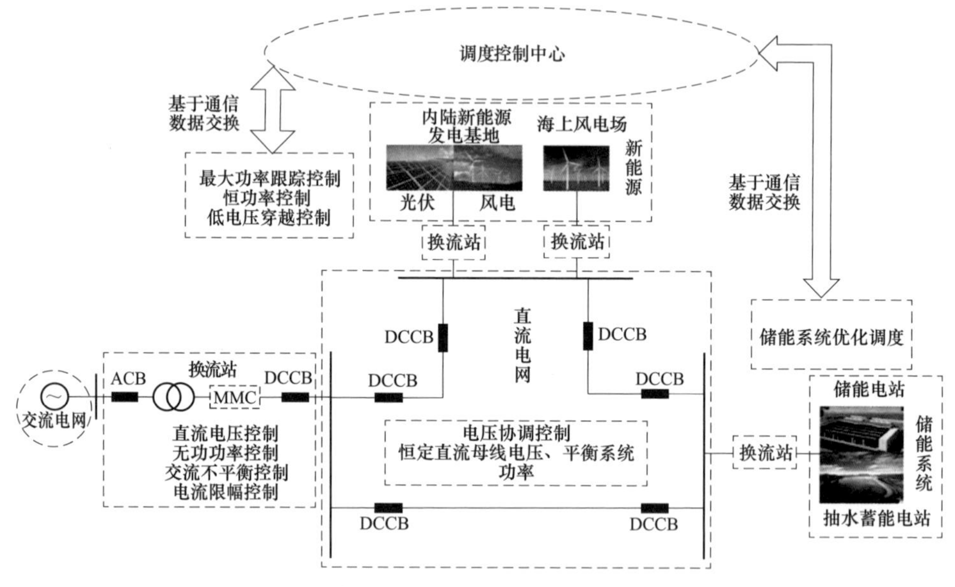

图 7-1　直流电网结构示意图

保护时间区域和空间区域的合理划分是所有电力系统进行保护配置的重要前提。直流电网保护时空区域划分的基本原则为：① 设备和人身不因故障而受到危害是底线；② 最大限度维持系统运行，保障系统可靠供电；③ 综合考虑继电保护“四性”——速动性、选择性、可靠性、灵敏性，并兼顾经济性。

根据直流电网物理拓扑结构进行保护空间区域划分，将保护在空间上划分为直流传输线路、换流站、交流联络线、交流电网、新能源发电基地和储能系统六个区域。根据故障发展过程、故障特性和继电保护配置基本原则，综合考虑不同单元控制策略和元器件特性，将保护在时间上划分为故障控制阶段、主保护阶段、近后备保护阶段、远后备保护阶段四个阶段。

直流电网所包含单元种类和数量众多，故障发展过程复杂，保护时空区域相互交错。根据不同区域的空间位置和保护功能，将直流电网保护体系分为直流保护、交流保护和新能源接入保护三大体系。

（1）直流保护体系主要负责处理直流传输网络故障，保护直流系统，避免

或者减小直流故障对其他区域产生影响。直流传输网络是整个直流系统进行电能传输的唯一通路，故障传播速度快、故障电流上升速率快、电力电子器件脆弱，对保护速动性要求极高，同时需要配置具有快速开端能力的高压大容量直流断路器，快速切除故障。

（2）交流保护体系主要负责处理交流系统和交流联络线故障，保护交流系统，防止交流故障传播到直流传输网络。换流器采用全控电力电子器件，控制方式灵活多样，通过电网电压不平衡控制、限幅控制等控制策略，可以实现对交流系统故障的有效抑制，同时也对交流系统故障特性和传统交流保护原理造成一定影响。

（3）新能源接入保护体系主要负责处理新能源发电基地、储能系统和接入联络线故障，保障设备安全和电能传输。新能源系统通过交流联络线与换流站相联，当交流联络线发生故障后，新能源发电系统和换流器都将启动响应故障控制策略，共同抑制交流故障，会产生新的故障特性，

换流站包含于每个体系之中，其拓扑结构和控制保护策略与各个体系中的其他单元相互配合，完成各个体系内部保护功能，同时将三大体系相互联接，实现体系间的协调配合，形成完整的直流电网保护体系。

7.1.2 区域内保护配置方案

直流传输线路、换流站和交流联络线是直流电网的核心单元，负责联通已有交流电网、新能源基地和储能系统，实现不同区域间的电能转换和传输。在超高压直流电网中，要求主保护采用双重化配置，主保护采用两套彼此独立、可以快速动作于各类故障的速动保护。在此基础上，直流线路主保护采取“三取二”原则，每套主保护配置三个不同类型保护原理，两个及以上判定结果一致，保护发出动作指令。

1. 直流传输线路保护配置

直流传输线路是直流电网功率传输的通道，距离长、跨越区域环境复杂，发生故障概率大。实际运行数据显示，直流传输线路故障约占整个直流系统故障总量的 50%，是直流系统最主要的故障类型。

柔性直流传输线路保护主要由电压行波保护、微分欠压保护、纵联电流差动保护、横联差动保护和低电压保护构成。

（1）电压行波保护。电压行波保护以输电线路电压变化率 $\mathrm{d}u/\mathrm{d}t$、线路电压变化量 Δu 和线路电流变化量 Δi 作为判据，对故障行波到达线路端口时引起端

口电气量剧烈变化进行检测，快速判别线路故障，具体判据为

$$\begin{cases} \mathrm{d}u/\mathrm{d}t > \Delta_1 \\ \Delta u > \Delta_2 \\ \Delta i > \Delta_3 \end{cases} \tag{7-1}$$

式中，Δ_1 为电压变化率动作阈值；Δ_2 为电压变化量动作阈值；Δ_3 为电流变化量动作阈值。

（2）微分欠压保护。微分欠压保护以线路电压变化率 $\mathrm{d}u/\mathrm{d}t$ 及线路电压 u 为判据，并设置一段延时，实现故障判别。微分判据可以快速反应直流线路故障，同时检测直流电压水平可以躲开正常运行时干扰的影响。较高的微分整定值和较低的欠压水平，再配以适当延时提高保护抗干扰能力

$$\begin{cases} \mathrm{d}u/\mathrm{d}t > \Delta_1 \\ u < \Delta_2 \end{cases} \tag{7-2}$$

式中，Δ_1 为电压变化率动作阈值；Δ_2 为欠压动作阈值。

（3）纵联电流差动保护。纵联电流差动保护利用线路两端电流差作为判据，判断线路区内是否有故障。保护原理如图 7－2 所示，判据为

$$\left| I_{\mathrm{m}} + I_{\mathrm{n}} \right| > \Delta \tag{7-3}$$

正常状态下线路两端测量的电流差值很小，如图 7－2（a）所示；故障状态下由于存在故障电流 I_{f}，如图 7－2（b）所示，两端电流的差值增大。当检测到两端电流差值的绝对值大于整定值 Δ 后，经延时 t 发出动作信号。整定值 Δ 要躲开线路分布参数、测量误差、噪声干扰等各种情况下产生的最大不平衡电流。

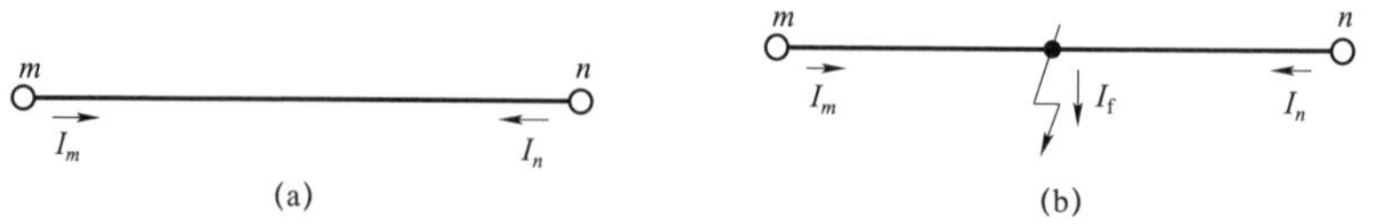

m n I_m I_n

(a)

m n I_m I_{f} I_n

(b)

图 7－2 线路纵联电流差动保护原理

（a）正常状态；（b）故障状态

（4）横联电流差动保护。纵联电流差动保护利用线路同侧极线电流和金属回线电流差值作为判据，判断金属回线是否有故障。保护原理如图 7－3 所示，判据为

$$\left| I_{\mathrm{pole}} + I_{\mathrm{o}} \right| > \Delta \tag{7-4}$$

正常状态下极线与金属回线构成回路，二者电流差值很小，如图 7－3（a）所示；故障状态下由于存在故障电流 I_{f}，如图 7－3（b）所示，二者电流的差值增大。当检测到极线与金属回线间电流差值的绝对值大于整定值 Δ 后，经延时 t

发出动作信号。整定值 Δ 要躲开线路分布参数、测量误差、噪声干扰等各种情况下产生的最大不平衡电流。

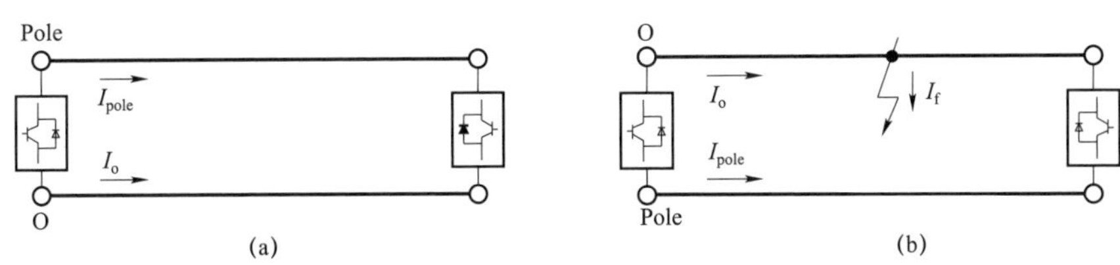

图 7－3　线路横联电流差动保护原理

（a）正常状态；（b）故障状态

（5）低电压保护。低电压保护利用线路电压作为判据，判断线路是否有故障。低电压保护分为线路低电压保护和极控低电压保护，线路低电压保护定值比极控低电压保护定值低，线路低电压保护动作后，启动线路重启程序，而极控低电压保护动作后，则闭锁故障极。具体判据为

$$u < \Delta \tag{7-5}$$

直流传输线路保护配置如表 7－1 所示：直流线路行波保护作为直流传输线路的主保护，对直流线路上的故障产生最快速的响应；微分欠压保护是行波保护的后备保护，在行波保护退出运行或者拒动时，作为主保护运行；纵联电流差动保护作为行波保护和微分欠压保护的后保护，主要用于检测直流线路的高阻接地故障；横联电流差动保护工作于单极金属回线运行方式，检测金属回线接地故障；低电压保护作为所有保护的后备保护，动作延时最长。

表 7－1　　直流传输线路保护配置

保护原理	保护功能	保护判据
电压行波保护	作为主保护，快速检测直流传输线路故障	$du/dt > \Delta_1$ $\Delta u > \Delta_2$ $\Delta i > \Delta_3$
微分欠压保护	作为主保护，快速检测直流传输线路故障	$du/dt > \Delta_1$ $u < \Delta_2$
纵联电流差动保护	作为后备保护，检测直流传输线路高阻接地故障	$\lvert I_m + I_n \rvert > \Delta$
横联电流差动保护	单极金属回线运行方式下，检测金属回线接地故障	$\lvert I_{pole} + I_o \rvert > \Delta$
低电压保护	作为后备保护，检测直流传输线路故障	$u < \Delta$

2. 换流站保护配置

换流站是直流电网的核心单元，是交直流单元之间的联接枢纽，其核心一

次设备为换流变压器和换流阀，是换流站的主要保护对象。

换流变压器故障分为内部故障和外部故障两大类。内部故障主要有各相绕组之间相间短路、绕组内匝间短路、绕组或者引出线通过外部接地故障等。外部故障主要有绝缘套管闪络、引出线相间短路、引出线接地故障等。换流变压器保护原理主要有比率差动、过励磁保护、零序差动保护、反时限过流保护等。

（1）比率差动保护。比率差动保护采用逐相比较方式，启动电流随外部短路电流比率增大，既能保证外部短路不发生误动，又可以保证内部短路有较高的灵敏度。电流方向如图 7－4 所示，保护判据为

$$\begin{cases} I_{op} > I_{op.min} & (I_{res} \leqslant I_{res.0}) \\ I_{op} > I_{op.min} + K_{res}(I_{res} - I_{res.0}) & (I_{res} > I_{res.0}) \end{cases} \tag{7-6}$$

式中，$I_{op} = \left|\dot{I}_1 + \dot{I}_2\right|$ 为启动电流；I_{res} 为制动电流；$I_{op.min}$ 为最小启动电流，$I_{res} = \left|\dot{I}_1 - \dot{I}_2\right|$ 为最小制动电流；K_{res} 为比率制动系数。

（2）零序差动保护。零序差动保护采用三相自产生零序电流与中性点电流进行差动比较的原理，对不对称接地故障进行检测，一般采用比率差动判据，保护原理如图 7－5 所示。

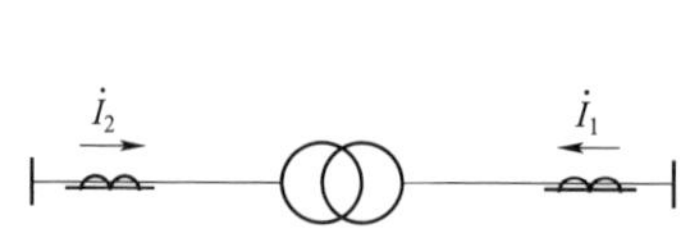

图 7－4　变压器比率差动电流方向

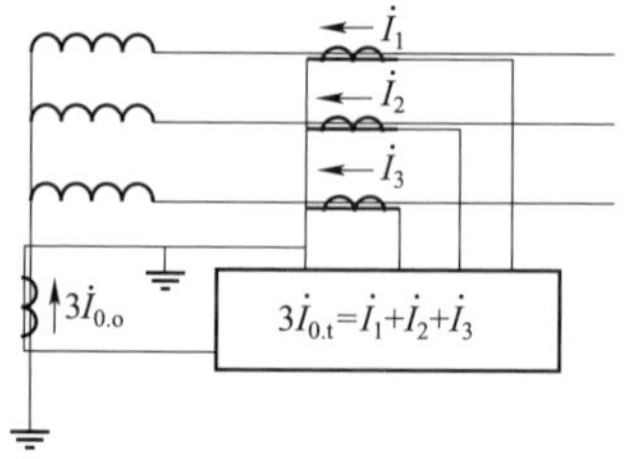

图 7－5　变压器零序电流差动保护原理

（3）过励磁保护。过励磁保护通过对电压和频率进行检测，采用定时限保护启动，反时限保护动作跳闸。反时限动作时间为

$$t = 0.8 + \frac{0.18K}{(N / N_{op} - 1)^2} \tag{7-7}$$

式中，K 为耐受过励磁系数；N 为过励磁倍数；N_{op} 为过励磁倍数。

$$N = (U / f) / (U_n / f_n) \tag{7-8}$$

式中，U 为线电压；f 为系统频率；U_n 为额定线电压；f_n 为系统额定频率。

（4）反时限过电流保护。反时限过电流保护动作时间随着过流水平变化，既能快速清除严重故障，又能对不严重故障进行合理延时。当 $I > I_{set}$ 时，保护启动，在经过反时限延时动作与跳闸。反时限动作特性为

$$t=\frac{kt_{\mathrm{b}}}{(I/I_{\mathrm{set}})^{p}-1} \tag{7-9}$$

式中，k 为反时限常数；t_{b} 为反时限整定值；p 为反时限阶数。

换流变压器保护配置复杂，保护配置分为主保护、后备保护。主保护包括比率差动、过励磁保护、零序电流差动保护等，后备保护包括过流保护、零序过流保护、过电压保护等。此外除了电气量保护外，还有反应变压器本体保护的非电气量保护，如瓦斯保护、SF_6气体保护、绕组温度保护等。

换流阀主要由子模块、桥臂电抗器组成。子模块结构复杂、应力弱、易损坏，需要配置完善的保护措施保障其安全。应用于实际工程的半桥式子模块结构图如图 7－6 所示：R 为泄放电阻，用于系统停运后子模块电容快速放电；DT 为旁路晶闸管，K 为旁路机械开关，桥臂过流时二者闭合，保护 IGBT2 的反并联二极管；驱动板为 IGBT 提供门极信号；控制板负责子模块各个元件的控制、监测以及与上层阀控系统进行信息交互；电源为控制板和驱动板提供工作电源，通过子模块电容取电。子模块保护配置如表 7－2 所示。

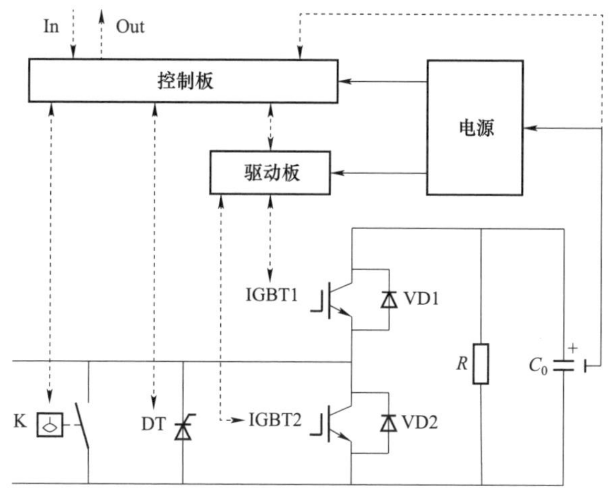

图 7－6　工程应用半桥式子模块结构图

表 7－2　　子模块保护配置

保护配置	功能	动作指令
过压保护	监测子模块电容是否过压	闭锁子模块，闭合 K
欠压保护	监测子模块电容电压是否低于电源正常工作电压	闭锁子模块，闭合 K
驱动保护	监测 IGBT 驱动信号是否正常	闭锁子模块，闭合 K
旁路机械开关拒动保护	防止旁路开关故障后，子模块承受过大应力而损坏	闭锁子模块，告警
通信故障保护	监测控制板与上层阀控通信是否正常	闭锁子模块，闭合 K

由于子模块本体没有电流测量单元，需要通过检测桥臂电流是否过流，实现子模块过流保护。桥臂过流保护采用反时限过流保护，当 $I > I_{set}$ 时，保护启动，在经过反时限延时动作与跳闸，反时限动作特性如式（7−9）所示。

此外，换流站还配置母线差动保护、桥臂电流差动保护、换流器过流保护等。

3. 交流联络线保护配置

220kV 及以上交流线路保护按照主保护双重化、简化后备保护的基本原则配置和整定。主保护主要有纵联电流差动保护、纵联距离保护和纵联方向保护。后备保护采用阶段式相间和接地保护，包括距离保护和零序电流保护。

（1）纵联电流差动保护。由于纵联电流差动保护要利用线路两端电流信息，交流联络线的纵联保护难以避免要受到换流站控制系统的影响。交流电网并网线路故障时，换流站启动故障控制策略，限制换流器输出的故障电流，交流系统提供的故障电流远大于换流站提供的故障电流。新能源并网线路故障时，新能源启动故障控制保护策略，限制新能源系统输出的故障电流，并网线路两侧故障电流都不会很大。因此，交流并网线路差动保护的灵敏度会降低，需要通过合理整定制动系数 K 以保证保护正确动作。

（2）距离保护。距离保护是反映故障点至保护安装地点之间的距离（或阻抗），通过比较测量阻抗 Z_k 与整定阻抗 Z_{set} 大小确定故障是否处于保护区内，从而决定是否触发断路器跳闸。交流系统并网线路故障后，换流站输出电流大小和相位会受到换流站故障控制策略影响。新能源并网线路故障时，新能源输出电流大小和相位同样受到新能源系统故障控制策略影响。由于故障点过渡电阻的存在会耦合两侧系统，换流站和新能源电源因其控制策略影响，其等效电源相位大范围变化，故使测量阻抗中的阻抗增量变化范围增大，距离保护容易发生误动和拒动。因此，需要结合故障控制策略作用下的线路电流，并考虑过渡电阻的影响，合理选择距离保护动作特性（如四边形动作特性）和整定值，避免发生拒动和误动。

（3）零序电流保护。零序电流保护通过检测保护安装处零序电流识别接地故障。换流站一般采用 Y/△形式的换流变压器，变压器阀侧零序电流不会流入交流联络线。但是换流站输出电流受其故障控制策略影响，通过交流联络线零序回路影响交流联络线零序电流的大小。同理，新能源并网线路接地故障的零序电流也会受到新能源故障控制策略的影响。因此，零序电流保护需要根据故障控制作用下交流联络线的零序电流值进行整定。

（4）基于线路两侧电流大小比较的分相纵联保护。交流电网并网线路中，由于交流电网和换流站输出故障电流差别较大，可利用线路两侧电流大小比值作为分相纵联保护判据，解决差动保护灵敏度低的问题。当交流并网线路发生故障时，流经线路故障相两侧的电流分别由换流站和交流系统提供。当线路内部发生短路时，系统侧故障相电流会显著增大至 2 倍以上，而换流器侧故障相电流大小仅为额定电流的 1.1～1.2 倍；若故障位于出口线路外部，则线路两侧各相电流大小相等。因此，可以利用线路两侧各个相电流幅值（或者有效值）的比值判断故障位于区内还是区外。保护判据为

$$\frac{I_{\mathrm{n}\varphi}}{I_{\mathrm{m}\varphi}} > K \tag{7-10}$$

式中，$I_{\mathrm{m}\varphi}$ 为流经线路的换流器侧保护的各相电流；$I_{\mathrm{n}\varphi}$ 为流经线路的系统侧保护的各相电流；φ 为 A，B，C 相角。

7.1.3 区域间保护协调配合策略

区域间保护协调配合旨在将故障影响控制在最小范围，主要包含两个方面：① 区域间各个主保护和近后备保护之间不发生超区域误动；② 远后备保护在相邻区域的主保护和后备保护失灵的情况下，及时切除故障。协调配合方法主要有保护阈值整定和保护延时整定。

直流电网交直流保护之间具有自解耦特性：交流故障时，换流站通过交流电压不平衡控制和电流限幅控制，可以实现换流站交流故障穿越，仅会引起直流电网功率波动，直流保护不会误动；直流故障时，直流保护和换流站内部电力电子器件保护动作时限短（100ms 以内），在交流保护动作前就已将直流电网故障隔离，不会引起交流保护误动。因此，换流站控制保护策略是实现直流电网区域间保护协调配合的关键。

1. 直流故障时区域间保护协调配合策略

直流故障时，直流线路、换流站和交流联络线都会产生相应的故障响应，共同表现为电流增大。直流线路主保护和近后备保护动作时限最短，实现直流故障的快速切除。换流站的桥臂过流保护动作时限稍长，作为直流线路的远后备保护，在直流线路主保护和近后备保护失灵时隔离直流故障。直流线路故障对于交流联络线属于区外故障，交流联络线主保护和近后备保护不会动作，作为远后备的过流保护动作时限比换流站的过流保护动作时限还要高出一个延时，不会先于换流站过流保护动作。直流故障时，区域间保护协调配合策略如图 7－7 所示。

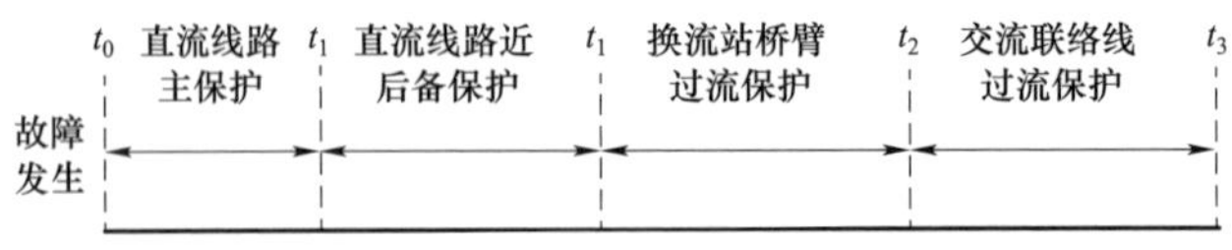

图 7-7　直流故障下区域间保护协调配合策略

2. 交流联络线故障时区域间保护协调配合策略

交流联络线故障时，换流站启动故障控制策略，根据故障情况控制换流站输出电流大小，最大输出电流为 1.2 标幺值换流站额定电流。交流联络线主保护和近后备保护进行故障判定，切除故障。换流站桥臂过流保护整定值为 1.5 标幺值，不会误动作。换流站过流保护动作时限比交流联络线近后备保护动作时限高出一个延时，作为交流联络线远后备保护，在交流联络线主保护和近后备保护失灵时隔离故障。在换流站故障控制策略的作用下，直流线路仅会出现功率波动，不会引起直流线路主后备保护的误动作。交流联络线故障时，区域间保护协调配合策略如图 7-8 所示。

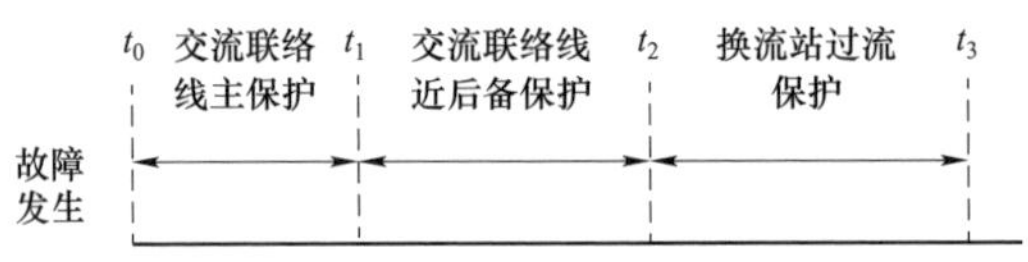

图 7-8　直流故障下区域间保护协调配合策略

3. 换流站站内交流故障时区域保护协调配合策略

换流站站内交流故障时，站内交流线路、直流线路和交流联络线都会产生过电流现象，传统的交流母线保护无法保护换流器的安全，需针对故障特性制定相应的站内交流线路主保护及其后备保护，其动作时限最短，实现站内交流故障的快速切除；换流站的桥臂过电流保护动作时限稍长，作为站内交流线路的远后备保护，在站内交流线路主保护及其后备保护失灵时隔离故障；站内交流故障对直流保护而言属于区外故障，作为远后备时动作时限应比换流站桥臂过电流保护再高出一个延时，不会先于桥臂过电流保护动作；交流过电流保护动作时限最长，作为站内交流线路的最后一道远后备保护。站内交流故障时，区域间保护协调配合策略如图 7-9 所示。

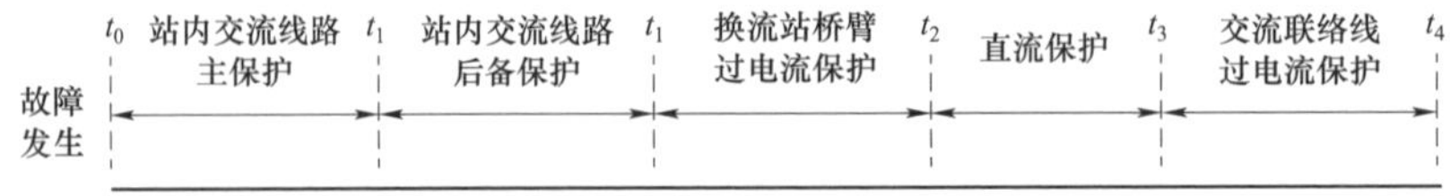

图 7-9　站内交流故障下区域间保护协调配合策略

7.2 含直流断路器的直流电网直流保护

为了提高直流电网可靠性和保护设备安全，需要在几个毫秒内切除故障，直流保护速动性与可靠性之间的矛盾愈发突出，传统直流保护原理难以解决。此外，高阻接地故障的快速、可靠识别也是直流保护的难题之一，尤其是小接地电流系统（对称伪双极柔性直流系统）单极接地故障分量小，难以快速检测。随着直流电网直流保护速动性的提高，故障持续时间急剧缩短，故障测距可利用的故障信息相应减少，给精确定位直流电网长距离输电线路故障位置、快速修复故障线路带来困难。

7.2.1 基于双端量的直流保护

基于双端通信的纵联保护原理（如纵联差动保护、纵联方向保护）在可靠性方面具有先天的优势，已经成为交流电网主保护的首选方案。GPS 卫星同步系统 ns 级误差、可靠的通信技术以及高速处理器技术，为提高纵联保护的速动性提供了有利条件。但是受限于通信信号传输速度的自然极限，通信延时成为解决直流纵联保护速动性问题不可逾越的屏障。通过保护原理创新提高纵联保护速动性，是解决直流纵联保护可靠性和快速性之间矛盾的关键。

由于土壤的影响和趋肤效应，输电线路电阻和电感等参数是随频率变化的，故障初期电气量含有非常丰富的谐波分量，线路参数的频变特性对电气量计算精度影响较大。图 7－10 为基于不同线路模型，同一段直流线路发生接地故障后子模块电容放电阶段的故障电流波形，可以看出线路模型对故障电流特性有显著的影响。

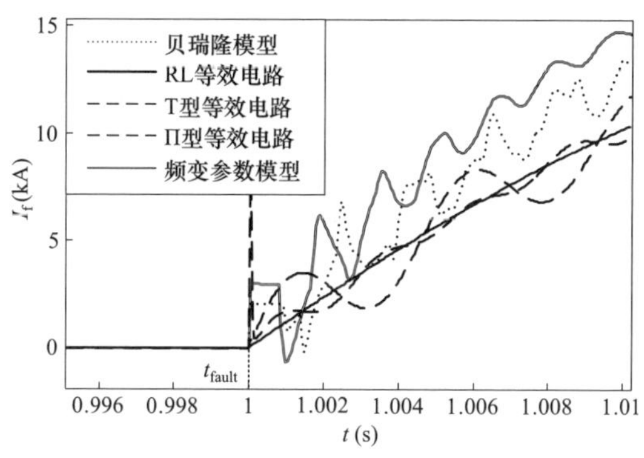

图 7－10 不同线路模型接地故障子模块电容放电阶段故障电流波形图

相对于集中参数模型和贝瑞隆模型的恒频率参数等效方法，频变参数模型（Marti 模型）对线路参数（特征阻抗和传波函数）的频率特性进行了高精度拟合，更接近实际线路特性，有利于保护方法的研究。Marti 模型中，前向行波 F、反向行波 B、端口电压 u 和端口电流 i 之间的关系如式（7－11）和式（7－12）所示，方向如图 7－11 所示。

$$\begin{cases} F_k(s) = u_k(s) + i_k(s)Z_c(s) \\ B_k(s) = u_k(s) - i_k(s)Z_c(s) \\ Z_c(s) = \sqrt{[R_0(s) + sL_0(s)]/[G_0(s) + sC_0(s)]} \end{cases} \quad (7-11)$$

式中，$k=m$、n，代表端口标号；$Z_c(s)$为特征阻抗；$R_0(s)$、$L_0(s)$、$G_0(s)$、$C_0(s)$为线路分布参数，单位分别为Ω/km、H/km、S/km、F/km。

$$\begin{cases} B_m(s) = F_n(s)A(s) \\ B_n(s) = F_m(s)A(s) \\ A(s) = e^{-\gamma(s)l} \\ \gamma(s) = \sqrt{[R_0(s) + sL_0(s)][G_0(s) + sC_0(s)]} \end{cases} \quad (7-12)$$

式中，$A(s)$称为传播函数；$\gamma(s)$为传播常数；l 为线路长度。

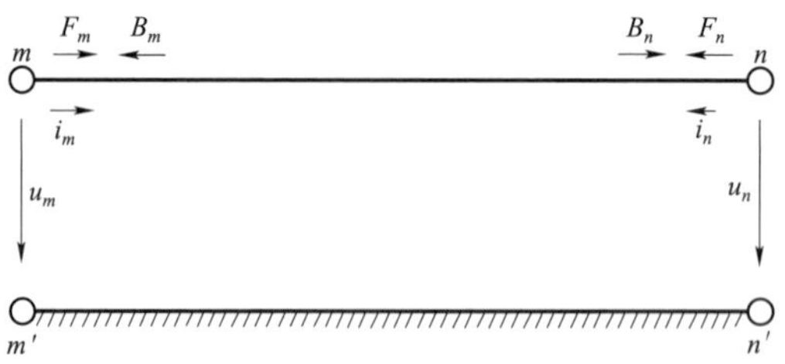

图 7－11 均匀传输线行波示意图

Marti 模型利用有理函数对传播函数 $A(s)$和特征阻抗 $Z_c(s)$进行拟合，通过递归卷积公式，将频域求解变换到时域求解。

特征阻抗 $Z_c(s)$的拟合形式为

$$\begin{cases} Z_c(s) = k_{z0} + \sum_{i=1}^{n} \frac{k_{zi}}{s + p_{zi}} \\ Z_c(t) = k_{z0}\delta(t) + \sum_{i=1}^{n} k_{zi} e^{-p_{zi}t} \end{cases} \quad (7-13)$$

传波函数 $A(s)$的拟合形式为

$$\begin{cases} A(s) = \sum_{i=1}^{n} \frac{k_{Ai}}{s + p_{Ai}} \\ A(t) = \sum_{i=1}^{n} k_{Ai} e^{-p_{Ai}(t-\tau)} \varepsilon(t-\tau) \end{cases} \quad (7-14)$$

式中，$\tau = l_{\text{line}}/v_{\text{wave}}$，$l_{\text{line}}$为传输线路长度，$v_{\text{wave}}$为行波传播速度；$\delta(t)$为单位冲击函数；$\varepsilon(t-\tau)$为单位阶跃函数。

递归卷积公式为

$$J(t) = \int_T^t f(t-u)k\mathrm{e}^{\alpha(u-T)}\mathrm{d}u \tag{7-15}$$

$$J(t) = xJ(t-\Delta t) + yf(t-T) + zf(t-T-\Delta t)$$
$$\begin{cases} x = \mathrm{e}^{\alpha\Delta t} \\ y = -k/\alpha - k(1-x)/(\Delta t\alpha^2) \\ z = k/\alpha + k(1-x)/(\Delta t\alpha^2) \end{cases} \tag{7-16}$$

式中，k、α 和 T 为已知的常数；Δt 为计算步长。

通过递归卷积式（7－16），当前时刻的卷积值 $J(t)$可以通过前一时刻卷积值 $J(t+\Delta t)$、T 时刻前的 f 值 $f(t-T)$和 $T+\Delta t$ 时刻前的 f 值 $f(T+\Delta t)$求得。

根据式（7－12）可以构造基于 Marti 模型的纵联行波差动保护原理：线路正常运行时，$B_m(t)-F_n(t-\tau)A(t)=0$；线路发生故障时，$B_m(t)-F_n(t-\tau)A(t)\neq 0$。根据故障边界条件可以分析出不同故障下纵联行波差动值得变化规律。

金属回线接地方式的对称双极直流系统，正极、负极和金属回线线路之间存在耦合，需要将相互耦合的两极解耦成相互独立的 0－1－2 模分量。解耦矩阵如式（7－17）所示。

$$T = \frac{1}{\sqrt{6}}\begin{bmatrix} \sqrt{2} & \sqrt{2} & \sqrt{2} \\ 2\sqrt{2} & -1 & -1 \\ 0 & \sqrt{3} & -\sqrt{3} \end{bmatrix} \tag{7-17}$$

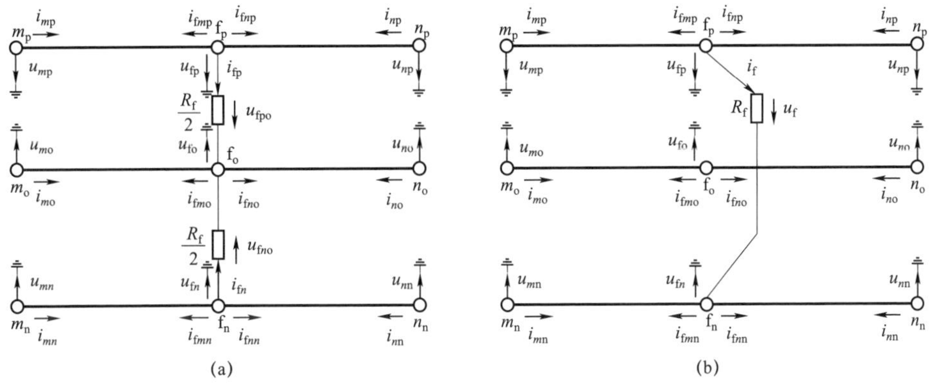

图 7－12　不同故障情况下线路电路图（一）

（a）P-O-N 短路故障电路图；（b）P-N 短路故障电路图

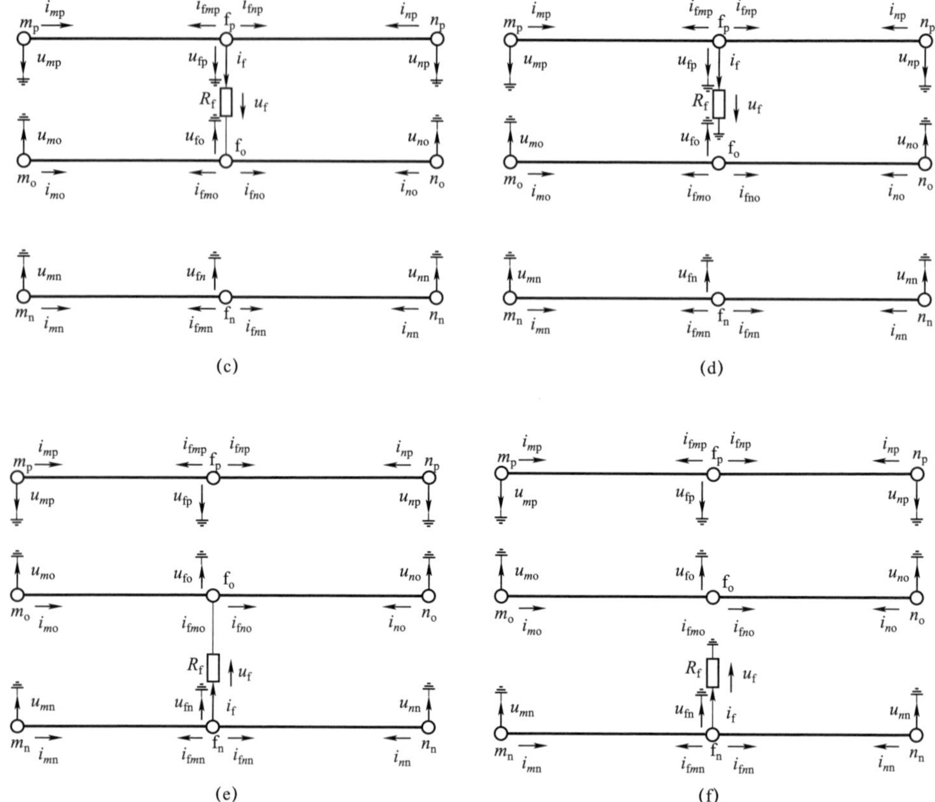

图 7－12　不同故障情况下线路电路图（二）

（c）P-O 短路故障电路图；（d）P-G 短路故障电路图；
（e）N-O 短路故障电路图；（f）N-G 短路故障电路图

根据图 7－12 所示的不同故障情况下线路电路图，列写故障点 KVL、KCL 电路方程并解耦，得到不同故障情况下故障点的复序边界条件

P-O-N 故障

$$\begin{cases} i_{fm0} = -i_{fn0} \\ \sqrt{3}(i_{fm2} + i_{fn2}) = (i_{fm1} + i_{fn1}) \\ 3u_{f1} + \sqrt{3}u_{f2} = 2(i_{fm1} + i_{fn1})R_f \end{cases}$$

P-N 故障

$$\begin{cases} i_{fm0} = -i_{fn0} \\ \sqrt{3}(i_{fm2} + i_{fn2}) = (i_{fm1} + i_{fn1}) \\ 3u_{f1} + \sqrt{3}u_{f2} = 2(i_{fm1} + i_{fn1})R_f \end{cases}$$

P-O 故障

$$\begin{cases} i_{fm0} = -i_{fn0} \\ -\sqrt{3}(i_{fm2} + i_{fn2}) = (i_{fm1} + i_{fn1}) \\ \sqrt{3}u_{f1} - u_{f2} = -(i_{fm1} + i_{fn1})R_f \end{cases}$$

P-G 故障

$$\begin{cases} i_{fm2} = -i_{fn2} \\ \sqrt{2}(i_{fm0} + i_{fn0}) = (i_{fm1} + i_{fn1}) \\ \sqrt{2}u_{f0} + 2u_{f2} = -3(i_{fm1} + i_{fn1})R_f \end{cases}$$

N-O 故障

$$\begin{cases} i_{fm0}+i_{fn0}=i_{fm1}+i_{fn1}=0 \\ 2u_{f2}=-(i_{fn2}+i_{fn2})R_f \end{cases}$$

N-G 故障

$$\begin{cases} i_{fm2}+i_{fn2}=3(i_{fm1}+i_{fn1}) \\ -\sqrt{2}(i_{fm0}+i_{fn0})=(i_{fm1}+i_{fn1}) \\ \sqrt{2}u_{f0}-u_{f1}-\sqrt{3}u_{f2}=6(i_{fm1}+i_{fn1})R_f \end{cases}$$

记 B_{d0i} 为 0 模差动值、B_{d1i} 为 1 模差动值、B_{d2i} 为 2 模差动值，i 为端口标号。联立式（7－11）～式（7－17）和故障点边界条件得

P-O-N 故障

$$i_f>0\begin{cases} B_{d0i}=0 \\ B_{d1i}=-\sqrt{6}i_f*Z_{c1}*A_{1i}/2 \\ B_{d2i}=-\sqrt{2}i_f*Z_{c2}*A_{2i}/2 \end{cases}$$

P-N 故障

$$i_f>0\begin{cases} B_{d0i}=0 \\ B_{d1i}=-\sqrt{6}i_f*Z_{c1}*A_{1i}/2 \\ B_{d2i}=-\sqrt{2}i_f*Z_{c2}*A_{2i}/2 \end{cases}$$

P-O 故障

$$i_f>0\begin{cases} B_{d0i}=0 \\ B_{d1i}=-\sqrt{6}i_f*Z_{c1}*A_{1i}/2 \\ B_{d2i}=\sqrt{2}i_f*Z_{c2}*A_{2i}/2 \end{cases}$$

P-G 故障

$$i_f>0\begin{cases} B_{d0i}=-\sqrt{3}i_f*Z_{c0}*A_{0i}/3 \\ B_{d1i}=-\sqrt{6}i_f*Z_{c1}*A_{1i}/3 \\ B_{d2i}=0 \end{cases}$$

N-O 故障

$$i_f<0\begin{cases} B_{d0i}=0 \\ B_{d1i}=0 \\ B_{d2i}=\sqrt{2}i_fZ_{c2}A_{2i} \end{cases}$$

N-G 故障

$$i_f<0\begin{cases} B_{d0}=-\sqrt{3}i_fZ_{c0}A_{0i}/3 \\ B_{d1}=\sqrt{6}i_fZ_{c1}A_{1i}/6 \\ B_{d2}=\sqrt{2}i_fZ_{c2}A_{2i}/2 \end{cases}$$

式中，$i=m$、n 为端口标号；i_f 为故障电流；Z_{c0}、Z_{c1}、Z_{c2} 分别为 0 模、1 模和 2 模特征阻抗；A_{0i}、A_{1i}、A_{2i} 分别为故障点 f 与 i 之间线路的 0 模、1 模和 2 模传递函数。

用 B_{d0i}、B_{d1i} 和 B_{d2i} 的瞬时值作为启动判据，通过连续检测 3 个采样周期的 B_{d0i}、B_{d1i} 和 B_{d2} 瞬时值，增加启动判据的抗干扰能力。B_{d0i}、B_{d1i} 和 B_{d2} 各自的积分作为动作判据判定故障类型，选择故障线路，通过积分提高保护的可靠性。保护判据为

（1）启动判据。

$$\left|B_{d0i}(t_0,t_0+\Delta T,t_0+2\Delta T,)\right|>+\varDelta\left\|B_{d1i}(t_0,t_0+\Delta T,t_0+2\Delta T,)\right|>+\varDelta\right\|$$
$$\left|B_{d2i}(t_0,t_0+\Delta T,t_0+2\Delta T,)\right|>+\varDelta$$

（2）故障判定。

P-O-N 故障

$$\begin{cases}-\Delta_0 t_{\mathrm{DW}} < S_{i0}=\int_{t_0}^{t_0+t_{\mathrm{DW}}} B_{\mathrm{d}0i}\mathrm{d}t < +\Delta_0 t_{\mathrm{DW}} \\ S_{1i}=\int_{t_0}^{t_0+t_{\mathrm{DW}}} B_{\mathrm{d}1i}\mathrm{d}t < -\Delta_1 t_{\mathrm{DW}} \\ S_{2i}=\int_{t_0}^{t_0+t_{\mathrm{DW}}} B_{\mathrm{d}2i}\mathrm{d}t < -\Delta_2 t_{\mathrm{DW}}\end{cases}$$

P-N 故障

$$\begin{cases}-\Delta_0 t_{\mathrm{DW}} < S_{i0}=\int_{t_0}^{t_0+t_{\mathrm{DW}}} B_{\mathrm{d}0i}\mathrm{d}t < +\Delta_0 t_{\mathrm{DW}} \\ S_{1i}=\int_{t_0}^{t_0+t_{\mathrm{DW}}} B_{\mathrm{d}1i}\mathrm{d}t < -\Delta_1 t_{\mathrm{DW}} \\ S_{2i}=\int_{t_0}^{t_0+t_{\mathrm{DW}}} B_{\mathrm{d}2i}\mathrm{d}t < -\Delta_2 t_{\mathrm{DW}}\end{cases}$$

P-O 故障

$$\begin{cases}-\Delta_0 t_{\mathrm{DW}} < S_{i0}=\int_{t_0}^{t_0+t_{\mathrm{DW}}} B_{\mathrm{d}0i}\mathrm{d}t < +\Delta_0 t_{\mathrm{DW}} \\ S_{1i}=\int_{t_0}^{t_0+t_{\mathrm{DW}}} B_{\mathrm{d}1i}\mathrm{d}t < -\Delta_1 t_{\mathrm{DW}} \\ S_{2i}=\int_{t_0}^{t_0+t_{\mathrm{DW}}} B_{\mathrm{d}2i}\mathrm{d}t > +\Delta_2 t_{\mathrm{DW}}\end{cases}$$

P-G 故障

$$\begin{cases}S_{i0}=\int_{t_0}^{t_0+t_{\mathrm{DW}}} B_{\mathrm{d}0i}\mathrm{d}t < -\Delta_0 t_{\mathrm{DW}} \\ S_{1i}=\int_{t_0}^{t_0+t_{\mathrm{DW}}} B_{\mathrm{d}1i}\mathrm{d}t < -\Delta_1 t_{\mathrm{DW}} \\ -\Delta_2 t_{\mathrm{DW}} < S_{2i}=\int_{t_0}^{t_0+t_{\mathrm{DW}}} B_{\mathrm{d}2i}\mathrm{d}t < +\Delta_2 t_{\mathrm{DW}}\end{cases}$$

N-O 故障

$$\begin{cases}-\Delta_0 t_{\mathrm{DW}} < S_{i0}=\int_{t_0}^{t_0+t_{\mathrm{DW}}} B_{\mathrm{d}0i}\mathrm{d}t < +\Delta_0 t_{\mathrm{DW}} \\ -\Delta_0 t_{\mathrm{DW}} < S_{1i}=\int_{t_0}^{t_0+t_{\mathrm{DW}}} B_{\mathrm{d}1i}\mathrm{d}t < +\Delta_1 t_{\mathrm{DW}} \\ S_{2i}=\int_{t_0}^{t_0+t_{\mathrm{DW}}} B_{\mathrm{d}2i}\mathrm{d}t < -\Delta_2 t_{\mathrm{DW}}\end{cases}$$

N-G 故障

$$\begin{cases}S_{i0}=\int_{t_0}^{t_0+t_{\mathrm{DW}}} B_{\mathrm{d}0i}\mathrm{d}t > +\Delta_0 t_{\mathrm{DW}} \\ S_{1i}=\int_{t_0}^{t_0+t_{\mathrm{DW}}} B_{\mathrm{d}1i}\mathrm{d}t < -\Delta_1 t_{\mathrm{DW}} \\ S_{2i}=\int_{t_0}^{t_0+t_{\mathrm{DW}}} B_{\mathrm{d}2i}\mathrm{d}t < -\Delta_2 t_{\mathrm{DW}}\end{cases}$$

式中，t_0 为积分起始时间；T 为保护采样周期；Δ 为启动判拒动作阈值；Δ_0 为 0 模动作阈值；Δ_1 为 1 模动作阈值；Δ_2 为 2 模动作阈值；S_{0i} 为 0 模判据，S_{1i} 为 1 模判据；S_{2i} 为 2 模判据。

保护逻辑流程图如图 7－13 所示，区外故障时，0≈启动判据＜$+\Delta$，启动判据不会动作。区内故障时：在连续 3 个采样周期检测到启动判据大于 $+\Delta$ 后，启动判拒动作；以第一个检测到启动判据大于 $+\Delta$ 的时刻为积分起始时间 t_0，积分时长为 t_{DW}，计算 0 模判据、1 模判据和 2 模判据，根据计算结果判定故障类型，选定故障极。

7.2.2 基于单端量的直流保护

过渡电阻是影响单端量直流保护可靠性和灵敏性的重要因素。较大的过渡电阻会造成故障电气量减小，弱化故障特征，不易识别或者不易与区外故障区分。在所有直流电网系统拓扑中，对称伪双极系统发生经大过渡电阻的接地故障，系统出现短暂波动后，会重新稳定于新的状态，最不易识别。柔性直流对称伪双极系统如图 7－14 所示，接地方式如图 7－15 所示。

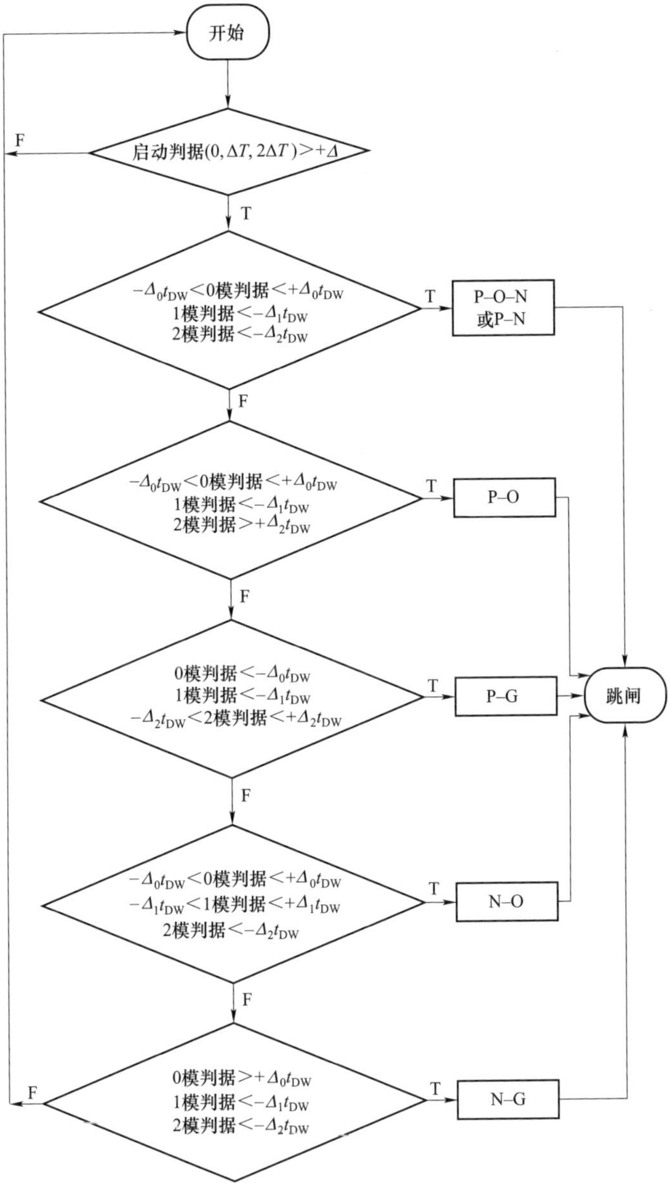

开始

启动判据$(0, \Delta T, 2\Delta T) > +\Delta$

F

T

$-\Delta_0 t_{DW} <$ 0模判据 $< +\Delta_0 t_{DW}$
1模判据 $< -\Delta_1 t_{DW}$
2模判据 $< -\Delta_2 t_{DW}$

T

P–O–N
或P–N

F

$-\Delta_0 t_{DW} <$ 0模判据 $< +\Delta_0 t_{DW}$
1模判据 $< -\Delta_1 t_{DW}$
2模判据 $> +\Delta_2 t_{DW}$

T

P–O

F

0模判据 $< -\Delta_0 t_{DW}$
1模判据 $< -\Delta_1 t_{DW}$
$-\Delta_2 t_{DW} <$ 2模判据 $< +\Delta_2 t_{DW}$

T

P–G

跳闸

F

$-\Delta_0 t_{DW} <$ 0模判据 $< +\Delta_0 t_{DW}$
$-\Delta_1 t_{DW} <$ 1模判据 $< +\Delta_1 t_{DW}$
2模判据 $< -\Delta_2 t_{DW}$

T

N–O

F

0模判据 $> +\Delta_0 t_{DW}$
1模判据 $< -\Delta_1 t_{DW}$
2模判据 $< -\Delta_2 t_{DW}$

F

T

N–G

图 7 – 13　纵联行波差动保护逻辑流程图

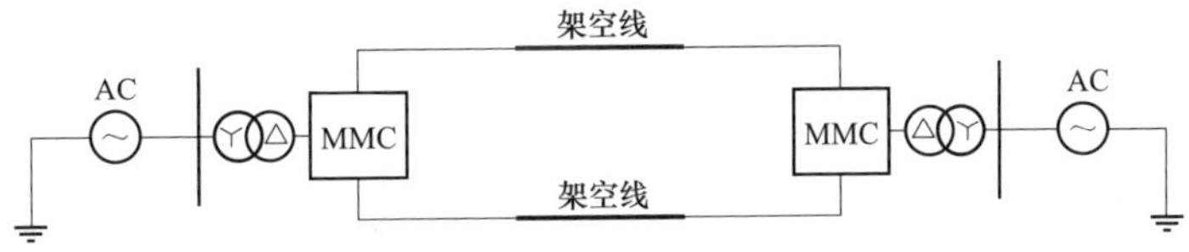

图 7 – 14　对称伪双极系统拓扑结构示意图

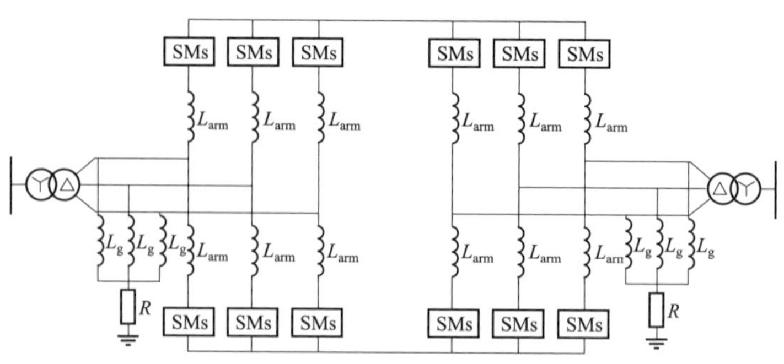

图 7-15　交流侧三相经星型电抗器再经高阻接地

1. 对称伪双极直流系统单极接地故障分析

直流线路发生正极接地故障时电流流通路径如图 7-16 所示，i_{fsm} 代表子模块电容放电电流，i_{fgc} 代表线路对地电容故障放电电流。

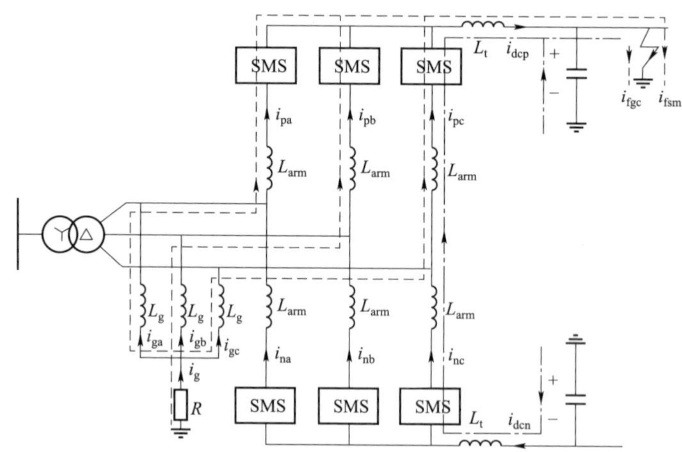

图 7-16　单端 MMC 正极接地故障电流流通路径图

在分析 i_{fsm} 时，只考虑换流器网侧接地极回路（路径用“– – –”表示）。设交流电压幅值为 U_{ac}，在故障后瞬间电位突变 $-1/2U_{dc}$，接地极可看作是一个含有阶跃电压源的一阶电路。根据电路参数易得条件 $i_{fsm}(0_+)=0$，$i_{fsm}(\infty)=U_{dc}/2R$，$\tau=L_g/R$。由三要素法可求得 i_{fsm} 为

$$i_{fsm}(t)=i_{fsm}(\infty)+[i_{fsm}(0_+)-i_{fsm}(\infty)]e^{-\frac{t}{\tau}}=\frac{U_{dc}}{2R}\left(1-e^{-\frac{R}{L_g}t}\right) \tag{7-18}$$

故障发生后，正极线路电压降低，对地电容放电；负极线路电压绝对值升高，对地电容充电。i_{fgc} 的流通路径（路径用“–·–·”表示）等效电路属于二阶电路，列写 KVL 方程

$$L_{\mathrm{arm}}C_{\mathrm{gc}}\frac{\mathrm{d}^2 i_{\mathrm{fgc}}}{\mathrm{d}t^2}+R_{\mathrm{TL}}C_{\mathrm{gc}}\frac{\mathrm{d}i_{\mathrm{fgc}}}{\mathrm{d}t}+i_{\mathrm{fgc}}=U_{\mathrm{dc}} \tag{7-19}$$

根据各元件故障后电压变化情况，存在初始条件 $u_{\mathrm{gc}}(0_-)=U_{\mathrm{dc}}/2$，$i_{\mathrm{fgc}}(0_-)=i_{\mathrm{L}}$。代入初始条件，可得回路电流 i_{fgc} 的近似理论表达式为

$$i_{\mathrm{fgc}}(t)=i_{\mathrm{fgc}}(0_-)\mathrm{e}^{-\frac{R_{\mathrm{TL}}}{2L_{\mathrm{sum}}}t}\sin\frac{1}{\sqrt{L_{\mathrm{sum}}C_{\mathrm{gc}}}}t \tag{7-20}$$

换流站接地极暂态电流 $i_{\mathrm{g}}=i_{\mathrm{fsm}}$。

2. 对称伪双极直流系统单极接地保护新原理

（1）启动判据。柔性直流系统单极接地故障后直流电压出现快速而短暂的波动，通过改进电压梯度算法检测线路极间电压变化作为启动判据。改进梯度算法简单方便，既充分利用了高速的采样数据，有效地提高了故障检测的灵敏度，又具有一定的平滑降噪作用。具体判据为

$$\begin{cases}|\Delta u(k)|\geqslant \varDelta_1\\ \Delta u(k)=\dfrac{1}{3}\sum\limits_{i=0}^{2}u(k-i)-\dfrac{1}{3}\sum\limits_{i=3}^{5}u(k-i)\end{cases} \tag{7-21}$$

式中，$u(k-i)$ 为当前时刻第 i 个采样周期前的电压采样值；$\Delta u(k)$ 为当前采样时刻的电压梯度值；$\varDelta_1$ 为启动门槛值，门槛值的选取要大于正常运行电压波动下电压梯度的最大值，同时要保证直流电网内部故障准确、快速启动。第 1 个使故障检测判据式（7－21）满足的采样点记为 k_{s}。

（2）故障判定。当发生单极接地故障后，不仅故障线路的故障极会产生 i_{fgc} 和 i_{fsm}，其余正常线路也产生大量的 i_{fgc} 和 i_{fsm} 流向故障点。离故障点越近的换流站，流过其出口保护装置的 i_{fgc} 越大，上升速率越快，因此可以通过检测电流变化速率判定识别区内故障和区外故障。i_{fgc} 和 i_{fsm} 都会留过限流电抗器，由于 $U_{\mathrm{L}}=\mathrm{d}i/\mathrm{d}t$，可以通过检测限流电抗器两端的电压 U_{L} 来反应线路电流变化率，减少保护装置的计算量。故障判定判据为

$$\begin{cases}U_{\mathrm{Lmin}}\geqslant \varDelta_2\\ U_{\mathrm{Lmin}}=\min\{U_{\mathrm{L}}(k)\},k=k_{\mathrm{s}}+1,k_{\mathrm{s}}+2,\cdots,k_{\mathrm{s}}+N\end{cases} \tag{7-22}$$

式中，U_{Lmin} 为 U_{L} 在连续 N 个采样值内的最小值；$\varDelta_2$ 为保护设置的电压阈值，按照躲过保护区外故障时 U_{L} 的最大值整定；k_{s} 为保护启动时刻。

（3）故障类型判定。在正常运行和双极短路故障时 i_{g} 都接近为零，在发生单极接地故障时，会增大十几倍乃至几十倍。因此，可以通过检测 i_{g} 的大小判断是否发生了单极接地故障。选取 i_{g} 在 1ms 内采样值的平均值作为衡量 i_{g} 的标

志。用$\overline{i_g}$表示i_g的连续N个采样值的平均值，可表达为

$$\overline{i_g}=\frac{1}{N}\sum_{k=1}^{N}I_g(k) \tag{7-23}$$

当$\overline{i_g}$超过阈值时，保护确定系统中发生单极接地故障：负极接地故障时，$\overline{i_g}<-\Delta_3$；正极接地故障时，$\overline{i_g}>\Delta_3$（Δ_3表示电流阈值）。新型电流突变量保护方案整体流程如图 7－17 所示。

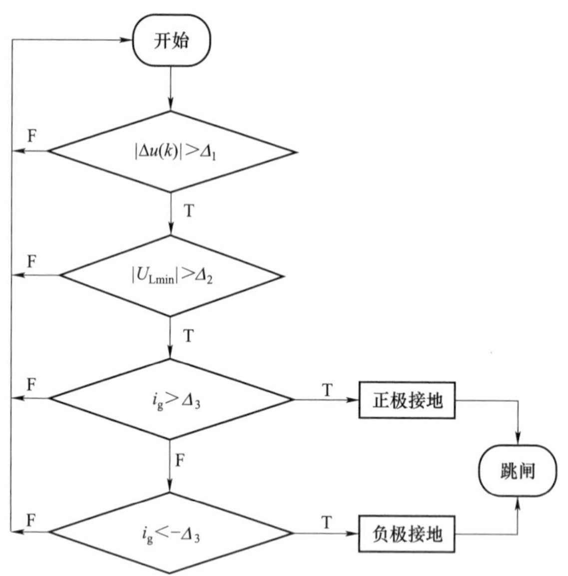

图 7－17　新型电流突变量保护方案流程图

在 PSCAD 软件中搭建了如图 7－18 所示的对称伪双极四端直流电网仿真模型，对 TLine1 上不同位置经不同阻值的过渡电阻发生正极接地故障进行仿真。

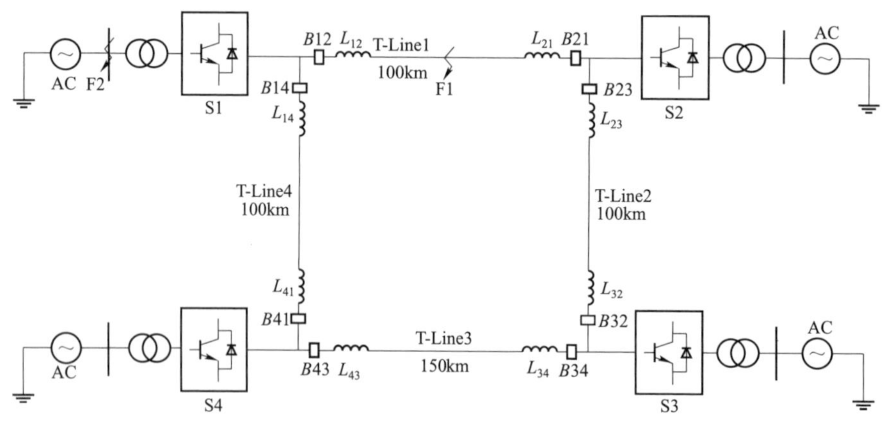

图 7－18　对称伪双极四端直流电网仿真模型

图 7－19 所示为 TLine1 上不同位置经不同阻值的过渡电阻发生正极接地故障时 1ms 内，电抗器 L_{12} 两端电压 U_{L12} 最小值的变化曲线。当过渡电阻为 50Ω 和 100Ω 时，U_{L12} 仍远大于保护阈值，当过渡电阻达到 300Ω 时，U_{L12} 的最小值接近但仍大于保护阈值，保护都能准确动作，具有一定抗过渡电阻的能力。

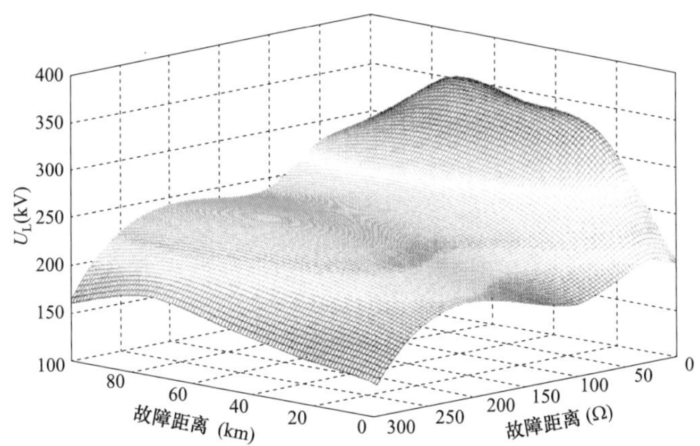

图 7－19 不同位置经过渡电阻发生接地故障时 U_{L12} 变化曲线

7.2.3 直流故障测距技术

传统的非行波故障测距方法多基于贝瑞隆模型，忽略了输电线路自身的频变特性，造成得到的测距结果存在较大误差，并不适用于实际工程。针对柔性直流对称伪双极输电线路发生单极接地故障，考虑线路频变特性的单端故障测距方法，有效地提高了测距精度，为直流电网故障测距方法的研究提供参考。

1. 柔性直流输电系统不控整流运行方式与谐波特征

在分析换流器闭锁后不控整流运行方式下的谐波特征的基础上，利用直流侧线路出口检测到的单端电气量中的直流分量和 $3k$ 次谐波分量实现故障测距。相比于极间短路故障，对称伪双极柔性直流系统单极接地故障发生率高，但危害较小，系统可在 3ms 内完成对单极接地故障的检测和选极，需跳开故障线路两侧断路器完成故障清除，造成系统停运。由于系统采用小电流接地方式，发生单极接地故障后若令换流器快速闭锁，可防止直流侧故障电流对电力电子设备产生过流冲击，不会危及交流电网的安全稳定运行。因此，对称伪双极柔性直流系统由于其小电流接地方式能够在闭锁后短时间内耐受故障，为非行波原理的故障测距方法提供了条件。

基于架空线和直流断路器的对称伪双极柔性直流系统发生单极接地故障

后，可设置直流输电线路一侧断路器延时跳闸，利用故障稳态阶段的单端电气量特征实现故障测距。设计的测距动作策略划分为以下四个阶段，时序图如图 7－20 所示，整个过程在 30ms 以内。

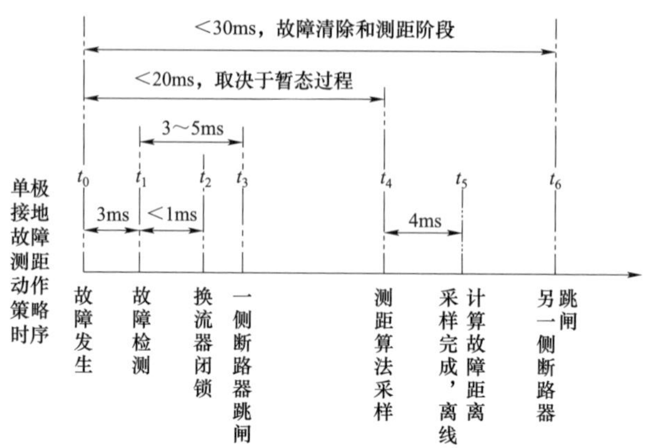

图 7－20　故障测距动作策略时序图

（1）系统在 t_0 时刻发生单极接地故障，t_1 时刻完成故障检测。

（2）考虑动作延时性，t_2 时刻双端换流器可靠闭锁，避免子模块电容的放电与能量损失。

（3）一侧断路器在 t_3 时刻优先跳闸，另一侧延时跳闸（根据两侧交流电网相对强弱选择，以逆变侧断路器优先跳闸为例）。

（4）等待故障暂态过程结束（t_4 时刻），在稳态采集 4ms 数据窗进行故障测距。

（5）t_5 时刻采样完成，另一侧断路器在 t_6 时刻跳闸实现故障清除。

对称伪双极柔性直流系统发生单极接地故障时，以正极为例，换流器闭锁后的单端柔性直流输电系统等效电流通路如图 7－21 所示，在故障稳态阶段将以不控整流方式运行。交流侧电源、交流侧接地支路、换流器中与故障极相对应的三个桥臂以及直流侧故障点形成电流通路，交流侧电源将以三相半波不控整流的形式向故障点馈流。

柔性直流系统一般不配置直流滤波器装置，其半波不控整流运行方式下独特的拓扑特点，造成直流侧故障极线路出口处检测到的输出电压 $\dot{U}_{\mathrm{Mu}}$ 和电流 $\dot{I}_{\mathrm{Mu}}$ 中除直流分量外，还会含有较多的各次谐波分量，其具有如下规律：$\dot{U}_{\mathrm{Mu}}$ 和 $\dot{I}_{\mathrm{Mu}}$ 中的谐波次数为 $3k$（$k=1$，2，3，…）次，且三次谐波是其中的最主要成分，谐波幅值随着谐波次数增大而迅速减小。

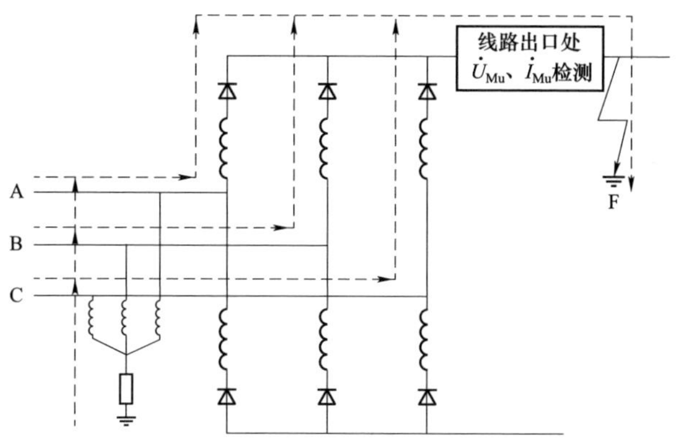

图 7－21　故障后三相半波不控整流运行方式

图 7－22 为在距离线路整流侧 300km 处经 100Ω 过渡电阻发生单极接地故障时，只考察整次谐波时对 $\dot{U}_{Mu}$ 和 $\dot{I}_{Mu}$ 进行频谱分析的结果，其高度吻合上述规律。因此，在系统发生单极接地故障后的不控整流阶段，可综合利用 $\dot{U}_{Mu}$ 和 $\dot{I}_{Mu}$ 中的直流和 $3k$ 次谐波分量，进行故障测距。

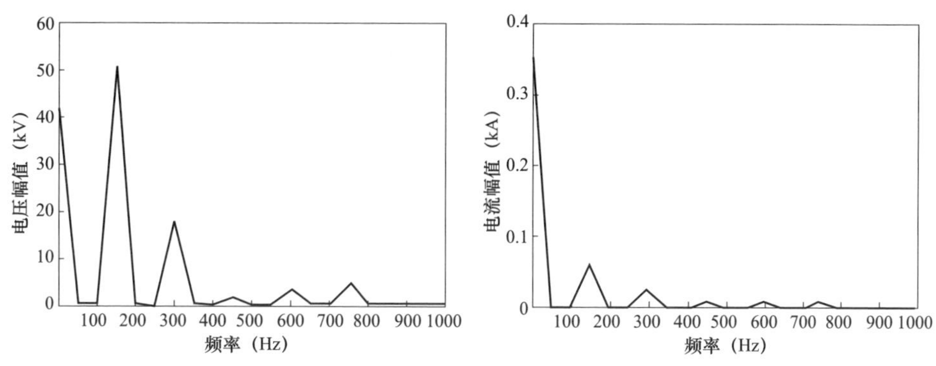

图 7－22　三相半波不控整流运行方式故障极频谱分析

2. 单极接地故障测距方法

由于大地返回效应和导体趋肤效应的影响，架空线的单位长度阻抗和导纳为频变参数，使得应用传统固定线路参数进行故障测距的方法出现较大误差。因此理论上求取准确的线路等效输入阻抗以及沿线电压、电流分布时，需在每一个频率下单独计算。在任一频率下，整流侧线路出口到故障点之间的线路均匀分布，因此可基于均匀传输线模型，进行整流侧与故障点之间任意长度线路等效输入阻抗的计算。

在某一频率下，对于距离线路整流侧 x 处的元段 dx，存在如下相量方程

$$\begin{cases} -\dfrac{\mathrm{d}\dot{U}}{\mathrm{d}x} = (R_0 + \mathrm{j}\omega L_0)\dot{I} = Z_0\dot{I} \\ -\dfrac{\mathrm{d}\dot{I}}{\mathrm{d}x} = (G_0 + \mathrm{j}\omega C_0)\dot{I} = Y_0\dot{U} \end{cases} \tag{7-24}$$

根据线路故障点处边界条件将式（7－24）化简，可得输电线上距离故障点 x'处的电压、电流表达为

$$\begin{cases} \dot{U}(x') = \dot{U}_2\cosh(\gamma x') + Z_c\dot{I}_2\sinh(\gamma x') \\ \dot{I}(x') = \dot{I}_2\cosh(\gamma x') + \dfrac{\dot{U}_2}{Z_c}\sinh(\gamma x') \end{cases} \tag{7-25}$$

式中，$\dot{U}_2$、$\dot{I}_2$ 分别为线路故障点电压、电流的相量形式；$x'=l-x$，l 为线路整流侧距故障点距离，x 为计算点距整流侧距离；$Z_c = \sqrt{Z_0 / Y_0}$ 和 $\gamma = \sqrt{Z_0 Y_0}$ 分别为线路特征阻抗和传播常数。

当输电线发生金属性短路时，故障点处电压 $\dot{U}_2=0$，代入式（7－25）得计算点距整流侧 x 处的电压 $\dot{U}_{eq}(x)$ 和电流 $\dot{I}_{eq}(x)$ 为

$$\begin{cases} \dot{U}_{eq}(x) = Z_c\dot{I}_2\sinh(\gamma x') \\ \dot{I}_{eq}(x) = \dot{I}_2\cosh(\gamma x') \end{cases} \tag{7-26}$$

则可求得计算点到故障点之间的等效输入阻抗为

$$Z_{eq}(x) = \dot{U}_{eq}(x) / \dot{I}_{eq}(x) = Z_c\tanh(\gamma x') \tag{7-27}$$

令

$$Z_c = \sqrt{Z_0 / Y_0} = R_c + \mathrm{j}\omega L_c \tag{7-28}$$

则式（7－27）可化简为

$$\begin{aligned} Z_{eq}(x) &= R_c\tanh(\gamma x') + \mathrm{j}\omega L_c\tanh(\gamma x') \\ &= R_{eq}(x) + \mathrm{j}\omega L_{eq}(x) \end{aligned} \tag{7-29}$$

式（7－29）是在某一频率下求得采样点到故障点之间的等效输入阻抗，但受输电线路频变特性影响，不同频率下等效输入阻抗也会不同，其为距整流侧距离 x 和频率 f 的二元函数，即

$$Z_{eq}(x, f) = R_{eq}(x, f) + \mathrm{j}\omega L_{eq}(x, f) \tag{7-30}$$

根据系统直流侧仍存在单极接地故障时，故障极线路的沿线电压、电流中含有明显 $3k$ 次谐波分量的特点，对沿线电压、电流中直流分量与所有 $3k$ 次谐波分量之和的比值所构造的虚拟线路阻抗进行分析。虚拟线路阻抗具体定义为

$$Z(x,t)=\frac{\sum u(x,t)}{\sum i(x,t)}=\frac{U_{dc}(x,t)+u_3(x,t)+\cdots+u_{3k}(x,t)}{I_{dc}(x,t)+i_3(x,t)+\cdots+i_{3k}(x,t)} \tag{7-31}$$

式中，$u_{3k}(x,t)$、$i_{3k}(x,t)$分别为第 3k 次谐波分量对应的故障电压、故障电流。

假设某一时刻距整流侧距离为 x_F 的 F 处发生单极接地故障，R_F 为故障处的接地电阻。由于逆变侧换流站的直流断路器优先动作，输电线路的故障电流仅由整流侧提供，不存在对端助增问题。因此对于距离线路整流侧为 $x(x<x_F)$处的计算点，在 t 时刻下故障电压、电流中的直流与各次谐波分量关系分别为

$$U_{dc}(x,t)=(R_F+R_{eq}(x,0))I_{dc}(x,t) \tag{7-32}$$

$$u_{3k}(x,t)=(R_F+R_{eq}(x,3k))i_{3k}(x,t)+L_{eq}(x,3k)\frac{di_{3k}(x,t)}{dt} \tag{7-33}$$

则虚拟线路阻可表示为

$$Z(x,t)=\frac{\sum u(x,t)}{\sum i(x,t)}=R_F+K(x,t) \tag{7-34}$$

其中

$$\begin{aligned}K(x,t)=&[R_{eq}(x,0)I_{dc}(x,t)+R_{eq}(x,3)i_3(x,t)+\cdots\\&+R_{eq}(x,3k)i_{3k}(x,t)]\Big/\sum i(x,t)\\&+[L_{eq}(x,3)di_3(x,t)+L_{eq}(x,6)di_6(x,t)+\\&\cdots+L_{eq}(x,3k)di_{3k}(x,t)]\Big/\sum i(x,t)dt\end{aligned} \tag{7-35}$$

对沿线任一位置而言，式(7－35)中的直流电流 $I_{dc}(x,t)$、线路等效电阻 $R_{eq}(x,0)$ 和 $R_{eq}(x,3k)$、线路等效电感 $L_{eq}(x,3k)$均为定值，仅因谐波电流 $i_{3k}(x,t)$的存在造成了 $K(x,t)$为一个变量。当且仅当 $x=x_F$ 时，即沿线电压、电流计算点与故障点重合时，式（7－34）所示的线路等效输入阻抗 $Z_{eq}(x,0)=Z_{eq}(x,3k)=0$，因此有 $K(x,t)=0$，此时虚拟线路阻抗 $Z(x_F,t)=R_F$ 恒定。而当 $x\neq x_F$ 时，$Z(x,t)$由于变量 $K(x,t)$的存在而随时间变化，因此虚拟线路阻抗仅在故障点处恒定。该恒定特点对于故障极沿线电压、电流中的直流分量与任意 3k 次谐波分量叠加均成立，考虑到三次谐波是谐波分量中的最主要成分，可只提取其中的直流分量和三次谐波分量进行故障极沿线电压、电流分布计算，既不影响测距精度，又减小了计算量。

根据上述分析，虚拟线路阻抗仅在故障点处为恒定常数，使得计算得到的线路上距离整流侧 x 处在不同时刻 i 下的电压 $u(x,i)$、电流 $i(x,i)$ 构成的数据组仅

在故障点处满足正比例线性关系 $u(x,i)=R_{\mathrm{F}}i(x,i)$，而在其他点呈现非正比例线性关系或非线性关系。

建立正比例线性模型为

$$U_i=\hat{\alpha}I_i \tag{7-36}$$

式中，U_i 为由 $u(x,i)$ 构成的数据组；I_i 为由 $i(x,i)$ 构成的数据组。

根据式（7－36），引入残差和函数 $H(x)$

$$H(x)=\sum_{i=1}^{n}\left|u(x,i)-\hat{\alpha}i(x,i)\right| \tag{7-37}$$

式中，$\hat{\alpha}$ 为比例系数；n 为总采样数据点数。

根据最小二乘法，使 $H(x)$ 达到最小时 $\hat{\alpha}$ 为

$$\hat{a}=\frac{\sum_{i=1}^{n}i(x,i)u(x,i)-n\overline{i}(x,i)\overline{u}(x,i)}{\sum_{i=1}^{n}i(x,i)^2-n\overline{i}(x,i)^2} \tag{7-38}$$

式中，$\overline{u}(x,i)$ 为采样得到的数据组 U_i 的平均值；$\overline{i}(x,i)$ 为采样得到的数据组 I_i 的平均值；$i(x,i)^2$ 为 $i(x,i)$ 值的平方；$\overline{i}(x,i)^2$ 为 $\overline{i}(x,i)$ 值的平方。

因此将沿线上距离整流侧 x 处的数据组 U_i、I_i 代入式（7－37）、式（7－38）进行一元线性回归，可计算出沿线各位置的残差和函数 $H(x)$。数据组与式（7－36）的拟合度越高，$H(x)$ 越小，取 $H(x)$ 最小时的 x 就是故障距离 x_{F}。因此可通过测距判据 $H(x_{\mathrm{F}})=\min[H(x)]$ 实现故障测距。

在 PSCAD/EMTDC 中搭建对称伪双极柔性直流系统模型验证新型测距方法的有效性与准确性，对直流侧输电线路在不同故障位置、经不同过渡电阻发生单极接地故障的情况进行仿真，并计算故障距离相对误差，得到测距结果如图 7－23 所示，测距误差=|实际故障距离−计算所得故障距离|/线路全长×100%。

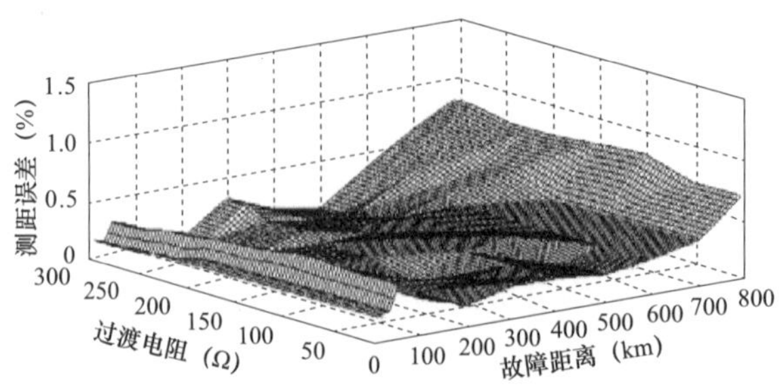

图 7－23　单极接地故障测距误差

可见，在线路全长范围内，当输电线路发生单极接地故障时，所提故障测距方法能够实现精确的故障测距，测距精度高，测距误差均小于线路全长的1%。直流架空线路由于电弧稳定，一般不考虑大过渡电阻的可能性，新型故障测距方法具有很强的抗过渡电阻能力，在过渡电阻达到300Ω时仍具有较高的测距精度。

7.3 柔性直流换流器交流侧保护

对称双极直流电网中的柔性直流换流器交流侧发生接地故障时，由于在交流故障点与直流侧接地点之间会产生很大的故障电流，故障将严重威胁整个直流电网的安全运行。此外，传统的闭锁换流器和断开交流断路器的故障清除方法无法完全清除故障，需进行改进。因此研究柔性直流换流器交流侧接地故障特性与快速保护方法具有很大工程实践意义。

7.3.1 换流器交流侧三相接地故障分析

1. 故障电流通路

以直流电网中的两个柔性直流换流站正极换流器交流三相接地故障为例进行分析，按电流流通路径将故障电流分成三部分，故障电流通路如图7-24所示。负极换流器交流三相接地故障特性与此类似。

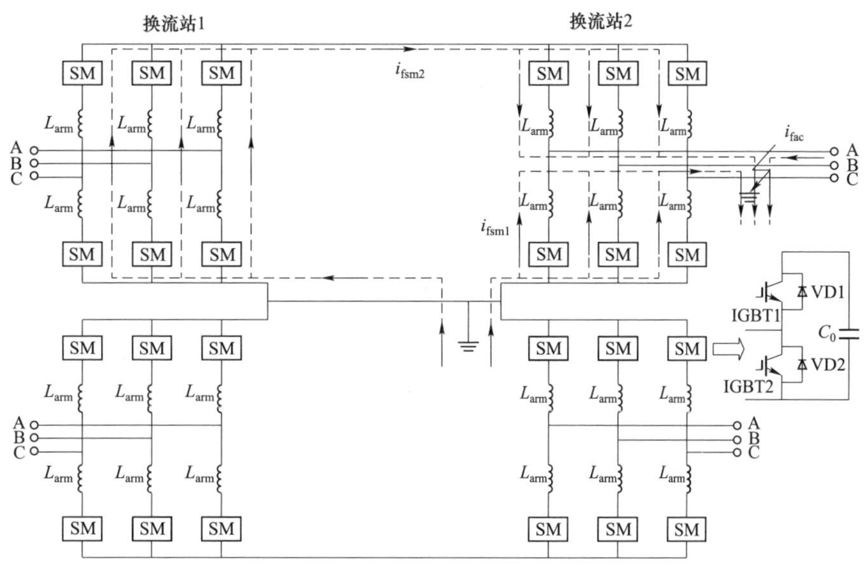

图7-24 柔性直流换流器交流侧三相接地故障电流通路

故障电流各组成成分及产生原因总结如下。

（1）对于故障点所在的交流线路来说，交流电源向故障点馈入交流三相短路电流，如图 7－24 中 i_{fac} 所示。此部分故障电流由随时间按正弦规律变化的周期分量和随时间按指数规律衰减的非周期分量组成。

（2）由于对称双极直流电网采用中性点金属回线的接地方式，柔性直流换流器交流侧发生三相接地故障后，故障换流器下桥臂子模块电容放电，经过金属回线接地点与故障点形成放电回路，如图 7－24 中 i_{fsm1} 所示。此部分故障电流在故障后几毫秒内迅速增大，在电容放电阶段结束后缓慢衰减。

（3）柔性直流换流站中正极非故障换流器桥臂子模块电容经过直流输电线路、故障换流器上桥臂、故障点和接地点形成的故障回路进行放电，如图 7－24 中 i_{fsm2} 所示。

（4）根据对称双极直流电网拓扑结构特性，柔性直流换流站的负极换流器不受故障影响。柔性直流换流站正极换流器交流侧发生三相接地故障的故障电流由交流三相短路电流 i_{fac}、故障换流器子模块电容放电电流 i_{fsm1} 和非故障换流器子模块放电电流 i_{fsm2} 组成

$$i_f = i_{fac} + i_{fsm1} + i_{fsm2} \tag{7-39}$$

2. 三相短路电流

当正极换流器发生交流三相接地故障后，对于故障点所在的交流系统来说，相当于此交流系统发生三相短路故障。设交流系统正常运行时 j 相电压和电流分别为

$$\begin{cases} e_j = E_m \sin(\omega t + \alpha) \\ i_j = I_m \sin(\omega t + \alpha - \varphi') \end{cases}, \ j = a, b, c \tag{7-40}$$

式中，E_m 和 I_m 分别是短路前系统电压和电流的幅值；α 是电源电压的初相角；φ' 是短路前负载的阻抗角。

根据交流三相短路故障电流计算方法可得交流三相短路电流 i_{fac} 的理论计算表达式为

$$i_{fac} = I_{pm}\sin(\omega t + \alpha - \varphi) + (I_m \sin(\alpha - \varphi') - I_{pm}\sin(\alpha - \varphi))e^{-\frac{t}{T_a}} \tag{7-41}$$

式中，$I_{pm} = E_m \big/ \sqrt{R_{ac}^2 + (\omega L_{ac})^2}$ 是短路电流周期分量的幅值，$\varphi = \arctan(\omega L_{ac}/R_{ac})$ 是短路回路的阻抗角，R_{ac} 和 L_{ac} 分别为短路回路的电阻和电抗，T_a 是短路回路的时间常数，$T_a = L_{ac}/R_{ac}$。

3. 故障换流器子模块电容放电电流

正极换流器发生交流三相接地故障后，故障换流器下桥臂、交流故障点和

直流侧接地点构成放电回路。由于距离换流器很近，故障点与换流器之间一般不安装交流断路器。所以只能通过闭锁故障换流器来限制故障换流器下桥臂子模块电容放电电流。故障过程可以分为闭锁前和闭锁后两个阶段，单相等效电路如图 7－25 所示。

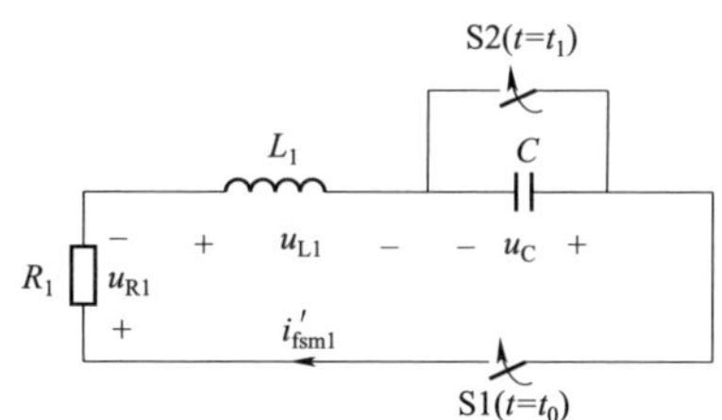

图 7－25 故障换流器桥臂子模块电容放电单相等效电路

在第一阶段中，如果子模块处于投入状态，其电容放电，桥臂电感充电；如果子模块处于切除状态，电流流经子模块的二极管 VD2。此阶段故障回路中包括子模块等效电容 C、桥臂电感 L_1 和等效电阻 R_1，等效为二阶零输入 RLC 电路，其中等效电阻 R_1 包括故障点的过渡电阻、电抗器的直流电阻、电容器的串联等效电阻、器件通态和开关损耗的等效杂散电阻、金属回线电阻。

在第二阶段中，故障换流器 IGBT 闭锁，下桥臂所有子模块中仅二极管 VD2 导通，子模块电容处于旁路状态。此阶段故障回路中仅包括桥臂电感和等效电阻，等效为一阶零输入 RL 电路。

图 7－25 中，设 $t=t_0$ 时刻故障发生，$t=t_1$ 时刻故障换流器闭锁。L_1 表示下桥臂电感；R_1 表示等效电阻。由于子模块投切的暂态过程具有强非线性，而且与控制系统的调节又有强关联性，用解析方法求解整个暂态过程非常复杂；并且与假设投切状态不变情况下的估算结果误差不大，在工程设计的合理范围内。因此忽略暂态过程中上下桥臂子模块投切状态的实时变化，采用一种加权平均数的电容等效值估算方法计算图 7－25 中电容 C。求解任意时刻上下桥臂处于投入状态子模块个数的方法为

$$\begin{cases} n_{\mathrm{pa}} = 0.5N - f_{\mathrm{r}}(kU_{\mathrm{s}}\cos(\omega t+\varphi-\delta)/U_C) \\ n_{\mathrm{pb}} = 0.5N - f_{\mathrm{r}}(kU_{\mathrm{s}}\cos(\omega t+\varphi-2\pi/3-\delta)/U_C) \\ n_{\mathrm{pc}} = 0.5N - f_{\mathrm{r}}(kU_{\mathrm{s}}\cos(\omega t+\varphi+2\pi/3-\delta)/U_C) \\ n_{\mathrm{na}} = 0.5N + f_{\mathrm{r}}(kU_{\mathrm{s}}\cos(\omega t+\varphi-\delta)/U_C) \\ n_{\mathrm{nb}} = 0.5N + f_{\mathrm{r}}(kU_{\mathrm{s}}\cos(\omega t+\varphi-2\pi/3-\delta)/U_C) \\ n_{\mathrm{nc}} = 0.5N + f_{\mathrm{r}}(kU_{\mathrm{s}}\cos(\omega t+\varphi+2\pi/3-\delta)/U_C) \end{cases} \tag{7-42}$$

式中，$n_{pj}(j=a,b,c)$为 j 相上桥臂投入的子模块个数；$n_{nj}(j=a,b,c)$为 j 相下桥臂投入的子模块个数；$2N$ 为桥臂子模块总数；$f_r(x)$ 为取与 x 最接近的整数；δ 为调制波滞后于交流电压的相位；U_C 为子模块的直流电压平均值；φ 为故障时刻 A 相电压的相位；kU_s 为调制波。

根据式（7－42）计算故障时刻至闭锁时刻区间内故障换流器上下桥臂处于投入状态子模块个数的变化情况。设故障时刻至闭锁时刻之间，故障换流器 j 相下桥臂投入的子模块个数有 m 种情况，记为 n_{nj1}，n_{nj2}，…，$n_{njm}(j=a,b,c)$；每种情况的持续时间分别为 t_{nj1}，t_{nj2}，…，$t_{njm}(j=a,b,c)$。以每种情况的持续时间作为权重，下桥臂处于投入状态子模块个数的加权平均数 n_1 为

$$n_1=(n_{nj1}\Delta t_{nj1}+n_{nj2}\Delta t_{nj2}+\cdots+n_{njm}\Delta t_{njm})/(\Delta t_{nj1}+\Delta t_{nj2}+\cdots+\Delta t_{njm}) \quad (7-43)$$

则 $C=C_0/n_1$，C_0 是每个子模块电容值。

根据图 7－25 所示等效电路列出故障换流器闭锁前的 KVL 方程

$$u_C=u_{L1}+u_{R1} \quad (7-44)$$

解微分方程得出故障换流器闭锁前的下桥臂单相电流 i'_{fsm1} 解析表达式

$$i'_{fsm1}(t)=CU_0e^{-\delta_1 t}\left(\frac{\delta_1^2}{\omega_1}+\omega_1\right)\sin(\omega_1 t)+I_0e^{-\delta_1 t}\left(-\frac{\delta_1}{\omega_1}\sin(\omega_1 t)+\cos(\omega_1 t)\right),0<t\leqslant t_1 \quad (7-45)$$

式中，U_0 和 I_0 分别为故障换流器下桥臂电压和下桥臂电流在故障时刻的瞬时值。

故障换流器闭锁后，图 7－25 中开关 S2 闭合，故障回路等效为一阶 RL 电路，根据电路理论计算出故障换流器闭锁后的下桥臂电流解析表达为

$$i'_{fsm1}(t)=I_1e^{-\frac{t}{\tau}}=i'_{fsm1}(t_1)e^{-\frac{R_1 t}{L_1}},\ t>t_1 \quad (7-46)$$

4. 非故障换流器子模块电容放电电流

根据图 7－24 中的故障电流通路，换流站 1 的正极换流器、正极直流输电线路、换流站 2 的正极换流器上桥臂和交流故障点构成放电回路，换流站 1 的正极换流器子模块电容处于放电状态，换流站 2 的正极换流器上桥臂子模块电容处于充电状态。

直流线路两端一般安装直流断路器，发生直流故障时用于切除故障线路。根据继电保护的选择性，当换流站发生故障时，直流断路器不应当动作。所以换流站发生接地故障后，要立即闭锁故障换流器阻止子模块电容放电。闭锁故障换流器不仅能够限制 i_{fsm1}，而且非故障换流器子模块电容放电回路中阻抗增加，限制此部分故障电流的增加。

非故障正极换流器子模块放电等效电路如图 7－26 所示。

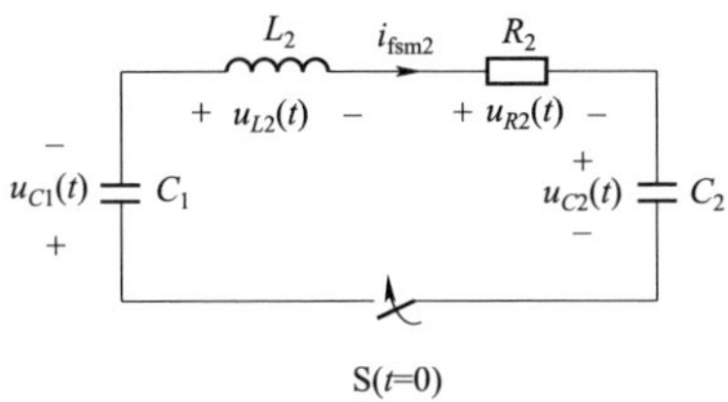

图 7－26 非故障正极换流器子模块放电等效电路

C_1 表示非故障换流站的正极换流器子模块等效电容，设换流器桥臂子模块全部个数为 $2N$，则 $C_1=6C_0/N$；C_2 表示故障换流器上桥臂三相并联电容，计算方法与图 7－25 中电容 C 类似，这里不再赘述；$L_2=2L_p+L_{S1}+L_{S2}+L_L$，$L_p$ 表示线路中限流器电感，L_{S1} 表示换流站 1 正极换流器上下桥臂电感和，L_{S2} 表示换流站 2 正极换流器上桥臂电感，L_L 表示直流输电线路电感，R_2 表示直流输电线路电阻。

根据电路理论，求出故障换流器闭锁前非故障换流器子模块电容放电电流 i_{fsm2}，表达为

$$\begin{aligned} i_{fsm2}(t) &= i_{fsm2}(0)e^{-\delta_2 t}\left[\frac{\delta_2}{\omega_2}\sin(\omega_2 t)-\cos(\omega_2 t)\right] \\ &\quad -[u_{C1}(0)+u_{C2}(0)]\frac{C_1C_2}{C_1+C_2}\frac{\omega_3^2}{\omega_2}e^{-\delta_2 t}\sin(\omega_2 t) \end{aligned} \tag{7-47}$$

式中，$i_{fsm2}(0)$、$u_{C1}(0)$和 $u_{C2}(0)$分别为直流线路、非故障换流器桥臂子模块电压和故障换流器上桥臂子模块电压在故障时刻的瞬时值。

故障换流器闭锁后，非故障换流器桥臂子模块电容放电等效电路的拓扑结构与图 7－26 相同，仅电路参数发生变化，即 $C_2=C_1=6C_0/N$。所以闭锁后 i_{fsm2} 表达式与式（7－47）具有相同形式，其中 i_{fsm2}、u_{C1} 和 u_{C2} 的初值取闭锁时刻值。

5. 故障特性仿真验证

为验证上述理论分析的正确性，对站内交流三相接地故障进行仿真。假设 $t=0.7$s 时刻故障发生，故障发生 2ms 后（$t=0.702$s 时）闭锁故障换流器。

故障电流的三个组成部分交流三相短路电流 i_{fac}、故障换流器子模块电容放电电流 i_{fsm1} 和非故障换流器子模块放电电流 i_{fsm2} 的理论值与仿真值分别如图 7－27～图 7－29 所示。图中的理论曲线和仿真曲线基本吻合，从而验证了理论分析的正确性。理论曲线与仿真曲线存在偏差的主要原因是忽略换流器子模块导通情况的变化和线路分布电容的影响。

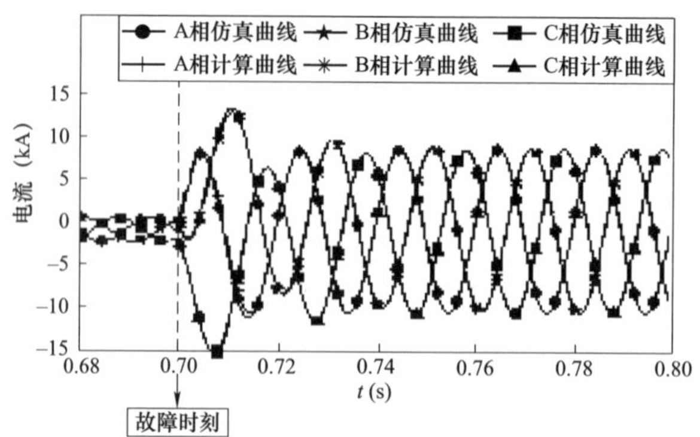

图 7－27　i_{fac} 的理论值与仿真值

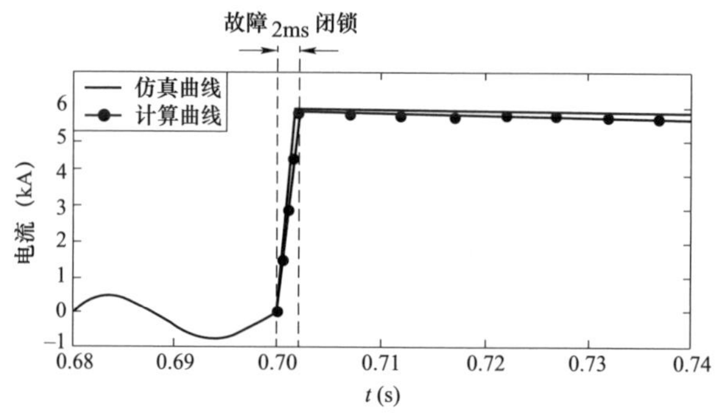

图 7－28　i_{fsm1} 的理论值与仿真值

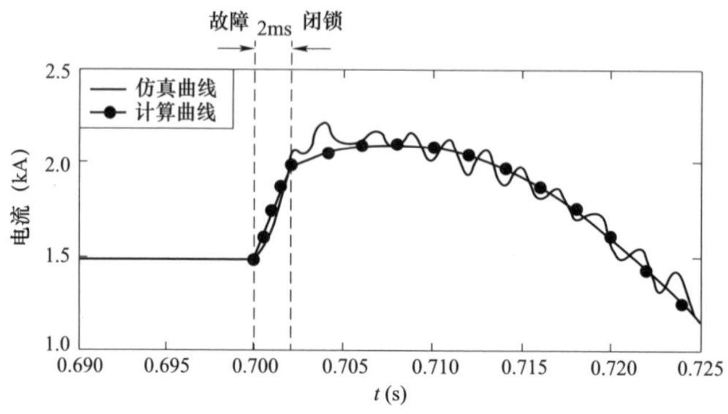

图 7－29　i_{fsm2} 的理论值与仿真值

7.3.2　换流器交流侧不对称接地故障分析

柔性直流换流器交流发生单相接地故障与两相接地故障机理类似，仅是故障相个数与故障电流大小的区别。故以单相接地故障为例进行故障分析，阐明换流器交流侧不对称故障的故障特性。尽管不对称接地故障的故障电流比三相接地故障小很多，但其发生概率更高，故障机理也更加复杂，也会造成换流器

过电流与过电压现象，对系统危害极大。本节仍以直流电网中柔性换流站的正极换流器交流侧发生 A 相接地故障为例进行故障机理分析。

1. 故障相下桥臂子模块放电电流

换流器的 A 相下桥臂中投入的子模块电容通过故障点与金属回线接地极形成放电回路。电容的剧烈放电会造成 A 相下桥臂严重过流，换流器需尽快闭锁。闭锁后，本部分电流经子模块中的二极管 VD2 和桥臂电感进行续流。由于回路的时间常数较大，故障电流衰减十分缓慢，需要采取有效保护策略予以抑制。故障电流如图 7－30 中 i_{fsm1} 所示。

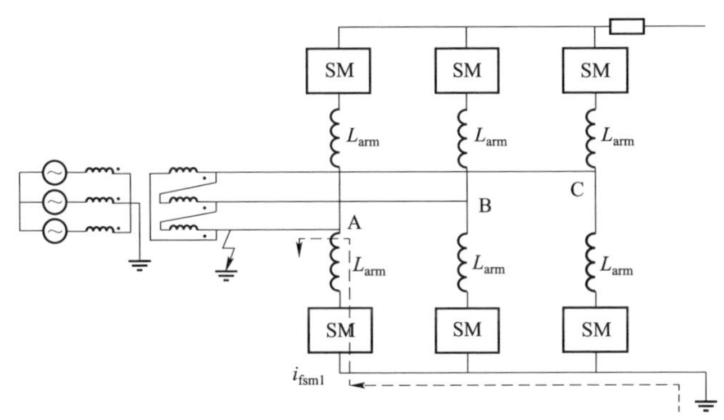

图 7－30　A 相下桥臂子模块放电电流通路

2. 非故障相子模块放电电流

换流器的 B、C 两相桥臂中投入的子模块共同放电，放电电流将对 A 相上桥臂投入的子模块进行充电。本部分故障电流会导致 B、C 两相的桥臂过流、A 相上桥臂过流及子模块因被充电而过电压。为保护子模块中 IGBT 免受过电流危害，换流器应尽快闭锁，则本部分电流会经 B、C 两相子模块中的二极管 VD2 和桥臂电感进行续流，续流电流会给 A 相上桥臂所有的子模块继续充电，导致子模块电压继续升高。由于此故障回路的时间常数较小，换流器闭锁后故障电流衰减很快，一般不需要采取其他策略来加速故障电流的衰减。故障电流如图 7－31 中 i_{fsm2} 所示。

3. 正极换流器的子模块放电电流

故障端换流器发生交流单相接地故障时，对端换流器三相桥臂中投入的子模块经直流线路放电，向本端换流器的故障相上桥臂投入的子模块充电，故障电流如图 7－32 中 i_{fsm3} 所示。

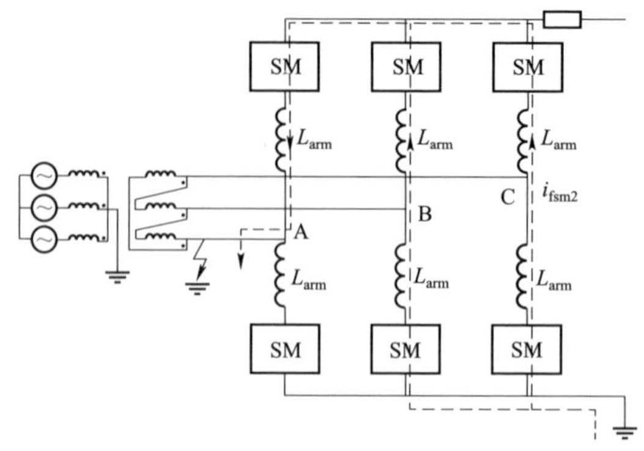

图 7-31 非故障相桥臂子模块放电电流通路

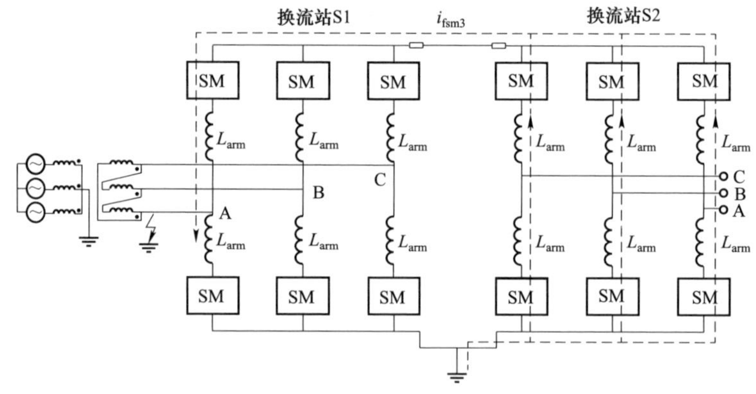

图 7-32 闭锁前对端正极换流器子模块放电电流通路

本部分故障电流导致直流线路过流、A 相上桥臂过流及子模块因被充电而过电压。放电电流不会流入 B、C 相桥臂，因为 B、C 相投入的子模块中的 VT1 由于 B、C 相子模块的放电电流而被导通，VT1 的通态压降给 VD1 两端施加反压，VD1 无法导通，使得对端换流器的放电电流无法流入 B、C 相上桥臂。如图 7-33 所示。

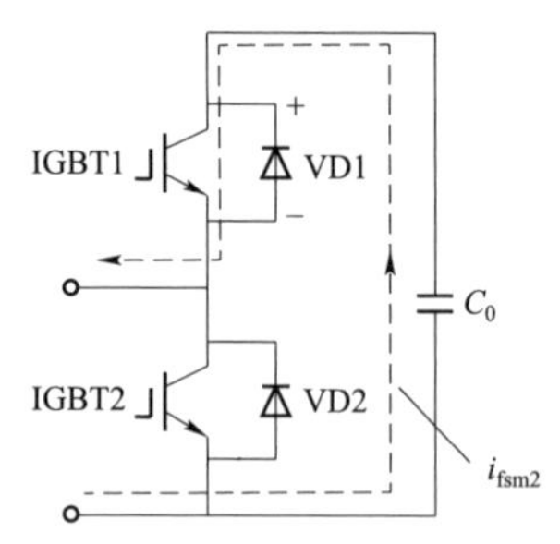

图 7-33 VD1 承受反压示意图

为保护故障端换流器及直流线路，故障端换流器应立即闭锁，对端换流器的放电电流会继续向故障端换流器的 A 相上桥臂馈入。除此之外，当 B 相（或 C 相）的放电电流衰减为零且满足 $u_{dc}-u_{fB}>u_c$（u_{dc} 为 MMC 出口直流电压，u_{fB} 为 B 相交流电压，u_c 为 B 相上桥臂电容总电压）的条件时，对端 MMC 的放电电流会向 B 相（或 C 相）上桥臂子模块充电，再次造成 B 相（或 C 相）上桥臂过流和子模块过电压。本部分故障

电流如图 7－34 中 i_{fsm4} 所示。

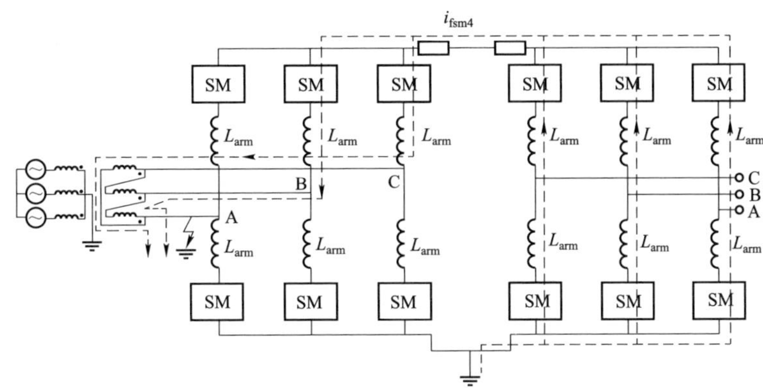

图 7－34　闭锁后对端正极换流器子模块放电电流通路

4. 交流电流的分析

在换流器闭锁前的短暂数毫秒中，交流电流的变化很小，与各部分子模块的放电电流值相比可以忽略。子模块放电电流在闭锁前的故障特性中起主导作用，交流电流的变化对故障特性的影响微乎其微。基于此原因，在换流器闭锁前的数毫秒内，可忽略交流电流的变化，只对子模块放电电流进行严密的理论分析，为实际工程提供借鉴。

换流器闭锁后，非故障相下桥臂中产生幅值很大的交流故障电流。当故障相电压小于零时，故障电流经子模块中的二极管构成回路，如图 7－35 所示。当故障相电压大于零时，故障电流无法构成回路。因此，该交流故障电流具有直流偏置性。

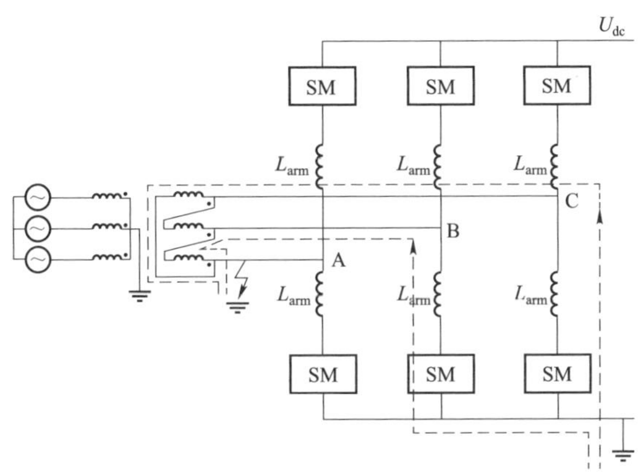

图 7－35　闭锁后非故障相下桥臂交流故障电流通路

7.3.3 换流器交流侧保护方法

在处理直流故障时，一般由直流断路器在故障后几毫秒内切除故障线路，而不是闭锁换流站。处理换流站交流接地故障时，保护系统应当快速闭锁故障换流站以及断开交流断路器来抑制故障电流，然后改变系统运行方式，保证直流电网中无故障部分仍能继续安全运行。另外，在处理站内故障过程中，换流站保护与直流侧保护之间需要协调配合。一般直流故障清除时间小于 6ms，保证换流站内故障检测的快速性，确保在直流断路器动作前完成故障的检测识别及闭锁信号的发送是换流站保护策略的关键，否则会造成系统停电范围扩大。基于 7.3.1 和 7.3.2 对故障特性的分析，采用基于换流器桥臂电流差动量的新型保护策略作为换流器交流侧接地故障的主保护。

1. 接地故障保护判据

快速检测故障，同时闭锁故障换流站，能够限制故障电流的增长。通过检测换流器三相上下桥臂电流差动量的瞬时最大值，判断换流器是否存在交流接地故障，判据为

$$|\Delta i_j| = |i_{j\mathrm{up}} + i_{j\mathrm{down}}|,\ j = \mathrm{a, b, c} \tag{7-48}$$

$$K = \max(|\Delta i_\mathrm{a}|, |\Delta i_\mathrm{b}|, |\Delta i_\mathrm{c}|) > \varDelta_1 \tag{7-49}$$

式中，$i_{j\mathrm{up}}$ 和 $i_{j\mathrm{down}}$ 分别为换流器 j 相上下桥臂电流，其正方向设定为由换流器直流连接点指向换流器交流连接点；$\varDelta_1$ 为启动门槛值；$i_j\,(j=\mathrm{a,b,c})$为换流器 j 相上下桥臂电流的差动量；K 为闭锁判据。式（7-48）等于交流相电流的绝对值，因此门槛值$\varDelta_1$ 的选取应大于系统正常运行情况下的交流相电流峰值，同时要保证区内故障准确快速启动。阈值$\varDelta_1$ 取正常运行情况下交流相电流峰值的 2 倍，在实际工程中还需要综合考虑多种因素来决定$\varDelta_1$ 值。

该闭锁判据充分利用故障换流器下桥臂放电回路阻抗小、故障电流增长快的特点，能在故障后 2ms 内实现故障换流器闭锁，且能够保证此种故障情况下所有非故障换流器和直流线路故障情况下所有换流器均可靠不闭锁，因此满足保护的可靠性和速动性。

2. 故障清除方案

根据对两类接地故障的分析，交流断路器动作可以阻断交流三相短路电流，故障换流器闭锁可以阻断子模块放电电流。但是，非故障端换流器子模块电容放电电流无法通过闭锁故障换流器阻断，且故障相放电电流衰减速度很慢，这可能会造成故障换流器下桥臂子模块中二极管因长时间处于过流状态而损坏。

另外，非故障相下桥臂中的交流故障电流依然存在。

为此，新型的故障保护方案在发生故障后，立即断开直流断路器，切断非故障端换流器子模块电容放电电流的回路；在直流电网金属回线中安装限流电感以及断路器，用于加速故障换流器下桥臂子模块电容放电电流的衰减以及切断交流故障电流的回路。图 7－36 为在金属回线上安装限流电感以及直流断路器的结构示意图。

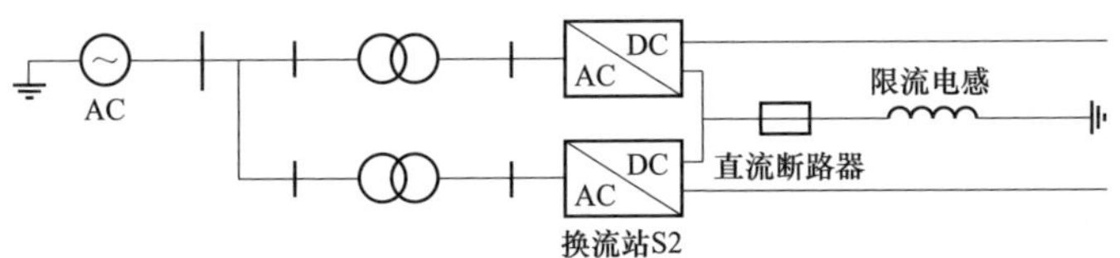

图 7－36　带金属回线限流电感及直流断路器的换流站结构示意图

在换流器交流侧发生接地故障时，金属回线上的限流电感和直流断路器具有清除故障的作用，保护方案如图 7－37 所示。采用不基于通信的桥臂过电流作为本保护的启动判据，不仅简单方便，还能充分利用高速的采样数据，满足直流电网快速保护的启动需要。式（7－48）和式（7－49）可以区分站内交流接地故障与直流线路故障，判断换流站是否存在交流接地故障。若故障存在，则控制系统向直流侧保护发送跳闸信号，直流断路器动作。同时闭锁故障换流器，限制故障电流。距离故障换流站最近的金属回线直流断路器收到信号后动作，阻断故障电流通路。交流断路器跳闸，阻断交流电流通路，至此，故障清除步骤结束。

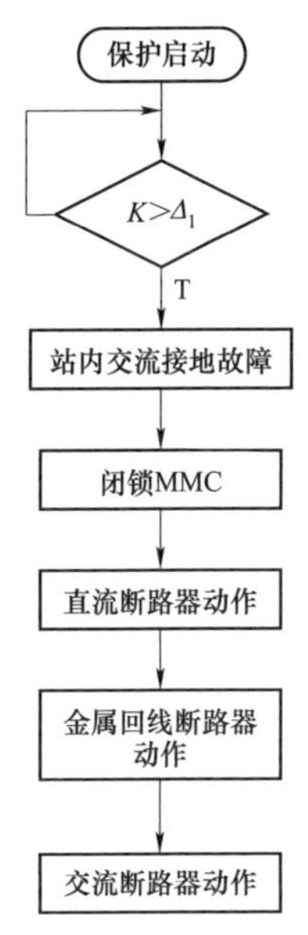

图 7－37　保护流程图

7.4　直流电网重合闸研究

早期低电压等级的直流系统大多采用直流电缆作为其输电线路，其能够有效降低系统中的故障概率。随着直流断路器的快速发展以及考虑到架空线输电在降低投资成本、提高输送容量等方面具有明显优势，基于直流断路器与架空线路的直流电网将成为未来高压直流输电发展的重要方向之一。然而，由于架空线路所处的外部环境恶劣，其发生故障的概率较高，且故障性质多为瞬时性故障，可以考虑对故障线路设计采用故障性质识别的重合闸方案来提高直流系统供电的可靠性。

7.4.1 柔性直流系统接地故障性质识别方法

针对基于架空线与直流断路器的直流系统的故障性质识别原理，国内外学者已经开展了一定的研究。天津大学研究了一种基于故障极残压特征的单极接地故障性质识别方法。当真双极直流输电系统发生单极接地故障后，非故障极能够保持正常状态继续运行。若该故障为瞬时性故障且故障点熄弧后，非故障极会通过静电感应在故障极上感应出残压；若线路故障为永久性故障，受故障点的钳制作用，故障极线上的电压会一直保持在零附近。因此，该方法可根据故障极线上残压的大小来判断线路的故障性质。

ABB 公司研究了一种连续重合混合式直流断路器转移支路子模块的方法来判断线路故障的故障性质。对于配备混合式直流断路器的柔性直流系统，重合时连续重合断路器转移支路上的子模块。若重合过程中，故障线路上的电压逐渐升高至系统电压，则表明该故障为瞬时性故障且已经消除，可以继续重合；若重合过程中故障线路电压一直在零附近，则表明线路故障为永久性故障，需要立即断开断路器转移支路。

华北电力大学研究了一种分级投入转移支路的故障性质识别及重合闸策略。其基本原理是在重合期间将混合式直流断路器转移支路以及吸能支路的 MOV 分成 n 级，并将其逐级投入运行，通过检测流过吸能支路的电流来判断线路故障是否已经清除。若重合过程中吸能支路上没有出现明显的故障电流，则表明该故障为瞬时性故障，可以继续进行重合操作；若吸能支路出现较大的故障电流，则表明该故障为永久性故障，需要再次开断已重合的转移支路。

结合混合式直流断路器的元件组合以及工作原理，本书介绍一种通过重合混合式直流断路器隔离开关后测量故障线路端电压进行故障性质判断的方法，以实现瞬时性与永久性故障的准确识别。

配备混合式直流断路器的真双极直流电网如图 7－38 所示。在该电网中，一极发生接地故障后，另一极能够保持正常状态继续运行。由于正负极单极接地故障的分析思路相同，下文将以正极接地故障为例对该方法进行详细介绍。

混合式直流断路器的基本拓扑结构如图 7－39 所示，其主要由主支路、转移支路和吸能支路三部分构成。主支路是由快速机械开关 K1 与单个 IGBT 子模块串联组成，其所使用的电力电子器件较少，正常运行时的系统电流全部经由主支路导通，通态损耗较小；转移支路是由等效的杂散电感与大量的 IGBT 子模块

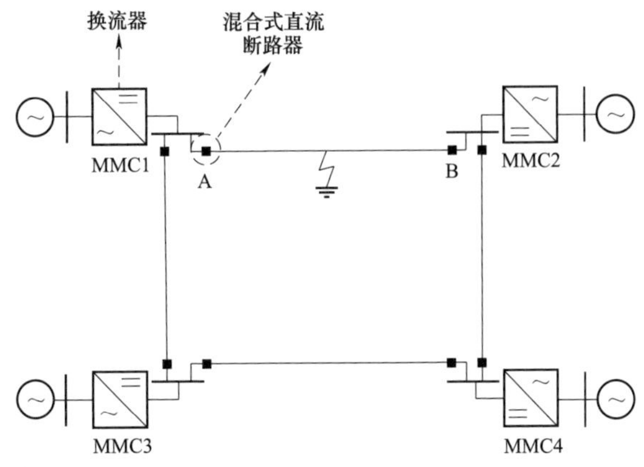

图 7－38　直流电网的拓扑结构

串联组成，用于故障后切断故障电流；吸能支路是由大量金属氧化物压敏电阻（Metal Oxide Varistor，MOV）通过串并联构成，主要用于吸收故障后的残余能量，清除故障电流。本方法采用故障后重合故障线路一侧直流断路器的隔离开关，通过测量故障线路电压并与相应的整定值比较的方式来判断线路的故障性质。当混合式直流断路器的隔离开关闭合后，其导通回路如图 7－39 所示。

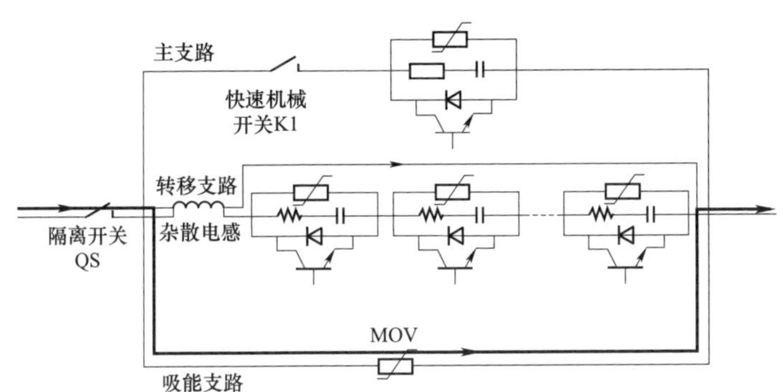

图 7－39　隔离开关闭合后混合式直流断路器的导通回路

当断路器的隔离开关闭合后，换流器主要经由吸能支路以及转移支路的缓冲回路与故障线路相连。若线路故障为瞬时性故障且故障点已经熄弧，则当断路器的隔离开关重合后，系统电流会经由断路器为故障线路的对地电容以及极间电容充电，使线路侧电压不断升高；若该故障为永久性故障，则受到故障点的影响，线路电压将接近于零。所以可以先对隔离开关重合后两种故障性质下线路侧电压变化过程进行分析，并根据分析结果制定故障性质的具体判据。

1. 瞬时性故障下故障线路端电压特性分析

假设输电线路的单极接地故障为瞬时性故障且故障点已经熄弧，重合故障线路一侧直流断路器的隔离开关 K2，架空输电线路采用 PI 等效模型，同时对混合式断路器的转移支路进行简化等效，则系统的等效电路如图 7－40 所示，其中 U 为系统电压，C_{g2}、C_{m1} 分别为故障线路的对地电容与极间电容，R_{s1}、L_{s1} 分别为故障线路上的电阻与电感。隔离开关 K2 闭合后，系统会产生较小的电流，该电流为故障线路的电容充电，使得故障线路端电压即图 7－40 中电压 u_{bk} 不断上升。

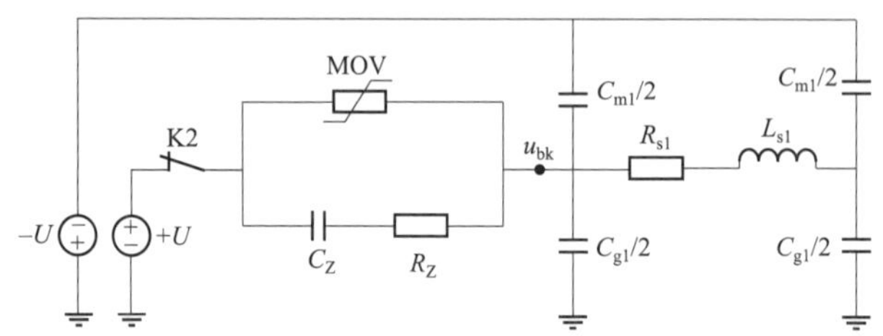

图 7－40　瞬时性故障下断路器隔离开关 K2 重合后的等效电路

由于图 7－40 中的电压 u_{bk} 的变化主要与输电线路的对地电容与极间电容相关，线路上的阻抗对其影响不大。此外，断路器转移支路上等效电阻 R_Z 的阻值较小，其对电压 u_{bk} 的变化影响也较小。因此可以忽略线路阻抗及断路器转移支路的等效电阻来对图 7－40 所示等效电路进行简化，简化后的等效电路如图 7－41 所示。

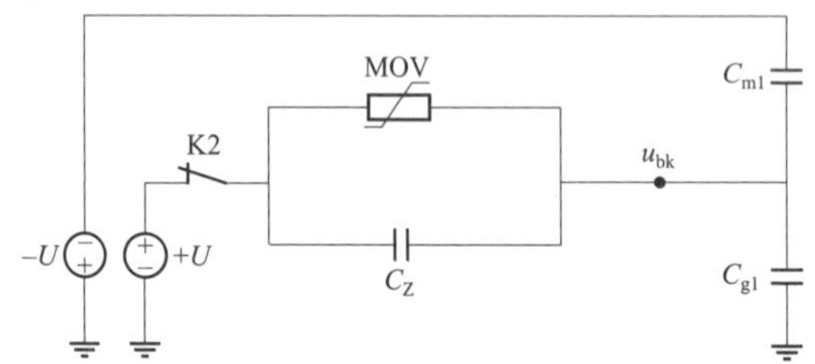

图 7－41　瞬时性故障下断路器隔离开关 K2 重合后的简化电路

在复频域下断路器线路侧电压，即图 7－42 电压 u_{bk}，为

$$U_{bk}(s)=\frac{2sUC_ZR_{MOV}+U}{s^2(C_{m1}+C_{g1}+C_Z)R_{MOV}+s} \tag{7-50}$$

将式（7－50）变换到时域即可得到 K2 重合的电压 u_{bk}，为

$$u_{bk}(t)=U+U_m e^{-\frac{t}{\tau}} \tag{7-51}$$

式中，U_m 与 τ 为线路侧电压上升的幅值与时间常数，其计算为

$$\begin{cases} U_{\mathrm{m}} = -\dfrac{C_{\mathrm{m1}} + C_{\mathrm{g1}}}{C_{\mathrm{m1}} + C_{\mathrm{g1}} + C_{\mathrm{Z}}} U \\ \tau = R_{\mathrm{MOV}}(C_{\mathrm{m1}} + C_{\mathrm{g1}} + C_{\mathrm{Z}}) \end{cases} \tag{7-52}$$

设算例中输电线路的长度为 100km，其线路参数为：对地电容 C_{g1} 为 0.659 9μF，极间电容 C_{m1} 为 0.121 6μF；断路器转移支路的等效电容 C_{z} 为 0.02μF。由于故障性质判断期间，断路器吸能支路上的电压基本不会高于系统电压，所以 MOV 的阻值约为 500kΩ。断路器的隔离开关 K2 在 1.05s 重合，则重合后瞬时性故障下直流断路器线路侧电压的理论计算值 u_{bk} 为

$$u_{\mathrm{bk}}(t) = 500 - 487.523\,4\mathrm{e}^{-2.492\,8(t-1.05)} \quad t \geqslant 1.05 \tag{7-53}$$

绘制式（7–53）所示的瞬时性故障下线路侧电压 u_{bk} 的变化曲线，如图 7–42 中红线所示。为了对理论计算结果进行比较，在 PSCAD 中搭建了图 7–42 所示的仿真系统并对同样情况的单极接地故障进行仿真，仿真中的线路模型均采用频率相关模型，得到的故障线路的端电压曲线如图 7–42 中的蓝线所示。由图 7–42 所示的故障线路端电压的理论计算结果与仿真结果的对比可以看出，隔离开关重合后，故障线路端电压的理论计算结果与仿真结果在低频部分基本重合，验证了瞬时性故障下理论分析及计算方法的正确性。

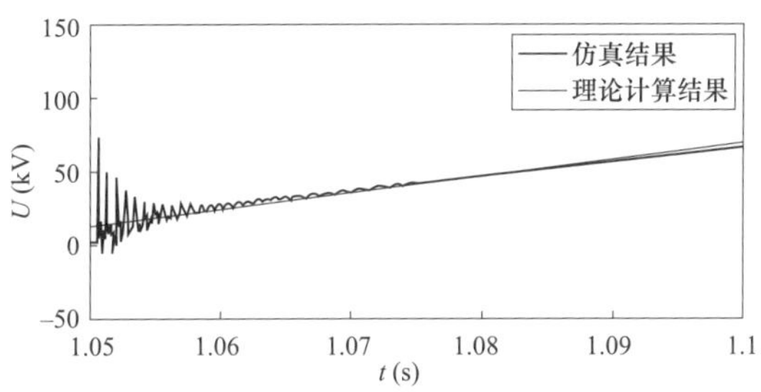

图 7–42　瞬时性故障下故障线路端电压的仿真结果与理论计算结果

2. 永久性故障下故障线路端电压特性分析

假设架空输电线路的单极接地故障为永久性故障，重合直流断路器的隔离开关 K2，输电线路同样采用 PI 等效模型，则系统的等效电路如图 7–43 所示。其中 C_{g2}、C_{m2} 分别为故障线路上故障点到直流断路器的对地电容与极间电容，R_{s2}、L_{s2} 分别为故障线路上故障点到直流断路器的电阻与电感。

由于断路器内部转移支路上等效电阻 R_{Z} 与故障线路上的等效电阻 R_2 的阻值相对于 MOV 的阻值均较小，其对线路侧电压 u_{bk2} 的影响较小。因此可以忽略线路电阻以及断路器转移支路的等效电阻来简化图 7–43 所示等效电路，简化后的等效电路如图 7–44 所示。

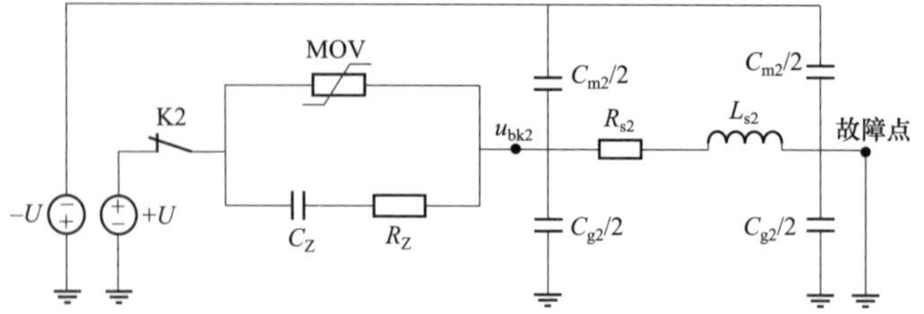

图 7－43　永久性故障下断路器隔离开关重合后的等效电路

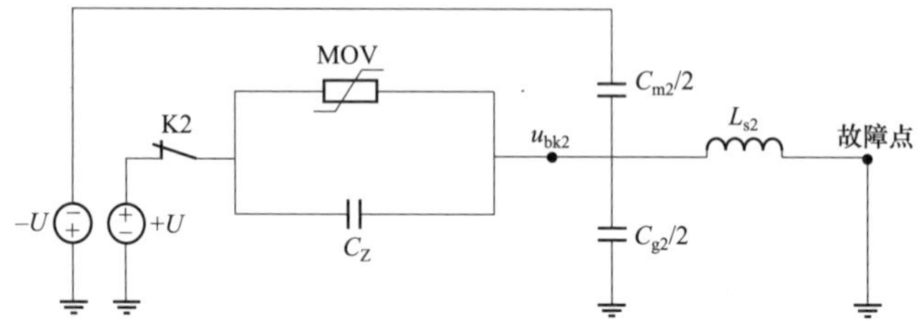

图 7－44　永久性故障下断路器隔离开关重合后的简化电路

则在复频域下断路器线路侧电压，即图 7－44 中电压 u_{bk2}，为

$$U_{bk2}(s)=\frac{2SR_{MOV}L_{s2}C_ZU+2L_{s2}U}{s^2R_{MOV}L_{s2}(2C_Z+C_{m2}+C_{g2})+2sL_{s2}+2R_{MOV}} \tag{7-54}$$

将式（7－54）变换到时域即可得到 K2 重合后的线路侧电压 u_{bk2}，为

$$u_{bk2}(t)=\frac{2UC_Z}{2C_Z+C_{m2}+C_{g2}}e^{-\frac{t}{T}}\cos\omega t+\frac{2U(C_Z+C_{m2}+C_{g2})}{\omega R_{MOV}(2C_Z+C_{m2}+C_{g2})^2}e^{-\frac{t}{\tau}}\sin\omega t \tag{7-55}$$

式中，ω、τ 分别为线路侧电压振荡的角频率、衰减的时间常数，其计算为

$$\begin{cases}\omega=\sqrt{\dfrac{2}{L(2C_Z+C_{m2}+C_{g2})}-\dfrac{1}{R_{MOV}^2(2C_Z+C_{m2}+C_{g2})^2}}\\ \tau=-R_{MOV}(2C_Z+C_{m2}+C_{g2})\end{cases} \tag{7-56}$$

假设接地故障发生于故障线路的正中间，则故障点距离直流断路器的线路长度为 50km，其线路参数为：对地电容 C_{g2} 为 0.329 9μF，极间电容 C_{m2} 为 0.060 8μF，线路电感 L_{s2} 为 0.165H；断路器转移支路的等效电容 C_z 为 0.02μF。由于故障性质判断期间，断路器吸能支路上的电压不会高于系统电压，所以 MOV 的阻值约为 500kΩ。设定断路器的隔离开关 K2 在 1.05s 重合，则重合后永久性故障下直流断路器线路侧电压的理论计算值 u_{bk2} 为

$$u_{bk2}(t)=104.333\ 4\sin(5267.6(t-1.05)+0.146\ 9)e^{-516.075\ 8(t-1.05)}\qquad t\geqslant 1.05 \tag{7-57}$$

绘制式（7－57）所示的永久性故障下线路侧电压 u_{bk2} 的变化曲线，如图 7－45

中红线所示。相应的仿真对比曲线如图 7－45 中的蓝线所示。由图 7－45 所示的故障线路端电压的理论计算结果与仿真结果的对比图可以看出，隔离开关 K2 重合瞬间系统存在短时间的波动，约持续 10ms，波动结束后两条曲线基本完全重合，其值都接近于零，验证了永久性故障线路侧电压的理论分析方法的正确性。

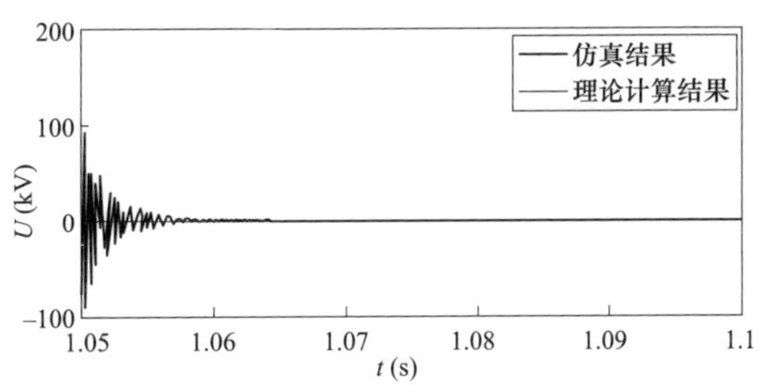

图 7－45　永久性故障的仿真结果与理论计算结果

3. 故障性质识别方法的判据

由两种不同故障性质下故障线路端电压的波形可以看出，无论线路故障是瞬时性故障还是永久性故障，重合断路器隔离开关后故障线路端电压都会出现短暂的高频振荡，振荡消除后，永久性故障下的故障线路端电压会接近于零，瞬时性故障下故障线路端电压会逐渐升高。因此，根据两种不同故障性质下故障线路端电压的差异，使用振荡消除后故障线路端电压单一时刻的测量值即可判断线路的故障性质，当故障线路端电压的测量值大于相应的整定值时，可以判定线路故障为瞬时性故障；若测量值小于相应的整定值，则可以判定线路故障为永久性故障。

但是，由于重合瞬间的电压振荡受线路频变参数的影响，难以准确的确定其振荡消除时间，采用单一时间的线路电压值来判断线路的故障性质受高频振荡影响较大，因此本文采用积分判据来避免重合瞬间的高频振荡对判断结果造成影响。瞬时性故障下的故障线路端电压在振荡中逐渐升高，其积分结果会大于零；永久性故障下故障线路端电压在零处上下振荡，其积分结果仍然接近于零，所以利用积分判据能够消除高频振荡的影响，提高故障性质识别的准确性。设定架空线单极接地故障的永久性故障判据为

$$U_{\mathrm{sp}} \leqslant U_{\mathrm{set}} \tag{7-58}$$

式中，U_{sp} 为隔离开关 K2 重合后故障线路端电压的测量值 u_{sp} 在某一时间段内的积分值，其计算为

$$U_{\mathrm{sp}} = \left| \int_{t_0}^{t_1} u_{sp}(t)\mathrm{d}t \right| \tag{7-59}$$

U_{set}为故障性质判据的整定值，其由同一线路发生瞬时性故障时线路侧电压的理论计算值 u_{bk} 在同一时间段内的积分结果为

$$U_{set}=\left|K\int_{t_0}^{t_1}u_{bk}(t)\,dt\right| \tag{7-60}$$

式中，K 为故障性质判据的整定系数，选取 K 值为 0.5。当线路故障为瞬时性故障且故障点已经熄弧后，重合线路一侧的直流断路器，则断路器线路侧电压的测量值 u_{sp} 与其理论计算值 u_{bk1} 基本相同，所以其必然将大于 Ku_{bk1}，其积分结果 U_{sp} 也必然将大于 U_{set}。当线路故障为永久性故障时，受故障点钳制作用，断路器线路侧电压的测量值 u_{sp} 将接近于零，所以其会小于 Ku_{bk1}，其积分结果 U_{sp} 也必然将小于 U_{set}。受线路储能元件的影响，隔离开关 K2 重合瞬间直流断路器线路侧电压会因为高频谐波而出现短时间的振荡现象，对故障性质判定的准确性会造成一定影响，因此隔离开关 K2 重合后需要延时一段时间再用式（3-11）来判断线路的故障性质，以降低开关重合瞬间产生的高频振荡的影响，提高故障性质判断的准确性。

在故障性质识别过程中，当积分判据选取的时间越长，永久性故障和瞬态故障之间的故障线电压积分结果的区别就越大，但识别所需的时间越长。考虑到电压振荡在重新重合隔离开关 K2 时发生，并且随着时间的推移衰减得更快。因此，高频振荡的电压在短时间延迟后会衰减，这可以减少高频振荡对识别的影响。在本文中，延迟时间设置为 20ms，即，DCCB 的隔离开关 K2 在 1.05s 处重新重合，并且积分 t_0 的开始时间被设置为 1.07s。图 7-46 所示为当积分 t_0 的开始时间被设置为 1.07s 时，两个故障性质下的故障线电压的积分和判据整定值的曲线。

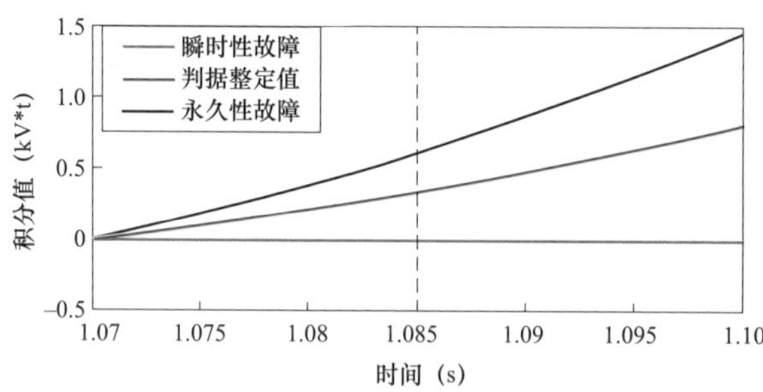

图 7-46　不同故障性质下线路侧电压的积分结果以及故障判据整定值的变化曲线

由图 7-46 可得，两种故障性质下的故障线路端电压的积分值在 1.085s 时与判据的整定值存在明显区分，所以可将判据的终止时间 t_1 设定为 1.85s。因此，

故障性质识别判据的积分时长为0.025s。由于重合闸时间要求远低于继电保护，因此可以针对特定情况适当调整上述积分时间，以确保识别结果的可靠性。

7.4.2 柔性直流系统重合闸配合策略

当使用上述故障性质识别方法准确判断线路故障性质后，需要对故障线路进行相应的重合或者完全开断操作。由于线路两侧的混合式直流断路器结构复杂，且直接重合断路器转移支路时故障线路以及故障极正常线路上都会出现明显的重合过电压，所以需要对故障线路两侧的混合式直流断路器设计合理的重合策略，使其在重合过程中相互配合，有效地避免瞬时性故障下的重合过电压，且能够快速重合来恢复供电，提高系统供电的可靠性。

重合时，当直接重合故障线路两侧混合式直流断路器的转移支路，故障线路以及故障极正常线路上都会出现明显的振荡过电压现象。这主要是由于直流断路器重合之前，断开线路电压接近于零，正常运行线路的电压为直流系统电压的额定值，断路器两侧存在很大的电压差。重合瞬间，系统电流会立即为故障线路上的电容充电，抬升故障线路电压。由于线路上的电阻较小，充电速度快，充电回路可视为换流器电容与线路电容及电感的振荡回路。充电过程的衰减振荡会导致故障极线在充电初始阶段产生较大的振荡过电压。因此可以考虑改变故障线路两侧混合式直流断路器的重合时序来减小重合过程中的充电电流，进而减小故障极线上的重合过电压。

当系统判断线路故障为瞬时性故障时，采用分步投入单侧混合式直流断路器转移支路子模块的方式来减小故障线路电容的充电电流，进而降低故障极线上的重合过电压。当断路器转移支路部分导通，其导通回路如图7－47所示。直流系统经由转移支路重合部分的IGBT与非重合部分的MOV与故障线路相连，由于MOV的阻值较大，重合时电容的充电电流较小，所以引起的重合过电压会较小。

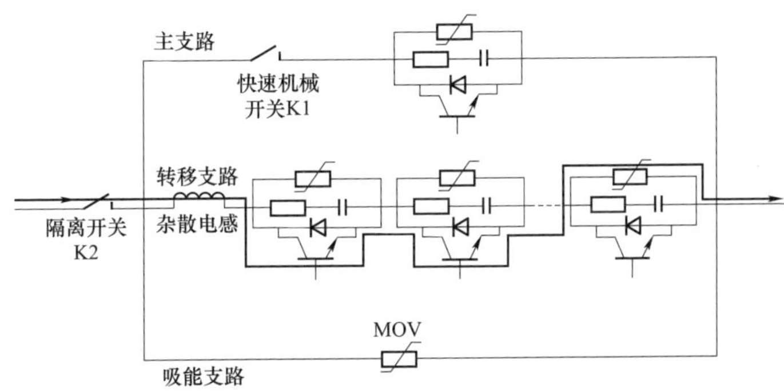

图7－47 转移支路部分投入运行后断路器的等效电路

直流输电系统的额定电压为 500kV，断路器 BK1 出口侧电压为 510kV，所用混合型直流断路器转移支路上有 250 个子模块，采用分步重合时，初始投入的子模块数会对输电线路的过电压以及故障线路的电压恢复时间产生一定影响，改变转移支路上初始投入的子模块数，线路上的过电压以及电压恢复时间如表 7－3 所示。

表 7－3 初始投入的子模块数对输电线路上过电压及电压恢复时间的影响

首次重合子模块数	重合子模块的百分比（%）	故障极正常线路上的峰值电压（kV）	故障线路上峰值电压（kV）	故障线路上电压恢复时间（ms）
100	40	510	510	900
125	50	520	510	720
150	60	540	510	600
175	70	570	510	415
200	80	650	560	3

由表 7－3 可得，当初始投入运行的子模块数较少时，转移支路上的电阻值较大，系统经断路器流向故障线路的电流较小，故障线路不会出现振荡过电压，但故障线路电压的恢复时间较长。继续增大断路器转移支路上初次投入的子模块数，转移支路上的导通电阻会进一步减小，系统流向故障线路上的电流会增大，故障线路的恢复电压增大至额定电压的时间会进一步缩短。当转移支路上投入运行的子模块达到 80%时，断路器上的电压将达到回路中 MOV 的动作电压，电容充放电回路中的阻值迅速减小，故障线路上恢复电压会快速增大至额定电压，但故障线路也会出现一定的振荡过电压。

当初始投入运行的子模块数较少时，转移支路上的电阻值较大，回路中充放电电流较小，故障极正常线路上不会产生重合过电压。随着初始投入子模块数量的增加，转移支路经 MOV 导通的子模块逐渐减少，导通回路中的电阻随之减小，正常线路上的重合过电压也会逐渐增大，当初始投入数量达到 60%，正常线路上的重合过电压将达到 8%。

综合考虑重合时投入运行转移支路的子模块数对故障线路以及故障极正常线路重合过电压的影响，本文确定重合时先将断路器转移支路 50%的子模块投入运行，再将剩余的子模块分多次逐步投入运行，以降低重合过电压，并缩短故障线路的重合时间。

重合时为减小重合电流，只对单侧混合式直流断路器的转移支路进行上述

的重合闸操作。对侧在重合期间持续测量其两侧的电压差，只有当其电压差稳定于零附近时才进行重合。所以重合初始阶段，只有本侧断路器的转移支路进行重合操作。当转移支路完全重合后，故障线路电压基本稳定于直流侧额定电压，即断路器两侧电压差接近于零，重合对侧断路器的主支路，将本侧断路器主支路导通，并将转移支路闭锁，断路器重合完成。重合闸流程图如图柔性直流电网架空线单极接地故障的故障性质识别以及重合闸的流程图如图 7－48 所示。

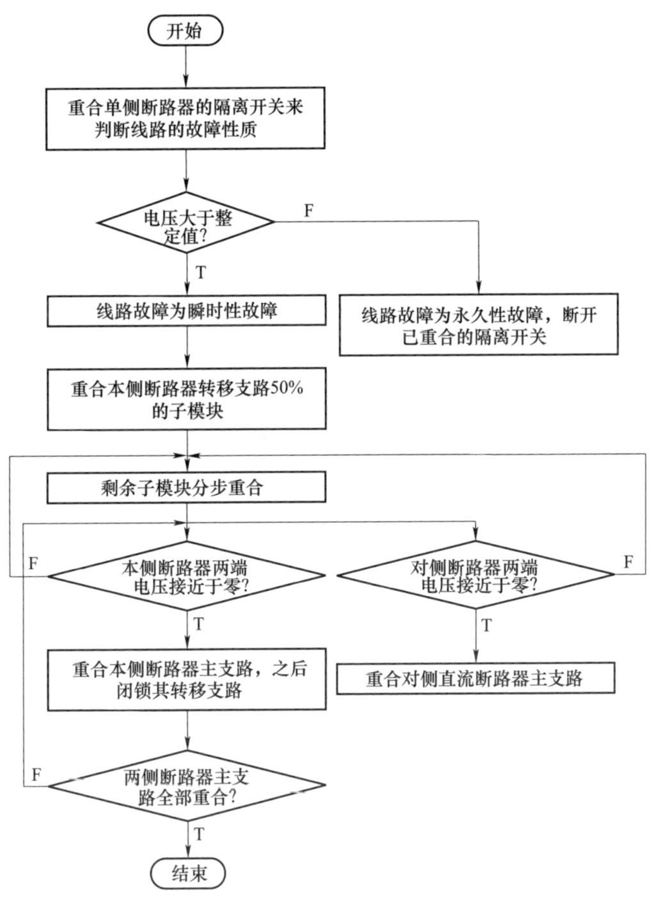

图 7－48　柔性直流电网架空线单极接地故障的重合闸流程图

7.5　案例分析

为了验证本章柔性直流电网交直流保护原理和重合闸策略在张北柔性直流电网示范工程中的适用性，本节在电磁暂态仿真软件 PSCAD/EMTDC 上搭建了如图 7－49 所示四端柔性直流电网仿真测试系统，换流站主要参数如表 7－4 所示。直流线路采用频变参数模型，杆塔如图 7－50 所示，参数如表 7－5 所示，仿真步长为 25μs。

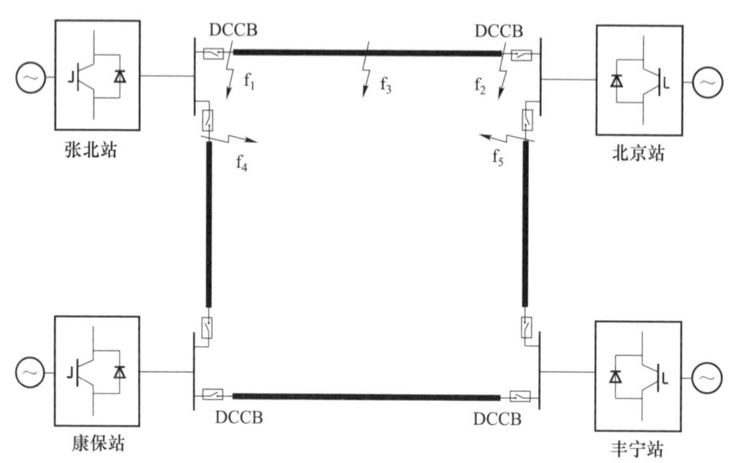

图 7－49　张北柔性直流电网仿真测试系统

表 7－4　　换流站主要参数

站名	系统元件	参数名	参数值
北京站～张北站	换流器	额定容量（MW）	3000
		额定直流电压（kV）	±500
		桥臂子模块数（个）	20
		子模块电容值（mF）	1.23
		桥臂电抗器（mH）	50
		限流电抗器（mH）	150
	变压器	额定变比	500/260
康宝站～丰宁站	换流器	额定容量（MW）	1500
		额定直流电压（kV）	±500
		桥臂子模块数（个）	20
		子模块电容值（mF）	0.666
		桥臂电抗器（mH）	100
		限流电抗器（mH）	150
	变压器	额定变比	230/260

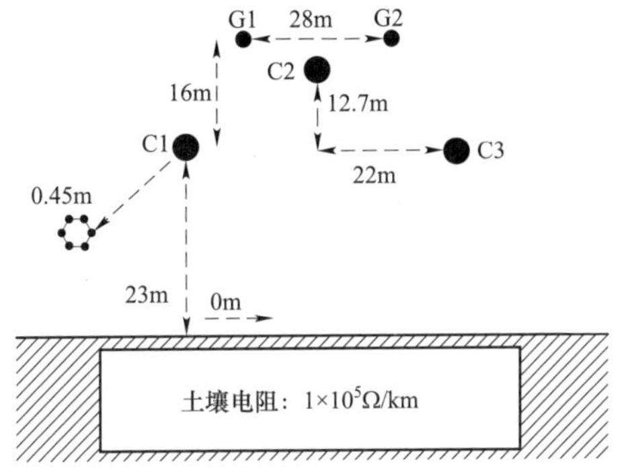

图 7-50 对称双极大地回路接线方式杆塔结构示意图

表 7-5 直流线路主要参数

传输线路	长度（km）	张北—北京	206
		张北—康保	50
		康保—丰宁	205
		丰宁—北京	187
	材质		钢芯铝绞线
	分裂数		6
	内径/外径（m）		0.004/0.02
	直流电阻（Ω/km）		0.032 1
	土壤电阻（Ω/km）		1×10^5

7.5.1 纵联行波差动保护案例分析

设定 $\Delta=\Delta_0=\Delta_1=\Delta_2$（kV），积分时间 t_{DW} 为 0.8ms，计算得到 0 模判拒动作阈值为 64V·s，1 模判拒动作阈值为 64V·s。直流线路不同位置发生不同类型短路故障后，纵联行波差动保护判据的分析数据和故障判定结果如表 7-6 所示。纵联行波差动保护判据可以正确识别区内、区外故障，正确选择故障线路。

表 7-6 不同位置发生不同类型故障的保护判定结果

故障类型	故障位置	S_{0m}（V·s）	S_{1m}（V·s）	S_{2m}（V·s）	S_{0n}（V·s）	S_{1n}（V·s）	S_{2n}（V·s）	t_{act}（ms）	判定
P-O-N	始端	0	−635.07	−366.66	0	−571.86	−330.16	1.3	P-O-N
	中点	0	−975.42	−563.16	0	−973.52	−562.06	1.3	P-O-N
	末端	0	−560.93	−323.86	0	−619.62	−357.74	1.3	P-O-N
	正向区外	0	0	0	0	0	0	—	正常
	反向区外	0	0	0	0	0	0	—	正常

续表

故障类型	故障位置	S_{0m}（V•s）	S_{1m}（V•s）	S_{2m}（V•s）	S_{0n}（V•s）	S_{1n}（V•s）	S_{2n}（V•s）	t_{act}（ms）	判定
P-N	始端	0	−635.07	−366.66	0	−571.86	−330.16	1.3	P-N
	中点	0	−975.42	−563.16	0	−973.52	−562.06	1.3	P-N
	末端	0	−560.93	−323.86	0	−619.62	−357.74	1.3	P-N
	正向区外	0	0	0	0	0	0	—	正常
	反向区外	0	0	0	0	0	0	—	正常
P-O	始端	0.47	−886.26	510.15	0.37	−522.58	317.11	1.3	P-O
	中点	−1.76	−488.36	280.44	0	−486.40	281.55	1.3	P-O
	末端	−0.78	−368.82	212.01	0.02	−746.83	431.89	1.3	P-O
	正向区外	0	0	0	0	0	0	—	正常
	反向区外	0	0	0	0	0	0	—	正常
P-G	始端	−695.72	−591.25	−0.79	−274.48	−338.36	−1.97	1.3	P-G
	中点	−545.63	−540.19	−0.76	−544.92	−538.28	0.34	1.3	P-G
	末端	−218.10	−289.08	−0.41	−473.26	−396.68	0.35	1.3	P-G
	正向区外	0	0	0	0	0	0	—	正常
	反向区外	0	0	0	0	0	0	—	正常
N-O	始端	−0.47	−1.31	−1022.57	−0.40	1.33	−611.12	1.3	N-O
	中点	1.18	−1.31	−563.15	0	0.60	−562.06	1.3	N-O
	末端	0.78	−0.80	−425.42	−0.02	0.61	−862.72	1.3	N-O
	正向区外	0	0	0	0	0	0	—	正常
	反向区外	0	0	0	0	0	0	—	正常
N-G	始端	695.72	−296.28	−511.66	274.48	−170.88	−292.04	1.3	N-G
	中点	545.63	−270.75	−467.44	544.92	−268.84	−466.34	1.3	N-G
	末端	218.10	−144.90	−250.14	473.26	−198.03	−343.71	1.3	N-G
	正向区外	0	0	0	0	0	0	—	正常
	反向区外	0	0	0	0	0	0	—	正常
功率增大（50%→100%）		0	0	0	0	0	0	—	正常
功率减小（100%→50%）		0	0	0	0	0	0	—	正常

超高压直流电网接非金属性接地故障过渡电阻最大可达数百欧姆，单端量行波保护无法将其与区外故障进行区分，可能造成保护拒动。通过表 7−6 可以看出线路端口处（始端或者末端）发生接地短路故障时，保护判据计算结果最

小，不利于保护动作，因此对该位置发生经过不同过渡电阻的负极接地故障进行仿真，验证保护的过渡电阻耐受能力。仿真结果如表 7–7 所示，纵联行波差动保护可以正确识别不同过渡电阻的接地故障。

表 7–7 不同过渡电阻接地故障的保护判定结果

过渡电阻（Ω）	S_{0m}（V•s）	S_{1m}（V•s）	S_{2m}（V•s）	S_{0n}（V•s）	S_{1n}（V•s）	S_{2n}（V•s）	t_{act}（ms）	判定
0	218.10	–144.90	–250.14	473.26	–198.03	–343.71	1.3	N-G
10	210.35	–139.63	–240.98	452.86	–189.41	–328.77	1.3	N-G
50	184.15	–121.90	–210.19	386.03	–161.19	–279.89	1.3	N-G
100	159.34	–105.23	–181.24	325.63	–135.73	–235.79	1.3	N-G
200	125.49	–82.71	–142.11	247.70	–102.95	–179.01	1.3	N-G
300	103.50	–68.20	–116.91	199.71	–82.80	–144.12	1.3	N-G

实际工程中，噪声干扰存在于系统各个环节，测量装置也存在一定误差，噪声干扰和测量误差都可能引起保护误动作。表 7–8 为不同噪声程度下纵联行波差动保护的判定结果：噪声含量低于 10%时，保护不会误动作；噪声含量达到 10%后，保护开始出现误动，含量越高，误动概率越大。

表 7–8 不同噪声程度的保护判定结果

噪声含量（%）	误动次数（次）	误动概率（%）
3	0	0
5	0	0
10	4	4
15	50	50

7.5.2 换流器交流侧保护实例验证

1. 直流区外故障时保护动作情况

对直流单极接地故障、直流双极短路故障和换流器交流侧三相接地故障进行仿真测试，保护判据的波形如图 7–51 所示。保护阈值取正常运行情况下交流相电流峰值的两倍，此处取 2.5kA。高压大容量 MMC-MTDC 系统在直流线路两端安装直流断路器，断路器一般会在 6ms 内清除直流故障。在图 7–51 中，在两种直流故障发生至直流断路器动作期间，保护判据 K 值均未达到阈值，故直流故障发生时保护不会误动作。当发生交流侧三相接地故障时，K 值在 2ms 内超越阈值，保护可靠动作。因此，所提保护判据在张北四端±500kV 柔性直流工程中能可靠区分直流区外故障。

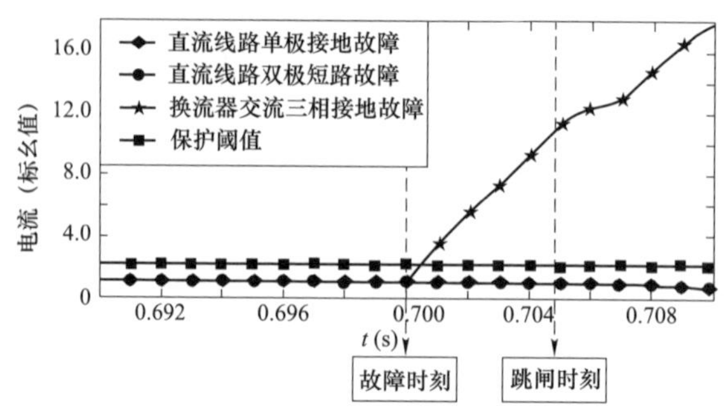

图 7－51　直流故障时保护判据 K 波形图

2. 交流区外故障时保护动作情况

根据继电保护选择性的要求，其他换流站的交流接地故障属于区外故障，保护不应当动作。当 MMC-MTDC 系统其他三个换流站（S1、S3、S4）及换流站 S2 正极 MMC 分别发生交流三相接地故障时，换流站 S2 正极 MMC 的保护判据 K 值如图 7－52 所示。由图可知，其他换流站发生站内交流三相接地故障时，本换流站配置的保护不会误动作。因此，所提保护判据在张北±500kV 柔性直流工程中能可靠区分交流区外故障。

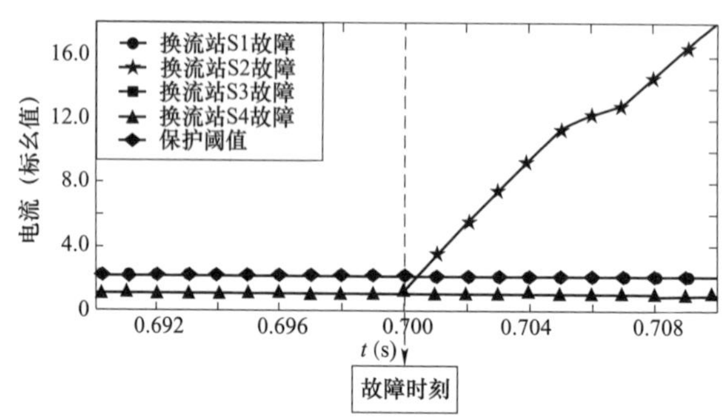

图 7－52　交流区外故障时闭锁判据 K 波形图

3. 过渡电阻的影响

前文在讨论时均未考虑故障接地点过渡电阻的影响，但实际上过渡电阻的存在可能会对故障的检测及保护灵敏性产生干扰，导致故障电流减小，进而造成 K 的值达不到保护阈值，降低保护灵敏性。下面仍以换流站 S2 正极 MMC 为研究对象，具体分析过渡电阻对闭锁判据的影响。通常情况下交流 220kV 线路故障的最大过渡电阻约为 100Ω。表 7－9 所示为换流站 S2 正极 MMC 经不同阻值的过渡电阻发生交流三相接地故障时 10ms 内判据 K 最大值及保护动作时间，

当过渡电阻小于 50Ω时，K 仍远大于保护阈值，当过渡电阻大于 50Ω时，K 接近但仍大于保护阈值，保护能在直流断路器清除故障前动作，因此本文提出的方法具有一定抗过渡电阻的能力。

表 7－9　　经不同过渡电阻发生三相接地故障时仿真结果

过渡电阻（Ω）	$\max\{\lvert\Delta i_a\rvert, \lvert\Delta i_b\rvert, \lvert\Delta i_c\rvert\}$（标幺值）	保护动作情况	保护动作时间（ms）
0	17.8	动作	0.5
10	8.7	动作	0.6
30	5.0	动作	0.7
50	4.0	动作	1.0
100	2.9	动作	2.0

4. 故障清除策略的适用性

为验证所提故障清除方案的在张北柔性直流工程中的适用性，以站内交流三相接地故障为例进行仿真验证。假设 t=0.7s 时在换流站交流出口线路上发生三相接地故障，故障发生 2ms 后闭锁换流器，5ms 直流极母线断路器和金属回线断路器跳闸，28ms 后交流断路器跳闸。A 相故障电流及其各组成部分的仿真结果如图 7－53 所示。

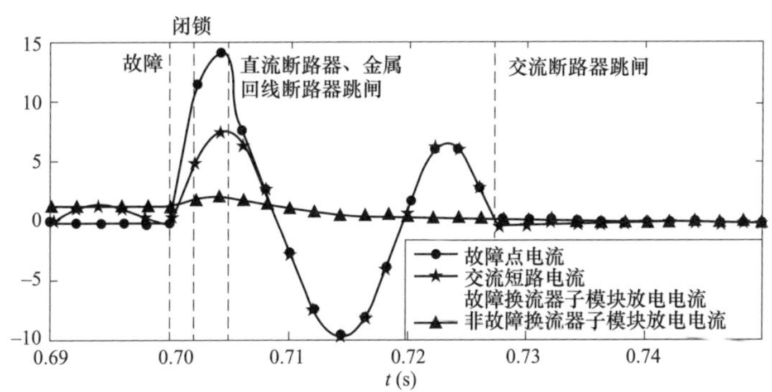

图 7－53　A 相故障清除过程中的故障电流波形图

闭锁故障换流器限制了故障电流中 i_{fsm1} 和 i_{fsm2} 的增加，并且使其衰减。金属回线直流断路器和交流断路器跳闸分别切断 i_{fsm1} 和 i_{fac} 的故障回路，使其立即减小至零。因此，所提出保护方法适用于张北柔性直流电网。

7.5.3 直流系统重合闸案例分析

直流系统重合闸策略选择张北－北京直流线路进行仿真验证。设故障线路两侧的混合式直流断路器分别为 BK1、BK2，在重合故障线路一侧断路器的隔离开关来判断线路的故障性质时，由于线路两侧断路器的重合效果基本相同，所以在选择首先重合的直流断路器时，可以根据故障所在线路的重合次数来选择，即若当前重合次数为奇数时，则选择重合断路器 BK1 的隔离开关来判断线路的故障性质；若当前重合次数为偶数时，则先重合断路器 BK2 的隔离开关来判断线路故障性质。下文以线路奇数次重合为例来具体介绍相应的重合方案。

若输电线路的故障性质为永久性故障，则在断路器 BK1 的隔离开关重合后，仿真中故障线路上流过的电流及故障线路端电压的变化曲线如图 7－54 所示。

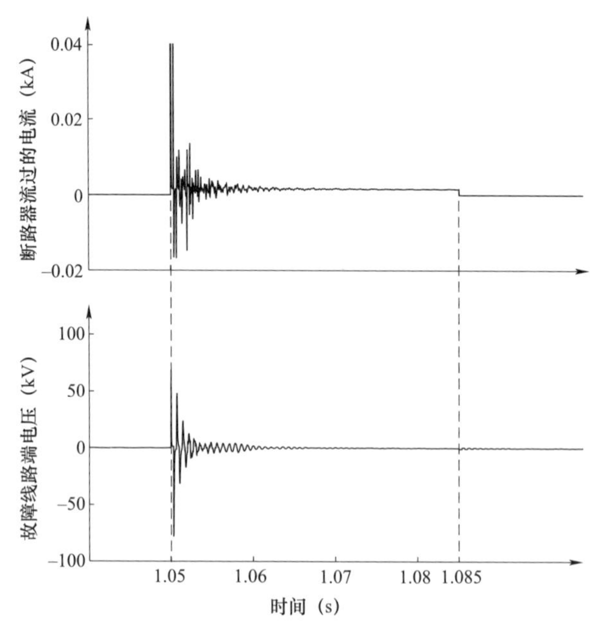

图 7－54　故障线路上流过电流及故障线路端电压的变化曲线

仿真中经过相应时间的延时，在 1.05s 时重合混合式直流断路器 BK1 的隔离开关，重合瞬间系统电流会立即通过隔离开关为断路器转移支路子模块的并联电容充电，受导通回路中储能元件的影响，该充电电流会出现短暂的振荡现象，且振荡的峰值电流较小，不会对系统造成影响。随着电容充电完成，电流逐渐恢复到稳定状态，稳定后的电流主要为直流系统经断路器 BK1 吸能支路流向故障线路的电流，由于断路器上压降约为直流系统的额定电压，其并未达到吸能支路 MOV 的动作电压，MOV 的阻值较大，所以流过的电流较小，约为 0.001 6kA，不会对系统造成二次冲击。在隔离开关重合瞬间，受故障线路上储能元件充放电作用的影响，故障线路上的电压也会出现短暂的振荡现象，其振

荡的幅值与故障点的位置有关，图 7－54 中的电压为线路中间发生故障时，断路器线路侧电压的振荡曲线。经过短暂振荡后，电压会逐渐恢复到稳定状态，由于受到永久性故障下线路接地点的钳制作用，稳定后的线路侧电压将接近于零。

1.085s 时根据电压特性判断线路故障为永久性故障，并迅速向已经重合的隔离开关发送跳闸信号。由于流过断路器隔离开关的电流仅为 0.001 6kA，小于其开断电流，因此断路器 BK1 的隔离开关能够顺利断开，完成二次开断操作。

期间，直流断路器 BK2 持续测量其两侧电压并根据电压差的大小来确定是否进行重合操作。若断路器 BK2 两侧的电压差接近于零时，则重合断路器 BK2 的隔离开关及主支路来完成其重合闸操作；若其两侧的压差较大时，则不进行任何的重合操作。由于永久性故障下故障线路电压接近于零，即断路器 BK2 两侧的电压相差一直较大，因此断路器 BK2 会一直保持开断状态，不进行任何的重合闸操作。

若直流断路器 BK1 在隔离开关重合后判断线路故障为瞬时性故障且已经完全消除，则开始进行相应的重合闸操作，其动作时序如下，且重合过程中线路上流过的电流及线路端电压的变化曲线如图 7－55 及图 7－56 所示。

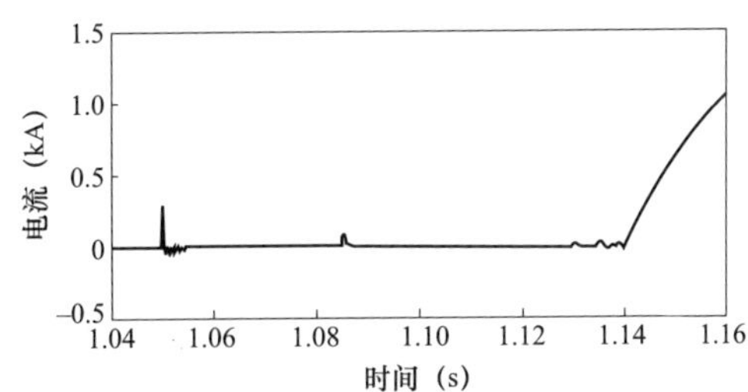

图 7－55　分步重合时断路器 BK1 上流过电流的变化曲线

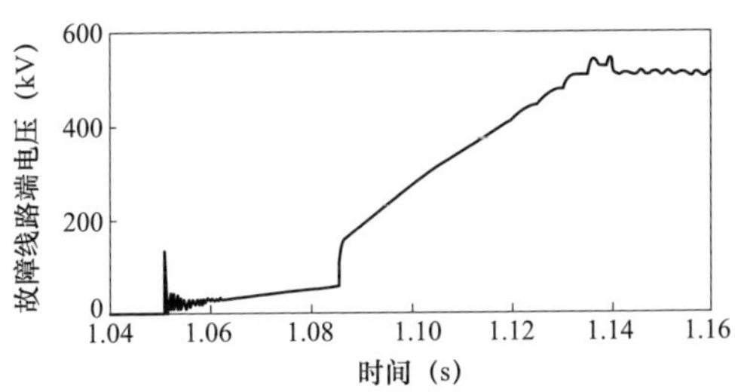

图 7－56　分步重合时故障线路端电压的变化曲线

（1）1.05s 时，系统已经过充分的延时来保证架空线路瞬时性故障下故障点的熄弧以及故障通道的充分去游离，可以重合直流断路器 BK1 的隔离开关来判断线路的故障性质。

（2）1.085s 时断路器 BK1 准确地判断线路故障为瞬时性故障，开始进行重合操作。将断路器 BK1 转移支路上 50%的子模块，即本模型中的 125 个子模块投入运行，断路器 BK1 的转移支路部分导通，系统电流会立即为故障线路的电容充电，使该线路电压逐渐上升，此时充电回路中会存在部分未投入运行的子模块 MOV，其阻值较大，使得充电电流较小，所以故障极线上不会出现振荡过电压现象。在该过程中，故障线路电压逐渐升高但并未达到直流系统的额定电压，所以直流断路器 BK2 两侧的电压差一直较大，直流断路器 BK2 保持开断状态，不进行重合操作。

（3）1.09s 时开始重合断路器 BK1 转移支路上的剩余子模块，将剩余子模块分为 10 次重合，且重合间隔为 5ms。随着子模块不断重合，转移支路上投入运行的并联 MOV 越来越少，其阻值也会相应减小，线路上的充电电流也会逐渐增大，电压上升速度加快。

（4）1.135s 时，断路器 BK1 上转移支路子模块已经全部投入运行，此时故障线路上的电压已经升高至系统电压附近，且电压抬升过程中并未出现明显的电压振荡现象。

（5）1.14s 时，故障线路上的电压已基本达到稳定状态，系统并未发生二次故障，将断路器 BK1 的主支路投入运行，随后闭锁其转移支路，将电流换流至主支路上。期间故障线路上的电压上升至直流侧的额定电压，断路器 BK2 两侧的压差较小，将自动进行相应的重合操作。重合断路器 BK2 隔离开关，之后将其主支路投入运行。此时输电线路已经导通，其流过的系统电流开始增大，但受线路电感的影响，线路电流不能立即恢复到故障前的运行状态，而是缓慢增大，逐渐恢复到原有的运行状态。

参 考 文 献

[1] Yuan Tang，Minjie Chen，Li Ran. A compact MMC submodule structure with reduced capacitor size using the stacked switched capacitor architecture，IEEE Trans. Power Electron.，PP，no. 99，pp. 1－1，Dec. 2015.

[2] A. Korn，M. Winkelnkemper，P. Steimer. Low output frequency operation of the modular multi-level converter，in Proc. IEEE ECCE，2010，pp. 3993－3997.

[3] Stefan P. Engel，Rik W. De Doncker. Control of the modular multi-level converter for minimized cell capacitance in Proc. 14th Eur. Conf. Power Electron. Appl.，Aug./Sep. 2011，pp. 1－10.

[4] R. Picas，J. POU. Minimization of the capacitor voltage fluctuations of a modular multilevel converter by circulating current control in Proc. IEEE IECON，2012，pp. 4985－4991.

[5] R. Picas，J. POU. Optimal injection of harmonics in circulating currents of modular multilevel converters for capacitor voltage ripple minimization in Proc. IEEE ECCE Asia，2013，pp. 318－324.

[6] Michail Vasiladiotis，Nicolas Cherix，Alfred Rufer. Accurate capacitor voltage ripple estimation and current control considerations for grid-connected modular multilevel converters IEEE Trans. Power Electron.，vol. 29，no. 9，pp. 4568－4579，Sep. 2014.

[7] J. Pou et al.. Circulating current injection methods based on instantaneous information for the modular multilevel converter，IEEE Trans. Ind. Electron.，vol. 62，no. 2，pp. 777－788，Feb. 2015.

[8] Makoto Hagiwara，Isamu Hasegawa，H. Akagi. Startup and low-speed operation of an adjustable-speed motor driven by a Modular Multilevel Cascade Inverter（mmci）in Proc. IEEE Energy Conversion Congress and Exposition（ECCE），Sept. 2012，pp. 718－725.

[9] Marcelo A. Perez，Steffen Bernet. Capacitor Voltage Ripple Minimization in Modular Multilevel Converters Industrial Technology（ICIT），2015 IEEE International Conference.

[10] B. Li，Y. Zhang，G. Wang，W. Sun，D. Xu，W. Wang. A modified modular multilevel converter with reduced capacitor voltage fluctuation，IEEE Trans. Ind. Electron.，vol. 62，no. 10，pp. 6108－6119，Oct. 2015.

[11] J. Wang，R. Burgos，and D. Boroyevich. Switching-Cycle State-Space Modeling and Control

of the Modular Multilevel Converter，IEEE Journal Emerging Selected Topics Power Electron.，vol. 2，no. 4，pp. 1159－1170，Dec. 2014.

[12] MARQUARDT R. A new modular voltage source inverter topology [J]. Confrecepe，2003，

[13] ANTONOPOULOS A，ANGQUIST L，NEE H. On dynamics and voltage control of the Modular Multilevel Converter; proceedings of the 2009 13th European Conference on Power Electronics and Applications，F 8－10 Sept. 2009，2009 [C].

[14] TU Q，XU Z，XU L. Reduced Switching-Frequency Modulation and Circulating Current Suppression for Modular Multilevel Converters [J]. IEEE Transactions on Power Delivery，2011，26（3）：2009－17.

[15] LYU J，ZHANG X，CAI X，et al. Harmonic State-Space Based Small-Signal Impedance Modeling of Modular Multilevel Converter with Consideration of Internal Harmonic Dynamics [J]. IEEE Transactions on Power Electronics，2018，1－10.

[16] HARNEFORS L，ANTONOPOULOS A，ILVES K，et al. Global Asymptotic Stability of Current-Controlled Modular Multilevel Converters [J]. IEEE Transactions on Power Electronics，2015，30（1）：249－58.

[17] CUI S，JUNG J，LEE Y，et al. Principles and dynamics of natural arm capacitor voltage balancing of a direct modulated modular multilevel converter; proceedings of the 2015 9th International Conference on Power Electronics and ECCE Asia（ICPE-ECCE Asia），F 1－5 June 2015，2015 [C].

[18] 屠卿瑞，徐政，郑翔，等. 一种优化的模块化多电平换流器电压均衡控制方法 [J]. 电工技术学报，2011，26（5）：15－20.

[19] 赵昕，赵成勇，李广凯，等. 采用载波移相技术的模块化多电平换流器电容电压平衡控制 [J]. 中国电机工程学报，2011，31（21）：48－55.

[20] 徐政. 柔性直流输电系统 [M]. 机械工业出版社，2013.

[21] Yuan Tang，Minjie Chen，Li Ran. A compact MMC submodule structure with reduced capacitor size using the stacked switched capacitor architecture，IEEE Trans. Power Electron.，PP，no. 99，pp. 1－1，Dec. 2015.

[22] A. Korn，M. Winkelnkemper，P. Steimer. Low output frequency operation of the modular multi-level converter，in Proc. IEEE ECCE，2010，pp. 3993－3997.

[23] Stefan P. Engel，Rik W. De Doncker. Control of the modular multi-level converter for minimized cell capacitance in Proc. 14th Eur. Conf. Power Electron. Appl.，Aug./Sep. 2011，pp. 1－10.

[24] Michail Vasiladiotis, Nicolas Cherix, Alfred Rufer. Accurate capacitor voltage ripple estimation and current control considerations for grid-connected modular multilevel converters IEEE Trans. Power Electron., vol. 29, no. 9, pp. 4568－4579, Sep. 2014.

[25] J. Pou et al.. Circulating current injection methods based on instantaneous information for the modular multilevel converter, IEEE Trans. Ind. Electron., vol. 62, no. 2, pp. 777－788, Feb. 2015.

[26] Makoto Hagiwara, Isamu Hasegawa, H. Akagi. Startup and low-speed operation of an adjustable-speed motor driven by a Modular Multilevel Cascade Inverter (mmci) in Proc. IEEE Energy Conversion Congress and Exposition(ECCE), Sept. 2012, pp. 718－725.

[27] B. Li, Y. Zhang, G. Wang, W. Sun, D. Xu, W. Wang. A modified modular multilevel converter with reduced capacitor voltage fluctuation, IEEE Trans. Ind. Electron., vol. 62, no. 10, pp. 6108－6119, Oct. 2015.

[28] J. Wang, R. Burgos, D. Boroyevich. Switching-Cycle State-Space Modeling and Control of the Modular Multilevel Converter, IEEE Journal Emerging Selected Topics Power Electron., vol. 2, no. 4, pp. 1159－1170, Dec. 2014.

[29] The Grid Code—Issue 5, Revision 12, National Grid Std. Nov. 2014. [Online]. Available: http://www2.nationalgrid.com/UK/Industryinformation/Electricity-codes/Grid-code/The-Grid-code/

[30] P. S. Jones and C. C. Davidson. Calculation of power losses for MMC based VSC HVDC stations, in Proc. 15th Eur. Conf. Power Electron. Appl., Sep. 2013, pp. 1－10.

[31] Peng Dong, Jing Lyu, Xu Cai. Optimized design and control for hybrid MMC with reduced capacitance requirements [J]. IEEE ACCESS, 2018, 6: 51069－51083.（SCI 收录号：000447026900001）

[32] 董鹏，蔡旭，吕敬．大幅减小子模块电容容值的 MMC 优化方法 [J]．中国电机工程学报，2018，38（18）：5369－5380.（EI 收录号：20191006611532）

[33] Peng Dong, Jianwen Zhang, Xu Cai. Capacitor voltage ripple reduction control in modular multilevel converter [C]. Proc. 2016 International High Voltage Direct Current Conference (HVDC 2016), 2016.

[34] Peng Dong, Jianwen Zhang, Jing Lyu, Xu Cai. A simple voltage balancing method for modular multilevel converter[C]. IECON 2015, Yokohama, Japan, 2015, 2372–2377.（EI 收录号：20162402482986）

[35] 董鹏，张建文，蔡旭．基于连续模型的 MMC 环流谐振分析 [J]．电源学报，2015，13

(6)：44－50.

［36］徐政，薛英林，张哲任. 大容量架空线柔性直流输电关键技术及前景展望［J］. 中国电机工程学报，2014，34（29）：5051－5062.

［37］许斌，李程昊，向往，等. MMC 模块化串并联扩容方法及在能源互联网中的应用［J］. 电力建设，2015，36（10）：20－26.

［38］牛得存. 并联模块化多电平换流器控制方法研究［D］. 山东大学. 2014.

［39］杨海倩，王玮，等. MMC-HVDC 系统直流侧故障暂态特性分析［J］. 电网技术，2016，40（1）：40－44.

［40］张建坡，赵成勇. MMC-HVDC 直流侧故障特性仿真分析［J］. 电力自动化设备，2014，34（7）：33－34.

［41］汤广福，庞辉，贺之渊. 先进交直流输电技术在中国的发展与应用［J］. 中国电机工程学报，2016（7）：1760－1771.

［42］CIGRE B4－52 Working Group. HVDC grid feasibility study［R］. Melbourne：International Council on Large Electric Systems，2011.

［43］姚良忠，吴婧，王志冰，等. 未来高压直流电网发展形态分析［J］. 中国电机工程学报，2014（34）：6007－6020.

［44］陈实，朱瑞可，李兴源，等. 基于 MMC-MTDC 的风电场并网控制策略研究［J］. 四川大学学报（工程科学版），2014，46（2）：148－152.

［45］陈峦，陈池. 基于旋转备用和出力预测的风电抽水蓄能并网调度策略［J］. 水力发电，2011，37（12）：65－68.

［46］Kong Lingguo，Cai Guowei，Yang Deyou，et al. Modeling and coordinated control of grid connected PV generation system with energy storage devices［J］. Power System Technology，2013，37（2）：313－318（in Chinese）.

［47］鲍珣珣. 含抽水蓄能电站的电网负荷频率控制系统研究［D］. 上海交通大学，2015，1.

［48］娄素华，吴耀武，黄智. 考虑周调节抽水蓄能电站的调峰电源优化［J］. 高电压技术，2007，39（3）：80－84.

［49］D. Trainer，C. C. Davidson，C. D. M. Oates，N. M. Macleod，D. R. Critchley，R. W. Crookes. A new hybrid voltage sourced converter for HVDC power transmission，presented at the B4_111_2010，CIGRE Meeting，Paris，France，2010.

［50］M. M. C. Merlin，T. C. Green，P. D. Mitcheson，D. R. Trainer，D. R. Critchley，R. W. Crookes. A new hybrid multi-level voltagesource converter with DC fault blocking capability，in Proc. 9th IET Int. Conf. AC DC Power Transm.，2010，pp. 1－5.

[51] G. P. Adam et al.. Network fault tolerant voltage-source-converters for high-voltage applications, in Proc. 9th IET Int. Conf. AC and DC Power Transmission, London, U. K., 2010, pp. 1-5.

[52] R. Marquardt. Modular multilevel converter: An universal concept for HVDC-networks and extended DC-bus-applications, in Proc. Int. Power Electron. Conf., Jun. 2010, pp. 502-507.

[53] R. Marquardt. Modular multilevel converter topologies with DC-short circuit current limitation, in Proc. IEEE Eighth Int. Conf. Power Electron., 2011, pp. 1425-1431.

[54] Qin J, Saeedifard M, Rockhill A, et al. Hybrid design of modular multilevel converters for HVDC systems based on various submodule circuits [J]. IEEE Trans. On Power Delivery, to be published, 2014.

[55] K. Ilves, L. Bessegato, L. Harnefors, S. Norrga, H.-P. Nee. Semi-fullbridge submodule for modular multilevel converters, in Proc. 9th Int. Conf. Power Electronics and ECCE Asia, 2015, pp. 1067-1074.

[56] A. Nami, L. Wang, F. Dijkhuizen, A. Shukla. Five level cross connected cell for cascaded converters, in Proc. Eur. Conf. Power Electron. Appl., 2013, pp. 1-9.

[57] G. P. Adam, K. H. Ahmed, B. W. Williams. Mixed cells modular multilevel converter, presented at the IEEE Int. Symp. Ind. Electron., Istanbul, Turkey, 2014.

[58] R. Zeng, L. Xu, L. Yao. An improved modular multilevel converter with DC fault blocking capability, in Proc. IEEE Power Energy Soc. Gen. Meeting Conf. Expo., 2014, pp. 1-5.

[59] Zeng, R., Xu, L., Yao L, Z., et al. Design and operation of a hybrid modular multilevel converter, IEEE Trans. Power Electron., 2015, 30, (3), pp. 1137-1146.

[60] Debnath, S., Qin, J., Bahrani, B., et al. Operation, control, and applications of the modular multilevel converter: a review, IEEE Trans. Power Electron., 2015, 30, (1), pp. 37-53.

[61] 孔明，汤广福，贺之渊. 子模块混合型 MMC-HVDC 直流故障穿越控制策略 [J]. 中国电机工程学报，2014，34（30）：5343-5351.

[62] Rong Z., Lie X., Liangzhong Y., ET AL. Precharging and DC fault ride-through of hybrid MMC-based HVDC systems, IEEE Trans. Power Deliv., 2015, 30, pp. 1298-1306.

[63] Peng Dong, Jing Lyu, Xu Cai. Modeling, analysis and enhance control of modular multilevel converter with asymmetric arm impedance for HVDC applications [J]. Journal of Power Electronics, 2018, 18 (6): 1683-1696.（SCI 收录号：000450650600008）

[64] 董鹏，吕敬，蔡旭. 桥臂参数不对称 MMC 的运行与控制[J]. 中国电机工程学报，2017，37（24）：7255-7265.（EI 收录号：20181605028330）

[65] 董鹏，蔡旭，吕敬．不对称交流电网下 MMC-HVDC 系统的控制策略［J］．中国电机工程学报，2018，38（16）：4646－4657．（EI 收录号：20183905860577）

[66] Peng Dong，Jing Lyu，Xu Cai．Analysis and optimized control of MMC under asymmetric arm parameter conditions[C]．Proc．IEEE PEAC'2018，2018．（EI 收录号：20190606474155）

[67] 刘剑，邰能灵，范春菊，等．柔性直流输电线路故障处理与保护技术评述［J］．电力系统自动化，2015，39（20）：158－167．

[68] 宋国兵，陶然，李斌，等．含大规模电力电子装备的电力系统故障分析与保护综述[J]．电力系统自动化，2017，41（12）：2－12．

[69] 黄强，邹贵彬，高磊，等．基于 HB-MMC 的直流电网直流线路保护技术研究综述[J]．电网技术，2018，42（9）：2830－2839．

[70] 阎俏，陈青．基于 Marti 模型的电流差动保护原理［J］．电力系统自动化，2011（4）：51－55．

[71] Xue S，Lian J，Qi J，et al．Pole-to-Ground Fault Analysis and Fast Protection Scheme for HVDC Based on Overhead Transmission Lines［J］．Energies，2017，10（7）：1059．

[72] 宋国兵，李德坤，褚旭，等．基于参数识别原理的 VSC-HVDC 输电线路单端故障定位［J］．电网技术，2012，36（12）：94－99．

[73] 薛士敏，范勃旸，刘冲，等．双极柔性直流输电系统换流站交流三相接地故障分析及保护［J］．高电压技术，2019，45（1）：27－36．

[74] 李斌，何佳伟，李晔，等．柔性直流系统新型故障重启方法[J]．电力系统自动化，2017，41（12）：77－85．

[75] Vinothkumar K，Segerqvist I，Johannesson N，et al．Sequential auto-reclosing method for hybrid HVDC breaker in VSC HVDC links[C]．Power Electronics Conference．IEEE，2017．

[76] 张盛梅，安婷，裴翔羽，等．混合式直流断路器重合闸策略［J］．电力系统自动化，2019（6）．

索　　引

MMC 的电路结构 ………………………… 6
MMC 的基本控制策略 ……………… 36
MMC 的拓扑结构 …………………… 6
MMC 换流器控制 ……………………… 17
并网型换流站………………………… 11
补偿调制 ……………………………… 23
低电压保护构成……………………… 177
电流矢量控制环……………………… 44
电网侧换流站环形拓扑…………… 90
电压行波保护………………………… 177
电压源换流器………………………… 10
动态控制层…………………………… 110
多端柔性直流输电技术…………… 7
分级投入转移支路的故障性质识别及重合闸策略………… 212
分散式配置…………………………… 164
风电场环形拓扑……………………… 88
高频调制技术………………………… 3
功率/电压控制环…………………… 44
共模电流控制器……………………… 43
故障控制阶段………………………… 176
恒正功率节点………………………… 118
横联差动保护………………………… 177
环流抑制控制………………………… 36
环流抑制控制框图…………………… 37
环形拓扑 ……………………………… 85
换流器级控制………………………… 11
换流站控制层………………………… 110
基于 MMC 的阀控设计与优化 ……13
基于阶梯形波的最近电平调制 ……33
基于脉冲宽度调制 ………………33
基于排序的子模块电压均衡控制原理……………………………38
级联 H 桥型变换器 …………………… 4
集中式配置…………………………… 164
既定比例调度模式…………………… 121
金属化聚丙烯薄膜电容器 …………54
锦屏—苏南±800kV 特高压直流工程……………………………… 3
近后备保护阶段……………………… 176
具备直流故障处理能力的子模块拓扑………………………………… 154
开关设备………………………………10
昆柳龙直流输电工程……………… 2
联接变压器……………………………10
模块化多电平换流器……………… 5
能量控制………………………………40
能量控制器总框图…………………42
能量平衡控制…………………………40
配备混合式直流断路器的真双极直流电网………………………… 212
桥臂电抗器……………………………10
桥臂共模电流…………………………26
桥臂共模电压…………………………26
桥臂环流………………………………57
桥臂间平衡……………………………37

轻型高压直流输电……1
柔性直流传输线路……177
柔性直流输电……1
柔性直流输电工程……1
柔性直流输电系统主要设备……9
上下桥臂稳态电流……30
四端柔性直流输电系统拓扑……8
四个保护区域……13
微分欠压保护……177
未来直流电网……9
稳态控制层……110
无损直流输电线路……112
系统级控制……11
系统控制层……109
下垂控制系数……119
下垂系数……107
先比例再主从模式……121
限流电抗器……10
相间平衡……37
远后备保护阶段……176
载波移相调制……33
正极断线故障……121
直接调制……23
直流电网的优化运行……15
直流电网快速潮流控制策略……101
直流电网拓扑结构……84
直流端口特性……26
舟山五端柔性直流输电工程……2
主保护阶段……176
主从控制……12，101
主从调度模式……120
主控制端……101
子模块间平衡……37
自适应下垂控制器……103
总能量控制……40
纵联电流差动保护……177, 182
纵联方向保护……182
纵联距离保护……182
组网型换流站……11